# 大学物

U0181497

## （上册）

主　编　程荣龙

副主编　肖　伟　宫　昊

中国教育出版传媒集团

高等教育出版社·北京

DAXUE WULIXUE

**内容简介**

本书是依据教育部高等学校物理学与天文学教学指导委员会编制的《理工科类大学物理课程教学基本要求》(2010 年版),结合应用型本科、职业本科的教学实际编写而成的。本书分为上、下两册,上册包括力学、机械振动与机械波、热学三篇,共八章。力学篇的主要内容有质点运动学、质点动力学、刚体的定轴转动以及狭义相对论基础等;机械振动与机械波篇的主要内容有机械振动和机械波等;热学篇的主要内容有气体动理论和热力学基础等。

本书注重物理模型的建立和守恒定律等的讲解,注意阐明物理现象及规律的本质。在内容的呈现上,本书除了在正文部分讲授基本内容外,还增加了部分微课视频、现代物理与技术前沿成就等内容,这些内容以二维码形式呈现。

本书可作为高等学校理工科非物理学类专业的大学物理课程教材,也可供广大物理学爱好者自学使用。

**图书在版编目(CIP)数据**

大学物理学. 上册 / 程荣龙主编;肖伟,宫昊副主编. -- 北京 : 高等教育出版社,2022.12

ISBN 978-7-04-059429-4

Ⅰ. ①大… Ⅱ. ①程… ②肖… ③宫… Ⅲ. ①物理学-高等学校-教材 Ⅳ. ①O4

中国版本图书馆 CIP 数据核字(2022)第 174206 号

DAXUE WULIXUE

| 策划编辑 | 张琦玮 | 责任编辑 | 张琦玮 | 封面设计 | 王凌波 王 洋 | 版式设计 | 杜微言 |
| 责任绘图 | 黄云燕 | 责任校对 | 王 雨 | 责任印制 | 韩 刚 | | |

| 出版发行 | 高等教育出版社 | 网　　址 | http://www.hep.edu.cn |
| 社　　址 | 北京市西城区德外大街 4 号 | | http://www.hep.com.cn |
| 邮政编码 | 100120 | 网上订购 | http://www.hepmall.com.cn |
| 印　　刷 | 辽宁虎驰科技传媒有限公司 | | http://www.hepmall.com |
| | | | http://www.hepmall.cn |
| 开　　本 | 787 mm×1092 mm　1/16 | | |
| 印　　张 | 14.75 | 版　　次 | 2022 年 12 月第 1 版 |
| 字　　数 | 360 千字 | 印　　次 | 2022 年 12 月第 1 次印刷 |
| 购书热线 | 010-58581118 | 定　　价 | 37.60 元 |
| 咨询电话 | 400-810-0598 | | |

本书如有缺页、倒页、脱页等质量问题,请到所购图书销售部门联系调换

# 前　言

本书是为适应新时代教学改革要求,基于"以本为本、四个回归"根本理念,根据教育部高等学校物理学与天文学教学指导委员会编制的《理工科类大学物理课程教学基本要求》(2010 年版),结合应用型本科和职业本科的教学经验,在课程教学改革实际的基础上编写而成的。

如何帮助学生学习大学物理课程是物理教学的核心问题,为了学生学习的方便,在编写过程中编者力求突出如下特点:① 为了适应应用型本科、职业本科层次的学生实际,保持物理学的完整体系,本书强调物理思想和物理模型,简化推导,尽量不用复杂的数学公式或证明;② 加强物理学原理与定律的应用,注重物理学知识与科学技术的结合、与生产生活的结合、与自然现象的结合,以降低物理学理论的抽象性,增加其生动感;③ 通过拓展阅读,介绍物理学前沿、现代物理思想和现代物理学成就,使学生的视野得到拓宽,物理学习的兴趣得到激发;④ 加入部分物理学史和现代科学技术成果,激发学生的民族自豪感和社会责任感;⑤ 把教研教改建设融入教材之中,部分重难点内容配以微课视频,以新形态融入教材;⑥ 注重数学与物理学的联系,充分考虑数学原理及公式在物理学中应用的重要性,在附录部分设置了对矢量运算、常用数学公式的介绍,为学生应用和查找数学基础知识和公式提供方便。

本书在知识结构上遵循传统物理教材的体系,分为力学、机械振动与机械波、热学、电磁学、光学和近代物理基础六篇,按上、下两册编排。上册包括质点运动学、质点动力学、刚体的定轴转动、狭义相对论基础、机械振动、机械波、气体动理论和热力学基础等内容;下册包括静电场、静电场中的导体和电介质、恒定磁场、电磁感应与电磁场、光学和近代物理学基础等内容。本书在各章的最后安排了适量的典型习题，以方便学生平时练习和自我检测。教师在教学过程中可以根据教学任务或专业特点需要，对本书的章节顺序或重难点内容进行适当调整或增减。本书的教学课时数为 64～128 课时。

　　本书的第一、第二章由曾爱云编写，第三章由程荣龙、葛立新编写，第四、第十四章由宫昊编写，第五、第六章由程荣龙编写，第七、第八章由肖伟编写，第九、第十章由傅院霞编写，第十一、第十二章由汤庆国编写，第十三章由徐丽编写，全书由程荣龙统稿、定稿。本书在编写过程中，充分应用和融入了大学物理课程建设和教学改革的成果，为安徽省质量工程 2019 年省级"大规模在线开放课程（MOOC）"示范项目成果、安徽省"双基"建设 2020 年省级"教学示范课"项目成果。本书的编写与出版得到了 2021 年安徽省高等学校质量工程建设中校级"一流教材"项目的资助。最后，感谢高等教育出版社理科出版事业部物理分社对本书编写和出版的支持和帮助。

　　由于水平有限，书中难免有不妥、疏漏和错误之处，恳请读者批评指正。

编　者

2022 年 3 月

# 目录

## 第一篇　力　学

# 第二篇 机械振动与机械波

# 第一篇 力 学

机械运动是物质运动最基本的形式。物质世界中的运动形式多种多样，其中最普遍、最基本的运动形式是物体之间的位置变化，即一个物体相对于另一个物体的位置发生变化，或物体的一部分相对于其他部分的位置发生变化，这种形式的运动称为机械运动。日月星辰的运动，行驶中的车辆、行人的运动，工厂机器的运转，风中树木的摇晃，车辆通过时桥梁的振动等，都是机械运动。力学就是研究物质机械运动规律及其应用的科学。

本篇主要介绍经典力学的基础知识。经典力学是物理学中最早形成的理论。后来的许多理论、概念和思想都是经典力学概念和思想的发展和改造，或者是受其影响而产生的。所以经典力学是物理学必不可少的基础。它的主要内容有质点运动学、质点动力学、刚体的定轴转动、机械振动和机械波以及狭义相对论。本篇着重突出质点、刚体、弹簧振子等物理模型的思想，阐明动量、角动量、能量等概念以及守恒定律等。狭义相对论的时空观已是当今物理学的基础概念，和牛顿力学的绝对时空观联系紧密，也可以归入本篇的范畴。

# 第一章　质点运动学

运动是物质存在的基本形式,本章主要研究如何描述物质机械运动的规律。首先我们介绍质点模型。描述质点运动状态及状态变化的物理量通常有位置矢量、位移、速度和加速度等。对于质点的运动,本章主要阐述了两个问题。一是要掌握质点的运动规律,就需要研究质点的位置随时间发生变化的规律,即质点的运动学方程;二是我们在研究物体或质点的运动时,总是关系到空间和时间,因此需要掌握经典力学时空观,了解经典力学时空观的局限性。

# 1.1　位置矢量　运动学方程

## 1.1.1　参考系　坐标系

运动具有绝对性。宇宙中一切物质都处于不停的运动中,宇宙中所有物体,大到星系,小到微粒,都在不停地运动,运动是物质的固有属性及存在形式,运动具有绝对性。

对运动的描述具有相对性。运动是绝对的,但对运动的描述是相对的,例如,如图1-1所示为在空中飞行的飞机,如果要描述飞机中确定座位的某位乘客的运动状态,就必须明确相对于哪一个物体而言。如果选择相对于地面,乘客相对地面的位置时刻在变化,我们认为他是运动的;若选择相对于飞机座椅而言,乘客相对飞机的位置没有发生变化,我们则可认为其是静止的。

由此可见,对于物体的运动状态的描述依赖于所参考的物体,选择不同的参考物体,则对物体的运动状态会有不同描述,因此对运动状态的描述具有相对性。

参考系:对运动的描述,依赖于参照物的选择。为描述物体

图1-1　运动描述的相对性

的运动状态而被选定为标准的物体或者物体系,称为参考系。例如,要确定某一时刻交通车辆的位置或运动状态时,我们通常用固定在地面的房屋或路标作为参考物体,那么该房屋或路标就是参考系。参考系的选择是任意的。在研究地面上物体的运动状态时,我们通常选取地球作为参考系。

坐标系:为了精确地定量描述物体的相对位置及位置变化,我们需要在参考系上建立坐标系。为了研究问题方便,可以选用的坐标系有直角坐标系、极坐标系、球坐标系、柱坐标系等。最常用的是空间直角坐标系,即在参考系上选定一点作为坐标系的原点,取通过原点、相互垂直的直线作为坐标轴($x$ 轴、$y$ 轴、$z$ 轴),如图 1-2 所示。

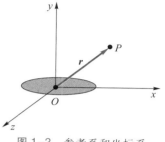

图 1-2 参考系和坐标系

## 1.1.2 质点

任何物体都具有一定的大小、形状和内部结构,在运动过程中物体各部分的运动状态可能各不相同,物体的形状和大小也发生变化,其运动状态往往是比较复杂的。为了方便研究物体的复杂运动规律,物理学中通常采取的方法是:突出研究问题的主要矛盾,在科学分析的基础上忽略一些次要影响因素,建立简化的理想模型,使我们研究的问题简化。为了研究物体的机械运动规律,我们需要引入"质点"这一理想模型。

所谓质点就是用具有一定质量的点来代替物体,或者说将实际物体看成一个具有质量而没有大小和形状的理想几何点,这样的点称为质点。质点是一种理想化的模型,是对实际物体的一种科学抽象和简化。

一个作机械运动的实际物体是否能够看成质点,需要看具体研究的问题。通常在以下两种情况下,可以把实际物体抽象成质点。一是不形变的物体作平移运动时,物体上各点运动状态完全相同,用任意一点的运动都可以代表物体的运动状态,因此可以把平动的物体抽象成质点,例如气垫导轨上的滑块、平直公路上行驶的汽车。二是当物体本身的大小远远小于所研究问题线度大小,且只考虑物体的整体运动,其各部分运动差异可以忽略时,我们可将其抽象为一个具有质量的几何点。例如:地球的平均半径 $R_E \approx 6.4 \times 10^3$ km,而地球与太阳间的距离约为 $1.50 \times 10^8$ km,地球本身的大小远远小于地日之间的距离,因此研究地球绕太阳的公转时,就可以忽略地球的形状和大小,把地球当成一个质点。但是当研究地球围绕地轴的自转时,如果把地球看成一质点,就无法研究地球自身各部分随地球自转的运动情况,所以此时地球不能抽象为质点。

实际物体在被抽象成质点模型时,保留了实际物体的质量和空间位置两个重要的特性。

数百年来,人们利用质点模型研究了各类物体的运动,解决了许多科学问题,尤其在天体运动的研究上,效果突出。研究质点的运动是研究物体运动的基础,因为在实际问题的研究中,我们可以把具有一定形状和大小的物体看成由多个质点组成的系统。我们称此系统为质点系。质点系以外的物体,称为外界,外界对质点系内质点的作用力称为外力,质点系内部各质点间的相互作用力称为内力。

## 1.1.3　位置矢量

质点在运动过程中,任意时刻质点的位置通常用位置矢量来描述。如图 1-3 所示,在参考系上建立好坐标系后,要确定质点某时刻在 $P$ 点处的位置,只要从原点 $O$ 引一指向位置 $P$ 的矢量 $r$ 来表示此时刻质点的位置。这种由坐标原点指向质点所在位置的矢量 $r$ 称为位置矢量,简称位矢。由空间的几何性,设质点位置 $P$ 在直角坐标系中的位置坐标为 $(x,y,z)$,则 $r$ 可用沿三个坐标轴的分量的和矢量表示:

$$r = x\boldsymbol{i} + y\boldsymbol{j} + z\boldsymbol{k} \tag{1-1}$$

式(1-1)中 $\boldsymbol{i},\boldsymbol{j},\boldsymbol{k}$ 分别为 $x,y,z$ 轴上的单位矢量,其方向分别指向 $x,y,z$ 轴正方向,大小均为 1。位置矢量 $r$ 的大小(即模)为

$$r = |\boldsymbol{r}| = \sqrt{x^2 + y^2 + z^2} \tag{1-2}$$

位置矢量 $r$ 的方向余弦为

$$\cos\alpha = \frac{x}{r}, \cos\beta = \frac{y}{r}, \cos\gamma = \frac{z}{r} \tag{1-3}$$

其中式(1-3)中方向余弦满足

$$\cos^2\alpha + \cos^2\beta + \cos^2\gamma = 1$$

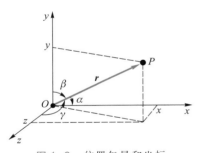

图 1-3　位置矢量和坐标

## 1.1.4　运动学方程

质点在运动时,质点的位置会随时间发生变化,也就是说位矢 $r$ 是关于时间的函数,即有

$$\boldsymbol{r} = \boldsymbol{r}(t) \tag{1-4}$$

我们称式(1-4)为质点的运动学方程。这是矢量形式的运动学方程。在处理具体问题时,根据建立的坐标系,方程可以写成不同的形式。在常用的直角坐标系中,我们通常把运动学方程写成

$$\boldsymbol{r} = \boldsymbol{r}(t) = x(t)\boldsymbol{i} + y(t)\boldsymbol{j} + z(t)\boldsymbol{k} \qquad (1-5)$$

式(1-5)中

$$x = x(t), y = y(t), z = z(t)$$

各函数表示质点位置的各坐标值随时间的变化情况,可看成质点沿各坐标轴方向的分运动表达式,将 $x = x(t), y = y(t), z = z(t)$ 中的时间 $t$ 消去即可得质点的轨迹方程。此外,质点的运动学方程还表示,质点的实际运动可以看成几个分运动的合成,这就是运动的叠加原理。

---

**例 1.1**

一质点运动学方程为 $\boldsymbol{r}(t) = v_0 t\boldsymbol{i} + \dfrac{1}{2}gt^2\boldsymbol{j}$,求其轨迹方程。

**解** 据质点的运动学方程可有

$$\begin{cases} x(t) = v_0 t \\ y(t) = \dfrac{1}{2}gt^2 \end{cases}$$

将方程组中的 $t$ 消去,则可得

$$y = \frac{g}{2v_0^2}x^2$$

由轨迹方程可知,质点的运动轨迹为抛物线。其实该运动就是我们中学中所学的平抛运动。

---

**例 1.2**

如图 1-4 所示,A,B 两物体由一长为 $l$ 的刚性细杆相连,A,B 两物体可在光滑轨道上滑行。如物体 A 以恒定的速率 $v$ 向左滑行,当 $\alpha = 60°$ 时,物体 B 的速率为多少?

**解** 建立如图所示的直角坐标系,则由几何关系有

$$x^2 + y^2 = l^2$$

将上式两边对时间求导,

$$2x\frac{\mathrm{d}x}{\mathrm{d}t} + 2y\frac{\mathrm{d}y}{\mathrm{d}t} = 0$$

将上式整理可得

$$\frac{\mathrm{d}y}{\mathrm{d}t} = -\frac{x}{y}\frac{\mathrm{d}x}{\mathrm{d}t} = -\tan\alpha\frac{\mathrm{d}x}{\mathrm{d}t}$$

又因为

$$v_A = v_x = \frac{\mathrm{d}x}{\mathrm{d}t} = -v$$

$$v_B = v_y = \frac{\mathrm{d}y}{\mathrm{d}t}$$

所以有

$$\boldsymbol{v}_B = v\tan\alpha\boldsymbol{j}$$

所以当 $\alpha = 60°$ 时,物体 B 的速率为 $v_B = 1.73v$。

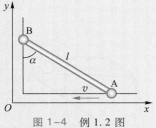

图 1-4 例 1.2 图

# 1.2　速度

在研究物体运动的过程中,我们在弄清物体的各个时刻的位置的同时,也要清楚物体位置变化的情况,有时还需要弄清楚物体位置变化的快慢程度,这些都有相应的物理量对其进行描述。下面我们来进行一一介绍。

阅读材料:
北斗卫星导航系统简介

## 1.2.1　位移　路程

如图 1-5 所示,质点沿某一轨迹运动时,$t$ 时刻质点到达 $A$ 点,位矢是 $\boldsymbol{r}_A$,$t+\Delta t$ 时刻质点到达 $B$ 点,位矢是 $\boldsymbol{r}_B$,则

$$\Delta \boldsymbol{r} = \boldsymbol{r}_B - \boldsymbol{r}_A = \boldsymbol{r}(t+\Delta t) - \boldsymbol{r}(t) \tag{1-6}$$

式(1-6)中 $\Delta \boldsymbol{r}$ 为 $t$ 至 $t+\Delta t$ 时间内质点的位置矢量的改变量,称 $\Delta \boldsymbol{r}$ 为质点在 $\Delta t$ 时间内的位移。

在直角坐标系中,$A,B$ 两点的位置矢量分别表示为

$$\boldsymbol{r}_A = x_1 \boldsymbol{i} + y_1 \boldsymbol{j} + z_1 \boldsymbol{k}$$
$$\boldsymbol{r}_B = x_2 \boldsymbol{i} + y_2 \boldsymbol{j} + z_2 \boldsymbol{k}$$

则有

$$\Delta \boldsymbol{r} = (x_2 - x_1)\boldsymbol{i} + (y_2 - y_1)\boldsymbol{j} + (z_2 - z_1)\boldsymbol{k} \tag{1-7}$$

位移的大小为

$$|\Delta \boldsymbol{r}| = \sqrt{(x_2 - x_1)^2 + (y_2 - y_1)^2 + (z_2 - z_1)^2} \tag{1-8}$$

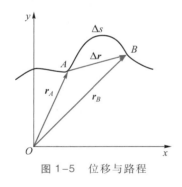

图 1-5　位移与路程

位移是矢量,它表示了位置变化的实际效果,并非质点实际所走过的路径(即路程)。如图 1-5 所示,$A$ 到 $B$ 之间的位移是有向线段 $\Delta \boldsymbol{r}$,而曲线 $AB$ 即为 $\Delta t$ 内的路程,记为 $\Delta s$,路程是标量。位移和路程的单位都是国际单位制(SI)中的米(m)。

一般来说,$|\Delta \boldsymbol{r}| \neq \Delta s$,但是若 $\Delta t \to 0$,则其对应的位移为无穷小位移,用 $\mathrm{d}\boldsymbol{r}$ 表示。如图 1-6 所示,$\Delta t \to 0$ 的过程中,$B$ 点向 $A$ 点靠近,由 $A$ 指向 $B$ 的位移的方向趋近 $A$ 点的切线方向,即无穷小位移的方向沿着轨迹的切线指向质点前进的方向,且在趋近过程中其大小与路程的差值逐渐减小,此时有

$$|\mathrm{d}\boldsymbol{r}| = \mathrm{d}s \tag{1-9}$$

也就是说无穷小位移的大小等于无穷小路程。

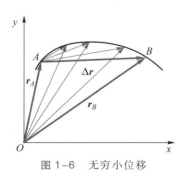

图 1-6　无穷小位移

## 1.2.2 平均速度和平均速率

若质点在 $t \to t+\Delta t$ 时间内完成 $\Delta \boldsymbol{r}$ 的位移,则我们可以定义平均速度来表示这段时间内质点运动的快慢,即

$$\bar{\boldsymbol{v}} = \frac{\boldsymbol{r}(t+\Delta t) - \boldsymbol{r}(t)}{\Delta t} = \frac{\Delta \boldsymbol{r}}{\Delta t} \qquad (1-10)$$

式(1-10)表示了质点在 $\Delta t$ 内的平均速度,平均速度的方向与这段时间内的位移 $\Delta \boldsymbol{r}$ 的方向相同,是矢量。类似地,我们可以将路程与走过路程的时间的比值定义为平均速率,即

$$\bar{v} = \frac{\Delta s}{\Delta t} \qquad (1-11)$$

式(1-11)表示质点在 $\Delta t$ 内的平均速率。平均速率表示质点在单位时间内的路程,所以是标量。

平均速度和平均速率的单位都是国际单位制(SI)中的米每秒(m/s)。

## 1.2.3 瞬时速度和瞬时速率

我们在对运动的描述中有时不仅仅要了解某段时间内质点运动的快慢,还要了解某个时刻或某个位置处质点的实际运动情况,这时我们就要将时间间隔 $\Delta t$ 减小、使其趋于 0,即得到质点某个时刻 $t$ 附近运动的快慢,即瞬时速度,即

$$\bar{\boldsymbol{v}} = \lim_{\Delta t \to 0} \frac{\boldsymbol{r}(t+\Delta t) - \boldsymbol{r}(t)}{\Delta t} = \lim_{\Delta t \to 0} \frac{\Delta \boldsymbol{r}}{\Delta t} = \frac{\mathrm{d}\boldsymbol{r}}{\mathrm{d}t} \qquad (1-12)$$

式(1-12)表示质点在某时刻或某一位置处的瞬时速度,简称速度。瞬时速度描述质点位置矢量的瞬时变化率。瞬时速度的方向与 $\mathrm{d}\boldsymbol{r}$ 方向一致,即沿轨迹切线指向质点前进的方向。

同理,我们可以定义质点运动过程中,某时刻或某位置处的瞬时速率(简称速率),有

$$v = \lim_{\Delta t \to 0} \frac{\Delta s}{\Delta t} = \frac{\mathrm{d}s}{\mathrm{d}t} \qquad (1-13)$$

由瞬时速度和瞬时速率定义式,有

$$|\boldsymbol{v}| = \left| \frac{\mathrm{d}\boldsymbol{r}}{\mathrm{d}t} \right| = \frac{|\mathrm{d}\boldsymbol{r}|}{\mathrm{d}t} = \frac{\mathrm{d}s}{\mathrm{d}t} = v \qquad (1-14)$$

式(1-14)表明任一时刻,质点速度的大小等于速率。

速度在直角坐标系中可表示为

$$\boldsymbol{v} = \frac{\mathrm{d}\boldsymbol{r}}{\mathrm{d}t} = \frac{\mathrm{d}x}{\mathrm{d}t}\boldsymbol{i} + \frac{\mathrm{d}y}{\mathrm{d}t}\boldsymbol{j} + \frac{\mathrm{d}z}{\mathrm{d}t}\boldsymbol{k} = v_x\boldsymbol{i} + v_y\boldsymbol{j} + v_z\boldsymbol{k} \quad (1-15)$$

其中 $v_x = \dfrac{\mathrm{d}x}{\mathrm{d}t}$，$v_y = \dfrac{\mathrm{d}y}{\mathrm{d}t}$，$v_z = \dfrac{\mathrm{d}z}{\mathrm{d}t}$ 分别是速度在 $x, y, z$ 轴上的分量。则速度的大小为

$$v = |\boldsymbol{v}| = \sqrt{v_x^2 + v_y^2 + v_z^2} = \sqrt{\left(\frac{\mathrm{d}x}{\mathrm{d}t}\right)^2 + \left(\frac{\mathrm{d}y}{\mathrm{d}t}\right)^2 + \left(\frac{\mathrm{d}z}{\mathrm{d}t}\right)^2} \quad (1-16)$$

瞬时速度和瞬时速率的单位都是国际单位制（SI）中的米每秒（m/s）。

---

**例 1.3**

设一质点的运动学方程为 $\boldsymbol{r}(t) = x(t)\boldsymbol{i} + y(t)\boldsymbol{j} = (t+3)\boldsymbol{i} + (0.25t^2 + 1)\boldsymbol{j}$（SI 单位）。

（1）求 $t = 2$ s 时的速度；

（2）求质点的轨迹方程。

**解** 题中单位均采用 SI 单位。

（1）由速度的定义式有

$$\boldsymbol{v}(t) = \frac{\mathrm{d}\boldsymbol{r}(t)}{\mathrm{d}t} = \frac{\mathrm{d}x(t)}{\mathrm{d}t}\boldsymbol{i} + \frac{\mathrm{d}y(t)}{\mathrm{d}t}\boldsymbol{j} = \boldsymbol{i} + 0.5t\boldsymbol{j}$$

当 $t = 2$ s 时，速度

$$\boldsymbol{v}_{t=2\,\mathrm{s}} = \boldsymbol{i} + \boldsymbol{j}$$

（2）将 $x(t) = t+3$，$y(t) = 0.25t^2 + 1$ 联立消去 $t$，即可得轨迹方程

$$y = 0.25x^2 - 1.5x + 3.25$$

---

# 1.3 加速度

## 1.3.1 瞬时加速度

质点在运动过程中，速度随时间发生变化。我们如果要了解速度的变化情况，需要引入加速度的概念。下面我们来介绍加速度，其定义与速度定义类似。

设 $t$ 时刻质点位于 $A$ 点，速度为 $\boldsymbol{v}(t)$，$t+\Delta t$ 时刻质点运动到 $B$ 点，速度变为 $\boldsymbol{v}(t+\Delta t)$，如图 1-7 所示。则在 $\Delta t$ 时间内，速度的增量为

$$\Delta\boldsymbol{v} = \boldsymbol{v}(t+\Delta t) - \boldsymbol{v}(t) \quad (1-17)$$

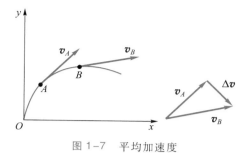

图 1-7　平均加速度

类似于平均速度的定义,质点平均加速度的定义为

$$\overline{\boldsymbol{a}} = \frac{\boldsymbol{v}(t+\Delta t) - \boldsymbol{v}(t)}{\Delta t} = \frac{\Delta \boldsymbol{v}}{\Delta t} \tag{1-18}$$

平均加速度只是对质点在 $\Delta t$ 这段时间内速度变化情况作出粗略的描述。有时我们要了解质点各个时刻的速度变化情况。因此,我们必须考虑时间间隔 $\Delta t \to 0$ 的极限情形,定义瞬时加速度为

$$\boldsymbol{a} = \lim_{\Delta t \to 0} \frac{\boldsymbol{v}(t+\Delta t) - \boldsymbol{v}(t)}{\Delta t} = \lim_{\Delta t \to 0} \frac{\Delta \boldsymbol{v}}{\Delta t} = \frac{\mathrm{d}\boldsymbol{v}}{\mathrm{d}t}$$

结合速度定义式 $\boldsymbol{v} = \dfrac{\mathrm{d}\boldsymbol{r}}{\mathrm{d}t}$,有

$$\boldsymbol{a} = \frac{\mathrm{d}\boldsymbol{v}}{\mathrm{d}t} = \frac{\mathrm{d}^2 \boldsymbol{r}}{\mathrm{d}t^2} \tag{1-19}$$

与速度类似,任意时刻 $t$ 的加速度在直角坐标系中可表示为三个坐标轴分量的矢量和,即

$$\boldsymbol{a} = a_x \boldsymbol{i} + a_y \boldsymbol{j} + a_z \boldsymbol{k} \tag{1-20}$$

其中 $a_x, a_y, a_z$ 为加速度在三个坐标轴上的分量,且

$$a_x = \frac{\mathrm{d}v_x}{\mathrm{d}t} = \frac{\mathrm{d}^2 x}{\mathrm{d}t^2}, \ a_y = \frac{\mathrm{d}v_y}{\mathrm{d}t} = \frac{\mathrm{d}^2 y}{\mathrm{d}t^2}, \ a_z = \frac{\mathrm{d}v_z}{\mathrm{d}t} = \frac{\mathrm{d}^2 z}{\mathrm{d}t^2} \tag{1-21}$$

所以,加速度的大小为

$$a = |\boldsymbol{a}| = \sqrt{a_x^2 + a_y^2 + a_z^2} \tag{1-22}$$

由定义可知,加速度是矢量,它反映了速度方向和大小两方面的变化情况。$\boldsymbol{a}$ 的方向与速度增量 $\mathrm{d}\boldsymbol{v}$ 一致,注意 $\mathrm{d}\boldsymbol{v}$ 的方向一般与 $\boldsymbol{v}$ 的方向不同,所以加速度的方向与速度的方向一般不一致。加速度的单位是 SI 中的米每二次方秒( $\mathrm{m/s}^2$ )。

## 1.3.2　自然坐标系　切向加速度和法向加速度

在研究曲线运动时,我们通常采用平面自然坐标系。下面以

最简单的曲线运动——圆周运动为例,给大家介绍平面自然坐标系,以及在平面自然坐标系中如何描述质点的圆周运动和一般的曲线运动。

微课视频:
切向加速度和法向加速度

### 1. 切向加速度和法向加速度

如图 1-8 所示,设质点绕圆心 $O$ 作圆周运动,某时刻运动到任意点 $A$ 处,我们可以在过 $A$ 点沿轨迹圆并指向质点运动方向的切线方向上引 $AT$ 作为一根坐标轴,称为切线坐标轴,其单位矢量用 $e_t$ 表示;过 $A$ 点沿该点法线并指向曲线凹侧面引 $AN$ 作为另一根坐标轴,称为法向坐标轴,其单位矢量用 $e_n$ 表示。这种坐标系称为自然坐标系。显然,质点运动的过程中在不同的位置都可以建立自然坐标系,所以自然坐标轴的方位是不断变化的,$e_t$ 和 $e_n$ 是变量。

质点沿着圆周轨迹运动的速度沿切线方向,在自然坐标系里该速度可表示为

$$\boldsymbol{v} = v\boldsymbol{e}_t \qquad (1-23)$$

由质点加速度的定义可有

$$\boldsymbol{a} = \frac{\mathrm{d}\boldsymbol{v}}{\mathrm{d}t} = \boldsymbol{e}_t \cdot \frac{\mathrm{d}v}{\mathrm{d}t} + v \cdot \frac{\mathrm{d}\boldsymbol{e}_t}{\mathrm{d}t} \qquad (1-24)$$

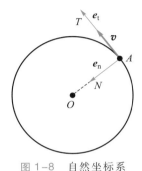

图 1-8   自然坐标系

其中,$\mathrm{d}\boldsymbol{e}_t$ 可以看成 $\Delta t \to 0$ 时 $\Delta\boldsymbol{e}_t$ 的趋近值,由图 1-9 可知,$\mathrm{d}\boldsymbol{e}_t$ 的方向趋向于垂直于 $\boldsymbol{e}_t$ 并指向圆心,即与 $\boldsymbol{e}_n$ 方向一致。$\Delta\boldsymbol{e}_t \to \mathrm{d}\boldsymbol{e}_t$ 时,$\Delta\theta \to \mathrm{d}\theta$,则有 $|\mathrm{d}\boldsymbol{e}_t| = |\boldsymbol{e}_t| \cdot \mathrm{d}\theta = \mathrm{d}\theta$,即有 $\mathrm{d}\boldsymbol{e}_t = \mathrm{d}\theta\boldsymbol{e}_n$,所以

$$\frac{\mathrm{d}\boldsymbol{e}_t}{\mathrm{d}t} = \frac{\mathrm{d}\theta}{\mathrm{d}t}\boldsymbol{e}_n = \frac{\mathrm{d}(R\theta)}{R\mathrm{d}t}\boldsymbol{e}_n = \frac{\mathrm{d}s}{\mathrm{d}t} \cdot \frac{1}{R} \cdot \boldsymbol{e}_n = \frac{v}{R}\boldsymbol{e}_n \qquad (1-25)$$

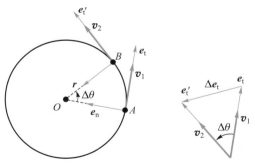

图 1-9   自然坐标系中的 $\Delta\boldsymbol{e}_t$,$\mathrm{d}\boldsymbol{e}_t$

式(1-25)中 $\mathrm{d}s$ 为 $\mathrm{d}t$ 时间内质点经过的路程(即弧长),将其代入式(1-24)则有

$$\boldsymbol{a} = \frac{\mathrm{d}v}{\mathrm{d}t}\boldsymbol{e}_t + \frac{v^2}{R}\boldsymbol{e}_n = a_t\boldsymbol{e}_t + a_n\boldsymbol{e}_n \qquad (1-26)$$

即加速度在自然坐标系中被分解成两个相互正交的分量——切

向分量 $a_t$ 和法向分量 $a_n$：

$$a_t = \frac{\mathrm{d}v}{\mathrm{d}t}, a_n = \frac{v^2}{R} \qquad (1-27)$$

式（1-26）中 $a_t \boldsymbol{e}_t$ 称为切向加速度，表示质点速度大小（即速率）变化的快慢；$a_n \boldsymbol{e}_n$ 称为法向加速度，表示速度方向变化的快慢。加速度的大小可以表示为

$$|\boldsymbol{a}| = \sqrt{a_t^2 + a_n^2} \qquad (1-28)$$

加速度的方向可用加速度与切向坐标轴之间的夹角 $\theta$ 表示，$\theta$ 满足

$$\tan \theta = \frac{a_n}{a_t} \qquad (1-29)$$

如果质点作一般的曲线运动，则其加速度在自然坐标系中可同样分解为切向加速度和法向加速度，只是其法向加速度的分母上不是 $R$，而是所处位置处轨迹的曲率半径 $\rho$：

$$\boldsymbol{a} = a_t \boldsymbol{e}_t + a_n \boldsymbol{e}_n = \frac{\mathrm{d}v}{\mathrm{d}t} \boldsymbol{e}_t + \frac{v^2}{\rho} \boldsymbol{e}_n \qquad (1-30)$$

在质点运动中，如果 $a_t \neq 0$，$a_n \neq 0$，则表明速度的大小和方向都在改变，质点作一般的曲线运动。如果质点运动中，$a_t \neq 0$，$a_n = 0$，即只有速度大小发生改变，方向不变，则质点作的是变速直线运动。如果 $a_t = 0$，$a_n \neq 0$，则质点作的就是匀速率曲线运动。

2. 圆周运动的角量描述

（1）平面极坐标系。

在参考系上选一点 $O$ 作为原点，过 $O$ 点引一水平的 $Ox$ 轴，欲描述质点运动到 $A$ 点处的位置，可过 $O$ 点作一指向质点位置的 $\boldsymbol{r}$ 矢量，$\boldsymbol{r}$ 与 $Ox$ 的夹角为 $\theta$，建立如图 1-10 所示的平面极坐标系，其中 $O$ 点称为极点，$Ox$ 称为极轴，$\boldsymbol{r}$ 称为极径，$\theta$ 称为幅角，幅角以逆时针为正、顺时针为负。在平面极坐标系中只需要知道 $(\boldsymbol{r}, \theta)$ 就可以确定质点运动过程中某时刻的确切位置，即 $(\boldsymbol{r}, \theta)$ 与质点在平面上的位置一一对应，称为质点的极坐标。所以在极坐标系中，质点的运动学方程为

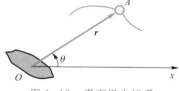

图 1-10  平面极坐标系

$$r = r(t), \qquad \theta = \theta(t) \qquad (1-31)$$

对质点运动过程中的某时刻的位置进行描述时，我们很容易在极坐标系的坐标和直角坐标系的坐标之间找出关系，如图 1-11 所示：

$$x_A = r\cos \theta, \qquad y_A = r\sin \theta \qquad (1-32)$$

（2）圆周运动的角量描述。

设一质点在 $Oxy$ 平面内作半径为 $r$ 的圆周运动，如图 1-12 所示，在某时刻 $t$ 质点位于 $A$ 点处，则质点的位置可由此位置处的半径 $OA$ 与 $Ox$ 轴的夹角 $\theta$ 唯一确定，而我们可将幅角 $\theta$ 称为质

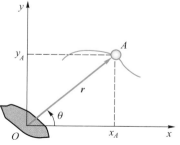

图 1-11  平面极坐标系与直角坐标系的坐标关系

点在 $t$ 时刻的角位置,在质点作圆周运动的过程中 $\theta$ 是时间的函数:

$$\theta = \theta(t) \tag{1-33}$$

式(1-33)表示了质点作圆周运动时在任意时刻的位置,所以我们也称之为角量运动学方程。若质点经过 $\Delta t$ 时间,在 $t+\Delta t$ 时刻运动到 $B$ 点,此时的角位置为 $\theta+\Delta\theta$,在 $\Delta t$ 时间内质点转过了角度 $\Delta\theta$,$\Delta\theta$ 即为 $\Delta t$ 时间内质点的角位移,以逆时针为正、顺时针为负,单位为弧度(rad)。

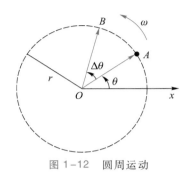

图 1-12 圆周运动

我们定义了角位置和角位移之后,就可以仿照前面定义质点的速度的方法,定义角速度 $\omega$,定义如下:

$$\omega = \lim_{\Delta t \to 0} \frac{\theta(t+\Delta t) - \theta(t)}{\Delta t} = \frac{\mathrm{d}\theta}{\mathrm{d}t} \tag{1-34}$$

这就是质点作圆周运动的角速度,其物理意义是描述质点圆周运动的快慢,单位为弧度每秒(rad/s)。有了角速度的定义后,同理我们可以定义角加速度 $\alpha$:

$$\alpha = \lim_{\Delta t \to 0} \frac{\omega(t+\Delta t) - \omega(t)}{\Delta t} = \frac{\mathrm{d}\omega}{\mathrm{d}t} \tag{1-35}$$

角加速度是描述角速度变化的快慢的物理量,其单位是 SI 中的弧度每二次方秒(rad/s²)。

实际上,角速度是矢量,通常记为 $\boldsymbol{\omega}$,它的方向与质点的运动方向成右手螺旋关系,且垂直于运动平面。如图 1-13 所示,右手的四指沿质点的运动方向弯曲,拇指的指向就是 $\boldsymbol{\omega}$ 的方向。根据图 1-13,我们还可写出线速度与角速度矢量之间的数学关系:

$$\boldsymbol{v} = \boldsymbol{\omega} \times \boldsymbol{r} \tag{1-36}$$

类似地,我们还可以将角加速度矢量定义为

$$\boldsymbol{\alpha} = \frac{\mathrm{d}\boldsymbol{\omega}}{\mathrm{d}t} \tag{1-37}$$

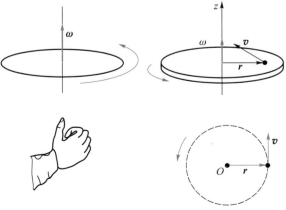

图 1-13 角速度和线速度方向成右手螺旋关系

在运动平面固定的情况下，$\boldsymbol{\omega}$ 的方向只能沿轴线与运动平面垂直，角加速度也沿此方向，此时，角速度和角加速度就可以省去矢量符号而简单地分别记为 $\omega$ 和 $\alpha$。角速度和角加速度的关系就是我们一开始定义的那样：

$$\alpha = \frac{d\omega}{dt} = \frac{d^2\theta}{dt^2} \tag{1-38}$$

作圆周运动的质点，若在 $\Delta t$ 时间内转过 $\Delta\theta$ 的角位移，则其对应的路程为走过的弧长 $\Delta s$，即

$$\Delta s = r\Delta\theta$$

对上式两边同时取极限处理，即

$$\lim_{\Delta t \to 0}\frac{\Delta s}{\Delta t} = r\lim_{\Delta t \to 0}\frac{\Delta\theta}{\Delta t}$$

则有

$$v = r\omega \tag{1-39}$$

从而有

$$a_{\mathrm{t}} = \frac{dv}{dt} = r\frac{d\omega}{dt} = r\alpha, a_{\mathrm{n}} = \frac{v^2}{r} = r\omega^2$$

$$\boldsymbol{a} = \frac{dv}{dt}\boldsymbol{e}_{\mathrm{t}} + \frac{v^2}{R}\boldsymbol{e}_{\mathrm{n}} = r\alpha\boldsymbol{e}_{\mathrm{t}} + r\omega^2\boldsymbol{e}_{\mathrm{n}} \tag{1-40}$$

# 1.4　运动学中的两类问题

运动学问题可分为两种基本类型。第一种基本类型是：已知运动学方程求速度和加速度；第二种基本类型是：已知初始条件和加速度求速度或运动学方程。下面我们来分析一下这两种类型的问题。

## 1.4.1　第一类问题

这一类型的基本处理方法为根据速度和加速度的定义由运动学方程对时间求导。如果已知质点的运动学方程为 $\boldsymbol{r} = \boldsymbol{r}(t)$，利用微分很容易求得速度和加速度：$\boldsymbol{v} = \frac{d\boldsymbol{r}(t)}{dt}$，$\boldsymbol{a}(t) = \frac{d\boldsymbol{v}(t)}{dt}$。

例 1.4

一质点在 $Oxy$ 平面上的运动学方程为 $x=2+3t-2t^2$，$y=4+t^3$，式中各量均为 SI 单位，求：

（1）质点初速度的大小和方向；

（2）在 $t=1.0$ s 时，该质点加速度的大小和方向。

解　由题中所给运动学方程可以求出速度和加速度的 $x$ 轴分量和 $y$ 轴分量，

$$v_x=\frac{\mathrm{d}x(t)}{\mathrm{d}t}=3-4t,\quad v_y=\frac{\mathrm{d}y(t)}{\mathrm{d}t}=3t^2$$

$$a_x=\frac{\mathrm{d}v(t)}{\mathrm{d}t}=-4,\quad a_y=\frac{\mathrm{d}v(t)}{\mathrm{d}t}=6t$$

（1）质点初速度（$t=0$）的各分量为 $v_x(0)=3$ m/s，$v_y(0)=0$，所以初速度的大小为

$$v=\sqrt{v_x(0)^2+v_y(0)^2}=3\text{ m/s}$$

方向沿着 $x$ 轴正向。

（2）$t=1.0$ s，加速度的各分量为 $a_x(1\text{ s})=-4$ m/s$^2$，$a_y(1\text{ s})=6$ m/s$^2$，所以此时刻加速度的大小为

$$|a(1\text{ s})|=\sqrt{(-4)^2+6^2}\text{ m/s}^2=7.21\text{ m/s}^2$$

方向可用加速度与其 $x$ 轴分量的夹角 $\theta$ 的正切表示，即

$$\tan\theta=\frac{a_y(1\text{ s})}{a_x(1\text{ s})}=-1.5$$

例 1.5

已知质点的运动学方程 $x=R\cos\omega t$，$y=R\sin\omega t$，其中 $R$ 和 $\omega$ 是常量，式中各量的单位均为 SI 单位。求：

（1）轨迹方程；

（2）质点的速度；

（3）切向加速度和法向加速度。

解　（1）将运动学方程的两个分量进行消 $t$ 处理，可有

$$x^2+y^2=R^2$$

即此质点的运动轨迹是圆，质点作的是圆周运动。

（2）由题中所给质点的条件可写出运动学方程的矢量式：

$$r(t)=R\cos\omega t i+R\sin\omega t j$$

由速度的定义式可有

$$v(t)=\frac{\mathrm{d}r(t)}{\mathrm{d}t}=-R\omega\sin\omega t i+R\omega\cos\omega t j$$

速度大小为

$$|v(t)|=v=\sqrt{(-R\omega\sin\omega t)^2+(R\omega\cos\omega t)^2}=R\omega$$

（3）切向加速度和法向加速度分别为

$$a_t=\frac{\mathrm{d}v}{\mathrm{d}t}=\frac{\mathrm{d}(R\omega)}{\mathrm{d}t}=0,\quad a_n=\frac{v^2}{R}=R\omega^2$$

例 1.6

一质点沿半径为 $R=0.5$ m 的圆周运动，运动学方程为 $\theta=t^3+3t+3$，式中各物理量的单位均为 SI 单位。求 $t=1$ s 时，质点的角位置、角速度、角加速度、（线）速度、切向加速度、法向加速度和总加速度。

解 由角速度和角加速度定义式有

$$\omega = \frac{\mathrm{d}\theta}{\mathrm{d}t} = 3t^2 + 3, \alpha = \frac{\mathrm{d}\omega}{\mathrm{d}t} = 6t$$

线速度为

$$v = R\omega = 1.5t^2 + 1.5$$

由切向加速度和法向加速度定义式有

$$a_t = R\alpha = 3t, a_n = R\omega^2 = \frac{1}{2}(3t^2 + 3)^2$$

所以当 $t = 1$ s 时,角位置、角速度和角加速度分别为

$$\theta(1\text{ s}) = 7\text{ rad}, \omega(1\text{ s}) = 6\text{ rad/s}, \alpha(1\text{ s}) = 6\text{ rad/s}^2$$

线速度、切向加速度、法向加速度分别为

$$v = 3\text{ m/s}, a_t = 3\text{ m/s}^2, a_n = 18\text{ m/s}^2$$

总加速度为

$$\boldsymbol{a} = a_t\boldsymbol{e}_t + a_n\boldsymbol{e}_n = (3\boldsymbol{e}_t + 18\boldsymbol{e}_n)\text{ m/s}^2$$

## 1.4.2 第二类问题

解决这类问题时,我们要根据给出的初始条件利用求导的逆运算积分来得到结果。

### 例 1.7

一质点沿 $x$ 轴方向作直线运动,其加速度 $a = -2v^2$,若初始时刻质点的速度为 $v_0$ 且 $x = 0$,则:

(1) 请写出质点的速度表达式 $v(t)$ 和运动学方程 $x(t)$;

(2) 请写出质点速度的 $v(x)$ 形式。

解 (1) 据加速度定义式,有

$$a = \frac{\mathrm{d}v}{\mathrm{d}t} = -2v^2$$

分离变量,可有

$$\frac{\mathrm{d}v}{2v^2} = -\mathrm{d}t$$

两边进行积分并整理,可得

$$\int_{v_0}^{v} \frac{\mathrm{d}v}{2v^2} = \int_{0}^{t} -\mathrm{d}t$$

$$v = \frac{v_0}{1 + 2v_0 t}$$

据速度定义式,有

$$\mathrm{d}x = v\mathrm{d}t = \frac{v_0}{1 + 2v_0 t}\mathrm{d}t$$

对两边进行积分并整理,可得

$$x = \frac{1}{2}\ln(1 + 2v_0 t)$$

(2) 由加速度定义式,有

$$a = \frac{\mathrm{d}v}{\mathrm{d}t} = \frac{\mathrm{d}v}{\mathrm{d}x} \cdot \frac{\mathrm{d}x}{\mathrm{d}t} = v\frac{\mathrm{d}v}{\mathrm{d}x} = -2v^2$$

分离变量并积分,可有

$$\int_{0}^{x} -2\mathrm{d}x = \int_{v_0}^{v} \frac{\mathrm{d}v}{v}$$

$$v = v_0 \mathrm{e}^{-2x}$$

### 例 1.8

在高速旋转的电动机中,圆柱形转子可绕垂直于其横截面、通过中心的轴转动。开始

时,它的角速度 $\omega_0 = 0$,经 300 s 后,其转速达到 18 000 r/min。转子的角加速度与时间成正比。问在这段时间内,转子转过多少转?

解 据角加速度定义,有

$$\alpha = \frac{\mathrm{d}\omega}{\mathrm{d}t} = kt \quad (k \text{ 为比例系数})$$

分离变量并积分,可有

$$\int_{\omega_0}^{\omega} \mathrm{d}\omega = \int_0^t kt\,\mathrm{d}t$$

$$\omega = \frac{1}{2}kt^2$$

其中 $t = 300$ s 时,$\omega = 18\,000 \times \dfrac{2\pi}{60}$ rad/s $=$ $600\pi$ rad/s,所以可有 $\omega = \dfrac{1}{2}k(300)^2$ rad/s $=$ $600\pi$ rad/s,

$$k = \frac{\pi}{75}$$

所以角速度的表达式为

$$\omega = \frac{\pi}{150}t^2$$

据角速度定义,有

$$\omega = \frac{\mathrm{d}\theta}{\mathrm{d}t} = \frac{\pi}{150}t^2$$

分离变量并积分,可有

$$\int_0^{\theta} \mathrm{d}\theta = \int_0^t \frac{\pi}{150}t^2\,\mathrm{d}t$$

所以角运动学方程的表达式为

$$\theta = \frac{\pi}{450}t^3$$

则 300 s 时间内,转子转过的圈数为

$$N = \frac{\theta}{2\pi} = \frac{\pi}{2\pi \times 450}(300)^3 \text{ r} = 3 \times 10^4 \text{ r}$$

# 1.5  相对运动

微课视频:
质点的相对运动

通过前述讨论可知,运动的描述是相对的,它取决于所选参考物,即取决于参考系的选择。所以我们前面介绍的描述质点运动的物理量也具有相对性,即位矢、速度、加速度相对不同的参考系有不同的值。那么,在不同的参考系中得到的这些物理量之间有没有联系?下面我们来讨论一下。

如图 1-14 所示,现设一车辆沿着水平地面以速度 $\boldsymbol{u}$ 作匀速直线运动,我们在地面上建立坐标系 S 系（$Oxyz$ 系）,在运动的小车上建立 $S'$ 系（$O'x'y'z'$ 系）,小车相对于地面运动,可抽象得出 $S'$ 系相对于 S 系运动。将一质点在 S 系中的位置标志为 $P$ 点,在 $S'$ 系中的位置标志为 $P'$ 点。我们设初始时刻（$t = 0$）,S 系和 $S'$ 系重合,即初始时刻 $P$ 和 $P'$ 重合。随后的时间间隔 $\Delta t$ 内,在 S 系中质点的位移为 $\overrightarrow{PQ}(\Delta\boldsymbol{r})$,而在 $S'$ 系中质点的位移为 $\overrightarrow{P'Q}(\Delta\boldsymbol{r}')$,由矢量关系有 $\overrightarrow{PQ} = \overrightarrow{P'Q} + \overrightarrow{PP'}$,即

$$\Delta r = \Delta r' + \Delta D \qquad\qquad (1-41)$$

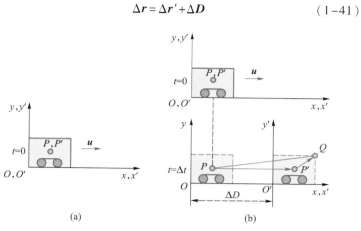

图 1-14 基本参考系和运动参考系

式(1-41)的成立是有条件的。因为 $\Delta r$ 是在 S 系中观测到的值，$\Delta r'$ 是在 S′系中观测到的值，在矢量合成中，各个矢量必须是同一坐标系里的测定值，所以只有在 S 系中测得的 $\overrightarrow{P'Q}$ 和在 S′系中测得的 $\overrightarrow{P'Q}$ 相同，上式才会成立，即只有空间中任意两点间的距离在任意坐标系中的测定结果相同，上式才会成立，这就是我们要说的空间绝对性。运动同时涉及空间和时间，由日常经验，我们认为同一运动所经历的时间在不同坐标系是不变的，也就是与坐标系无关，这就是时间的绝对性，可用数学关系式表示为

$$\Delta t = \Delta t' \qquad\qquad (1-42)$$

式(1-41)和式(1-42)构成经典力学的绝对时空观。绝对时空观是与我们平时生产生活中的经验相符合的。

对式(1-41)的两边取极限，可有

$$\lim_{\Delta t \to 0}\frac{\Delta r}{\Delta t} = \lim_{\Delta t' \to 0}\frac{\Delta r'}{\Delta t'} + \lim_{\Delta t \to 0}\frac{\Delta D}{\Delta t}$$

$$v = v' + u \qquad\qquad (1-43)$$

式(1-43)为经典力学的伽利略速度变换公式。我们习惯上把静止的参考系 S 系作为基本参考系(或静止参考系)，把相对基本参考系运动的 S′系称为运动参考系。S′系相对于 S 系的运动速度 $u$ 称为牵连速度。S 系中测定的质点的速度 $v$ 称为绝对速度，S′系中测定的质点的速度 $v'$ 称为相对速度。伽利略速度变换公式是低速情况下的速度变换式，高速情况下不适用。

例 1.9

一炮车以 10 m/s 的速率沿水平公路前进，现调换方向，发射出一枚与车前进方向反方

向成 45°角斜向上飞行的炮弹,而此时站在地面上的士兵看到炮弹沿竖直向上的方向运动。试求此后炮弹相对地面上升的高度。

**解** 以地面为 S 系,炮车为 S′系,设炮弹在 S 系中速度为 $\boldsymbol{v}$,在 S′系中速度为 $\boldsymbol{v}'$,并且设炮车在 S 系中作速度为 $\boldsymbol{v}_0$ 的运动,则 $\boldsymbol{v}'$,$\boldsymbol{v}$ 和 $\boldsymbol{v}_0$ 满足如图 1-15 所示的关系,即矢量式为

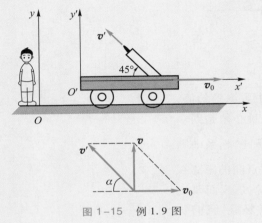

图 1-15    例 1.9 图

$$\boldsymbol{v} = \boldsymbol{v}' + \boldsymbol{v}_0$$

由图示的矢量关系有

$$v = v_0 \tan \alpha$$

当 $\alpha = 45°$,$v_0 = 10$ m/s 时,炮弹相对地面的速度为

$$v = 10 \times \tan 45° \text{ m/s} = 10 \text{ m/s}$$

所以炮弹相对地面上升的高度为

$$y = \frac{v^2}{2g} = \frac{10^2}{2 \times 9.8} \text{ m} = 5.1 \text{ m}$$

## 习题

1.1 一名同学乘坐电梯竖直上升 40 m 后走出电梯,然后以 10 m/min 的速度直线步行了 3 min,那么该同学在此过程中发生的位移为(　　)。

A. 30 m　　　　　　　B. 40 m

C. 50 m　　　　　　　D. 70 m

1.2 设有一质点从 $A$ 点作曲线运动到 $B$ 点,如图 1-16 所示,$A$ 点和 $B$ 点的位置矢量分别为 $r_A$,$r_B$,则它们的大小之差 $r_B - r_A$ 和它们的矢量差的大小 $|r_B - r_A|$ 分别为(　　)。

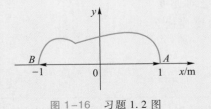

图 1-16    习题 1.2 图

A. 2 m,2 m　　　　　B. 0,0

C. 2 m,0　　　　　　D. 0,2 m

1.3 对于运动中的物体,下列哪些情况是不可能的?(　　)。

A. 速率恒定,加速度变化

B. 速度恒定,加速度变化

C. 加速度恒定,运动方向变化

D. 加速度大小恒定,速率不变

1.4 设一质点作平面曲线运动,其瞬时速度为 $\boldsymbol{v}$,瞬时速率为 $v$,某一段时间内的平均速度为 $\overline{\boldsymbol{v}}$,平均速率为 $\overline{v}$。则下列关系式中正确的是(　　)。

A. $|\boldsymbol{v}| = v$,$|\overline{\boldsymbol{v}}| = \overline{v}$　　　　B. $|\boldsymbol{v}| = v$,$|\overline{\boldsymbol{v}}| \neq \overline{v}$

C. $|\boldsymbol{v}| \neq v$,$|\overline{\boldsymbol{v}}| = \overline{v}$　　　　D. $|\boldsymbol{v}| \neq v$,$|\overline{\boldsymbol{v}}| \neq \overline{v}$

1.5 一质点在平面上运动,其运动学方程为 $r = at^2\boldsymbol{i}+bt^2\boldsymbol{j}$(其中 $a,b$ 为常量),则该质点的速度为(　　)。

A. $\boldsymbol{v} = 2at\boldsymbol{i}+2bt\boldsymbol{j}$　　　B. $\boldsymbol{v} = 2\sqrt{a^2+b^2}\,t\boldsymbol{i}$

C. $\boldsymbol{v} = 2\sqrt{a^2+b^2}\,t\boldsymbol{j}$　　　D. $\boldsymbol{v} = 2\sqrt{a^2+b^2}\,t$

1.6 一质点在平面上运动,已知质点位置矢量的表达式为 $r = at^2\boldsymbol{i}+bt^2\boldsymbol{j}$(其中 $a,b$ 为常量),则该质点的加速度为(　　)。

A. $\boldsymbol{a} = 2at\boldsymbol{i}+2bt\boldsymbol{j}$　　　B. $\boldsymbol{a} = 2a\boldsymbol{i}+2b\boldsymbol{j}$

C. $\boldsymbol{a} = 2\sqrt{a^2+b^2}\,t\boldsymbol{j}$　　　D. $\boldsymbol{a} = 2\sqrt{a^2+b^2}\,t\boldsymbol{i}$

1.7 一质点在平面上运动,已知质点位置矢量的表达式为 $r = at^2\boldsymbol{i}+bt^2\boldsymbol{j}$(其中 $a,b$ 为常量),则该质点作(　　)。

A. 匀速直线运动　　　B. 变速直线运动

C. 抛物线运动　　　　D. 一般曲线运动

1.8 一个质点在作匀速率圆周运动时,下列说法正确的是(　　)。

A. 切向加速度改变,法向加速度不变

B. 切向加速度改变,法向加速度也改变

C. 切向加速度不变,法向加速度也不变

D. 切向加速度不变,法向加速度改变

1.9 根据瞬时速度矢量 $\boldsymbol{v}$ 的定义,在直角坐标系下,其大小 $|\boldsymbol{v}|$ 可表示为(　　)。

A. $\dfrac{\mathrm{d}r}{\mathrm{d}t}$

B. $\dfrac{\mathrm{d}x}{\mathrm{d}t}+\dfrac{\mathrm{d}y}{\mathrm{d}t}+\dfrac{\mathrm{d}z}{\mathrm{d}t}$

C. $\sqrt{\left(\dfrac{\mathrm{d}x}{\mathrm{d}t}\right)^2+\left(\dfrac{\mathrm{d}y}{\mathrm{d}t}\right)^2+\left(\dfrac{\mathrm{d}z}{\mathrm{d}t}\right)^2}$

D. $\left|\dfrac{\mathrm{d}x}{\mathrm{d}t}\boldsymbol{i}\right|+\left|\dfrac{\mathrm{d}y}{\mathrm{d}t}\boldsymbol{j}\right|+\left|\dfrac{\mathrm{d}z}{\mathrm{d}t}\boldsymbol{k}\right|$

1.10 某质点作直线运动的运动学方程为 $x = 3t-5t^3+6$(SI 单位),则该质点作(　　)。

A. 匀速直线运动,加速度沿 $x$ 轴正方向

B. 匀速直线运动,加速度沿 $x$ 轴负方向

C. 变加速直线运动,加速度沿 $x$ 轴正方向

D. 变加速直线运动,加速度沿 $x$ 轴负方向

1.11 某物体的运动学方程为 $x = 12+5t-2t^3$(SI 单位),则该物体作(　　)。

A. 匀加速直线运动,加速度为正值

B. 匀加速直线运动,加速度为负值

C. 变加速直线运动,加速度为正值

D. 变加速直线运动,加速度为负值

1.12 已知一质点作直线运动,其加速度 $a = 4+3t^2$(SI 单位)。质点开始运动时,$v = 0$,那么该质点在 $t = 2$ s 时的速度为_____。

1.13 一辆作直线运动的汽车,在 $t$ 时刻的坐标为 $x = 5+6t^2-t^3$(SI 单位),则汽车第 2 s 末时的加速度 $a = $_____。

1.14 质点沿半径为 $R$ 的圆周运动,运动学方程为 $\theta = 5+3t^2$(SI 单位),则任意时刻 $t$ 质点的法向加速度大小为 $a_n = $_____。

1.15 已知质点位矢随时间变化的函数形式为 $r = R(\cos\omega t\boldsymbol{i}+\sin\omega t\boldsymbol{j})$,其中 $\omega$ 为常量。则质点的轨迹方程为_____。

1.16 若有一质点作半径为 0.1 m 的圆周运动,其角位置的运动学方程为 $\theta = \dfrac{\pi}{4}+\dfrac{1}{2}t^2$(SI 单位),则其切向加速度为 $a_t = $_____。

1.17 一质点在 $Oxy$ 平面内运动,其运动学方程为 $x = 2t,y = 19-2t^2$(SI 单位),则质点在任意时刻的速度表达式为_____,加速度表达式为_____。

1.18 某质点的运动学方程为 $x = 10\cos\pi t,y = 10\sin\pi t$,式中 $x,y$ 以 m 为单位,$t$ 以 s 为单位,则此点的速度矢量式为_____,法向加速度为_____,切向加速度为_____。

1.19 一质点沿 $x$ 轴运动,运动学方程 $x = 4t-4t^2$,式中 $x,t$ 分别以 m,s 为单位,试计算

(1)在 $t = 0$ 到 $t = 2$ s 时间内的平均速度和 $t = 2$ s

末的瞬时速度；

（2）2 s 末到 4 s 末的平均速度、平均加速度；

（3）4 s 末的瞬时加速度。

1.20    一质点运动学方程为 $r(t)=4t^2i+(2t+4)j$（SI 单位），求：

（1）质点运动轨迹；

（2）从 $t=0$ 到 $t=3$ s 的位移；

（3）$t=2$ s 时的速度和加速度。

1.21    路灯距地面的高度为 $h$，一个身高为 $l$ 的人在路上作匀速直线运动，速度为 $v_0$。请证明人影的顶端作匀速运动并求出其作匀速运动的速度大小。

1.22    质点作直线运动，初速度为零，初始加速度为 $a_0$。质点出发后，每经过 $\tau$ 时间，加速度均匀增加 $b$。求经过 $t$ 时间后，质点的速度和位移。

1.23    一质点沿 $x$ 轴运动，其加速度与坐标的关系为 $a=-kx$，式中 $k$ 为常量，设 $t=0$ 时刻的质点坐标为 $x_0$、速度为 $v_0$，求质点的速度与坐标的关系。

1.24    在距离船的高度为 $h$ 的岸边，一人以恒定的速率 $v_0$ 收绳，求当船头与岸的水平距离为 $x$ 时，船的速度和加速度。

1.25    一质点沿半径为 10 cm 的圆周运动，其角位置的运动方程为 $\theta=4+4t^3$（SI 单位），试问：

（1）在 $t=2$ s 时，它的法向加速度和切向加速度

各是多少？

（2）当 $\theta$ 等于多少时其总加速度与半径成 $45°$ 角？

1.26    有一水平飞行的飞机，速率为 $v_0$，在飞机上安置一门大炮，炮弹以水平速度 $v$ 向前射出。空气阻力可忽略。

（1）以地球为参考系，求炮弹的轨迹方程；

（2）以飞机为参考系，求炮弹的轨迹方程；

（3）以炮弹为参考系，飞机的轨迹如何？

1.27    某人在静水中游泳的速度为 4 km/h，若现在他在流速为 2 km/h 的河水中游泳，想沿与河岸垂直的方向游到对岸，试问他应向什么方向游？

1.28    质点沿半径为 $R$ 的圆周运动，运动学方程为 $\theta=3+2t$（SI 单位）。

（1）用直角坐标系表示出任意时刻 $t$ 时的位置矢量 $r$ 和速度矢量 $v$；

（2）求出法向加速度和切向加速度的大小。

1.29    一石子从空中由静止下落，由于空气阻力，石子并非作自由落体运动。现测得其加速度 $a=A-Bv$，式中 $A,B$ 为正的常量，求石子下落的速度和运动学方程。

本章习题答案

# 第二章　质点动力学

## 2.1　牛顿运动定律

牛顿在他 1687 年出版的科学名著《自然哲学的数学原理》中概括了牛顿三大运动定律,牛顿运动定律是动力学的基础,它的提出标志着经典力学体系的确立。下面我们对有关概念和定律的内容进行介绍和分析。

阅读材料:
牛顿与《自然哲学的数学原理》

### 2.1.1　牛顿第一定律

牛顿在他的科学巨著《自然哲学的数学原理》中写道:每个物体都要继续保持它的静止状态或者沿着直线作匀速运动的状态,除非对它施加外力迫使它改变这种状态。这就是牛顿第一定律,也叫惯性定律。

牛顿第一定律实际上给出了两个力学基本概念:惯性和力。何谓惯性? 惯性就是指物体保持原有运动状态不变的性质。惯性是物体的固有属性。那么什么是力呢? 力即为迫使一个物体运动状态改变的别的物体对这个物体的作用。

此外,牛顿第一定律还定义了另一个概念——惯性参考系,简称惯性系。因为运动的描述是依赖于参考系的,如果在一个参考系中,一个物体在不受力的时候保持静止或匀速直线运动状态不变,那么这个参考系就是惯性系。并不是任何参考系都是惯性参考系,这需要靠大量的观察和实验结果才能判定。对于一般的力学运动现象,地面参考系是一个精度较高的惯性参考系。

物理学家简介:
牛顿

牛顿第一定律给出了力和运动的定性关系。而力和运动的定量关系则由牛顿第二定律给出。

## 2.1.2　牛顿第二定律

牛顿第二定律在《自然哲学的数学原理》中的表述是：运动的变化与所加的动力成正比，并且发生在该外力所在直线的方向上。

我们对上述内容用现在的科学语言进行解释。这里"运动"是指物体的质量和速度的乘积，称为物体的动量。用 $\boldsymbol{p}$ 表示，即有

$$\boldsymbol{p}=m\boldsymbol{v} \tag{2-1}$$

表述中"运动的变化"是指"动量对时间的变化率"，所以牛顿第二定律的表述为：物体的动量对时间的变化率与所加的外力成正比，且发生在该外力的方向上。若以 $\boldsymbol{F}$ 表示这个外力，则牛顿第二定律的数学表述为

$$\boldsymbol{F}=\frac{\mathrm{d}\boldsymbol{p}}{\mathrm{d}t}=\frac{\mathrm{d}(m\boldsymbol{v})}{\mathrm{d}t}\text{或 }\mathrm{d}\boldsymbol{p}=\boldsymbol{F}\mathrm{d}t \tag{2-2}$$

式（2-2）可称为牛顿第二运动定律的微分形式。这是牛顿第二定律基本的普遍形式。在低速的情况下，绝对时空观认为物体的质量与其运动的速度没有关系，是常量，则上式会变为

$$\boldsymbol{F}=m\frac{\mathrm{d}\boldsymbol{v}}{\mathrm{d}t}=m\boldsymbol{a} \tag{2-3}$$

式（2-2）比式（2-3）更重要。在分析一些变质量物体运动时就需要用普遍形式［式（2-2）］来分析。另外，在研究接近光速的高速运动时，也只能用普遍形式，因为高速情况中，质量受速度的影响不可忽略，这在相对论部分会有所介绍。

上述讨论的是两个质点发生相互作用的情况［图 2-1（a）］。如果质点 $m$ 同时受到质点 $m_1,m_2,m_3,\cdots$ 施加的作用，各质点使 $m$ 产生的动量的变化特征用各自施加在 $m$ 上的力 $\boldsymbol{F}_1,\boldsymbol{F}_2,\boldsymbol{F}_3,\cdots$ 表示［图 2-1（b）］。质点 $m$ 的动量变化率为

$$\frac{\mathrm{d}\boldsymbol{p}}{\mathrm{d}t}=\boldsymbol{F}_1+\boldsymbol{F}_2+\boldsymbol{F}_3+\cdots=\boldsymbol{F} \tag{2-4}$$

式（2-4）等号右侧的矢量和 $\boldsymbol{F}$ 称为作用在质点 $m$ 上的合力。

在用牛顿第二定律解决实际问题时，根据问题的特点可以选择不同的坐标系，所以在低速的情况下，常用直角坐标系中的形式：

$$\boldsymbol{F}=m\boldsymbol{a}=ma_x\boldsymbol{i}+ma_y\boldsymbol{j}+ma_z\boldsymbol{k}=F_x\boldsymbol{i}+F_y\boldsymbol{j}+F_z\boldsymbol{k}$$

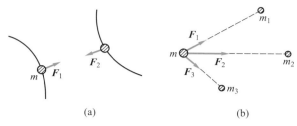

图 2-1 质点间发生的相互作用

在处理平面曲线运动时,常用自然坐标系中的形式:

$$\boldsymbol{F} = m\boldsymbol{a} = ma_t\boldsymbol{e}_t + ma_n\boldsymbol{e}_n = F_t\boldsymbol{e}_t + F_n\boldsymbol{e}_n$$

其中 $F_t = ma_t = m\dfrac{\mathrm{d}v}{\mathrm{d}t}$,$F_n = ma_n = m\dfrac{v^2}{\rho}$ 分别称为切向力和法向力。

## 2.1.3 牛顿第三定律

牛顿第三定律深刻揭示了物体机械运动中的作用与反作用的问题。牛顿在其著作中指出:对于每一个作用,总有一个大小相等的反作用与之方向相反;或者说,两个物体对各自的相互作用总是大小相等的,而且指向相反的方向。我们可以理解为当两个质点相互作用时,作用在一个质点上的力与它反作用于另一个质点上的力,大小相等而方向相反。这就是牛顿第三定律。它揭示了力的概念的本质。

如图 2-1(a)所示,根据牛顿第三定律的表述我们可以给出作用力与反作用力的数学表达式:

$$\boldsymbol{F}_1 = -\boldsymbol{F}_2 \tag{2-5}$$

这里要知道作用力与反作用力是同一性质的力,总是成对出现,大小相等,方向相反,同时出现,同时消失。

最后,必须说明,牛顿第二定律和牛顿第三定律只适用于惯性系。

## 2.1.4 牛顿运动定律的应用

要应用牛顿运动定律解决问题,首先必须能够正确分析物体的受力。在日常生活和工程技术中经常遇到的一些力,比如万有引力、重力、弹力、摩擦力等,我们在中学时对其产生和特征都已经进行过深入的学习了,现在这里给大家稍作小结。

1. 万有引力 重力

牛顿、胡克等人发现任何两个物体之间都存在引力。且物体之间的引力遵从平方反比的规律,这种引力即为万有引力,其表达式为

$$\boldsymbol{F} = G \frac{m_1 m_2}{r^2} \boldsymbol{e}_r \tag{2-6}$$

式(2-6)即万有引力定律。其中 $\boldsymbol{e}_r$ 为 $m_2$ 相对于 $m_1$ 的位置矢量的单位矢量,$\boldsymbol{F}$ 为 $m_2$ 受到 $m_1$ 对它的作用力。$G$ 是引力常量。在国际单位制中 $G = 6.67 \times 10^{-11} \ \text{N} \cdot \text{m}^2 / \text{kg}^2$。

$m_1, m_2$ 反映了两相互吸引物体的引力性质,称为引力质量。虽然它们和惯性质量在意义上有所不同,但实验表明,同一物体的引力质量和惯性质量是相等的。万有引力定律在解释行星的运动、潮汐现象等方面取得了显著的成就,此外另一个重大成就就是预言了海王星和冥王星的存在。

根据万有引力定律,地球与地球表面附近的物体之间也存在万有引力。设地球的质量为 $m_E$,地球表面某物体质量为 $m$,其到地心的距离为 $R$,则物体受到地球对它的万有引力大小为

$$F = G \frac{m_E m}{R^2} \tag{2-7}$$

若忽略地球自转的影响,物体的重力就等于地球对它的引力,由牛顿第二定律有

$$mg = G \frac{m_E m}{R^2}$$

于是物体的重力加速度为

$$g = G \frac{M}{R^2} \tag{2-8}$$

在微观领域,粒子间的万有引力非常小,例如两质子之间的万有引力只有约 $10^{-34} \ \text{N}$,远远小于两者之间的电磁力,因而常常可以忽略。

2. 弹力

物体在外力作用下将发生体积和形状变化,若所受外力撤去后,因外力作用所产生的体积及形状的变化完全消失,则称这种形变为弹性形变,这个物体称为弹性体。弹性体发生形变的同时存在恢复原状或者说是"反抗"形变的作用,因而对与它接触的物体会产生力的作用,这种力称为弹力。在质点动力学中,弹力有以下几种形式。

当物体被放在桌面上时,物体与桌面通过一定的接触面相互挤压,使对方产生形变,因而产生作用于对方的弹力。对于被压

紧的物体,其形变会产生一个与表面垂直的弹力,称为支撑力或正压力(简称压力)。

当绳索、琴弦等弹性体被拉伸时,要恢复因拉长而发生的形变,会对拉伸它的物体产生一种弹力作用,这种弹力称为拉力。当弦、索产生拉力时,其内部各部分之间也有弹力作用,这种内部的弹力,称为张力。如果在讨论的问题中,绳索的质量小到可以忽略的程度,这时就认为其内部张力处处相等,而且等于外力。

还有一种是弹簧在恢复形变时产生的弹力,通常称为回复力,如图 2-2 所示。实验表明,在弹簧的弹性限度内,回复力 $F$ 与弹簧形变长度 $x$ 之间的关系满足

$$F = -kx \qquad (2-9)$$

此即胡克定律。式中 $k$ 是弹簧的弹性系数,单位是 N/m。负号表示该力总是与连接在弹簧上的物体相对平衡点的位移方向相反。

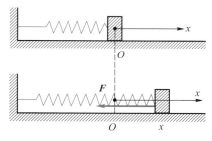

图 2-2 弹簧的弹力

3. 摩擦力

当两个相互接触的物体沿接触面相对运动或有相对运动趋势时,在接触面之间会产生阻止对方相对运动的力,称为摩擦力。物体虽有相对运动的趋势但尚未发生相对运动,这时的摩擦力称为静摩擦力。物体的静摩擦力方向与此物体在接触面处相对另一个物体的运动趋势的方向相反。静摩擦力的大小视外力的大小而定。在 0 和某个最大静摩擦力之间,物体达到最大静摩擦力时开始滑动。滑动时,接触面之间的摩擦力称为滑动摩擦力。实验证明,最大静摩擦力和滑动摩擦力都正比于正压力 $F_N$。用 $F_{fs}$,$F_{fk}$ 分别表示最大静摩擦力和滑动摩擦力,有

$$F_{fs} = \mu_s F_N, \quad F_{fk} = \mu_k F_N \qquad (2-10)$$

式中 $\mu_s$,$\mu_k$ 分别称为最大静摩擦因数和滑动摩擦因数。它们都与接触面的材料性质和表面情况等多种因素有关。滑动摩擦因数 $\mu_k$ 还与相对运动的速度有关。多数情况下,$\mu_k$ 随运动速度的增大而减小。对于同一接触面而言,一般有 $\mu_s > \mu_k$,而且 $\mu_s$,$\mu_k$ 都小于 1。在我们目前所讨论的问题中,为使问题简化,通常认为

$\mu_k$ 与运动速度无关,$\mu_s$ 与 $\mu_k$ 近似相等。

牛顿的三大运动定律是一个整体。牛顿第一定律是牛顿力学的基础,说明牛顿运动定律只能在惯性系中应用,牛顿第三定律为我们正确地分析出物体的受力提供依据,牛顿第二定律为力和运动的问题的定量解决提供方法。

牛顿力学问题通常分为两种类型:一种为已知力求运动,另一种是已知运动求力。实际问题往往两种兼而有之。

---

**例 2.1**

---

阿特伍德机。如图 2-3 所示,滑轮和绳子的质量均不计,滑轮与绳间的摩擦力以及滑轮与轴间的摩擦力均不计,绳与滑轮间无相对滑动。现设绳两端重物的质量 $m_1 > m_2$,求重物释放后,物体的加速度和绳的张力。

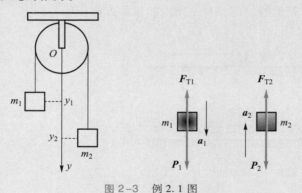

图 2-3 例 2.1 图

---

解  以地面为参考系,作如图所示坐标系,对两物体隔离受力分析,设 $m_1$,$m_2$ 的加速度为 $a_1$,$a_2$,则有

$$y_1 + y_2 + \pi R = C$$

式中,$C$ 为常量。两边对时间二次求导,则得

$$a_1 = -a_2$$

即两物体的加速度等值反向,可设 $a_1 = a$,$a_2 = -a$,根据牛顿运动定律可有

对 $m_1$ 物体: $\boldsymbol{P}_1 - \boldsymbol{F}_{T1} = m_1 \boldsymbol{a}_1$,

即

$$m_1 g - F_{T1} = m_1 a \qquad (1)$$

对 $m_2$ 物体: $\boldsymbol{P}_2 - \boldsymbol{F}_{T2} = -m_2 \boldsymbol{a}_2$

即

$$m_2 g - F_{T2} = -m_2 a \qquad (2)$$

$F_{T1}$,$F_{T2}$ 是一对相互作用力,因滑轮和绳子的质量均不计,所以有

$$F_{T1} = F_{T2} = F_T \qquad (3)$$

结合式(1)、式(2)和式(3),可解得

$$F_T = \frac{2m_1 m_2}{m_1 + m_2} g, \quad a = \frac{m_1 - m_2}{m_1 + m_2} g$$

---

**例 2.2**

---

一倾角为 $\theta$、长为 $l$ 的斜面固定在升降机的底板上,当升降机以匀加速度 $a_1$ 竖直上升时,质量为 $m$ 的物体从斜面顶端沿斜面下滑,物体与斜面的滑动摩擦因数为 $\mu$。求:

（1）物体对斜面的压力；

（2）物体从斜面顶端滑至底部的时间。

**解** 建立如图 2-4 所示的坐标系，并对物体作受力分析，设物体相对升降机的加速度为 $a_2$，则物体相对地面的加速度为

$$a = a_1 + a_2$$

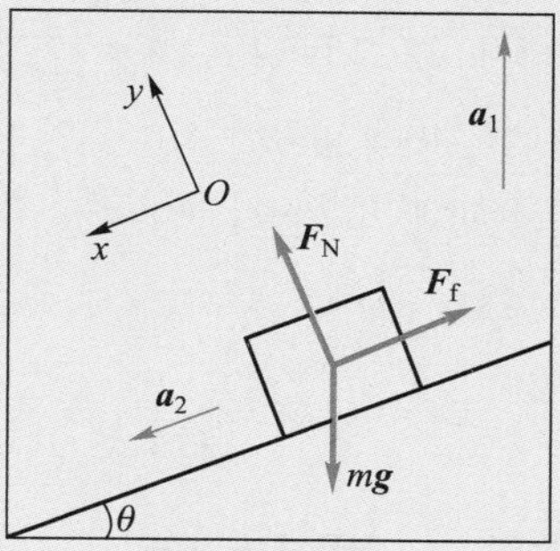

按坐标系分解，可有

$$a_x = a_2 - a_1 \sin\theta, \quad a_y = a_1 \cos\theta$$

所以应用牛顿运动定律，有

$$mg\sin\theta - \mu F_N = ma_x$$

$$F_N - mg\cos\theta = ma_y$$

求解可得

$$F_N = m(g + a_1)\cos\theta$$

$$a_2 = (g + a_1)(\sin\theta - \mu\cos\theta)$$

再由 $l = \dfrac{1}{2}a_2 t^2$，可得

$$t = \sqrt{\frac{2l}{(g + a_1)(\sin\theta - \mu\cos\theta)}}$$

图 2-4 例 2.2 图

---

**例 2.3**

如图 2-5 所示，摆长为 $l$ 的圆锥摆，细绳一端固定在天花板上，另一端悬挂质量为 $m$ 的小球，小球经推动后，在水平面内绕通过圆心 $O$ 的竖直轴作角速度为 $\omega$ 的匀速率圆周运动。问绳和竖直方向所成的角度 $\theta$ 为多少？空气阻力不计。

**解** 设 $t$ 时刻小球到图示任意位置，现建立如图所示的自然坐标系并对小球作受力分析，由牛顿运动定律得

$$\boldsymbol{F}_T + \boldsymbol{P} = m\boldsymbol{a}$$

写出上式的分量式：

$$F_T\cos\theta - P = 0, \quad F_T\sin\theta = ma_n = mr\omega^2$$

由于 $r = l\sin\theta$，可得

$$F_T\cos\theta = P, \quad F_T = m\omega^2 l$$

整理得

$$\cos\theta = \frac{mg}{m\omega^2 l} = \frac{g}{\omega^2 l},$$

$$\theta = \arccos\frac{g}{\omega^2 l}$$

由结论可知：$\omega$ 越大，$\theta$ 也越大。

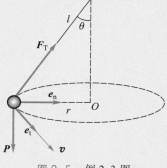

图 2-5 例 2.3 图

---

**例 2.4**

讨论雨滴下落过程中受到空气黏性力（$F_f = -kv^2$）作用时的运动规律。

**解** 设雨滴初始时刻静止于原点，$v_0 = 0$，对雨滴作受力分析，如图 2-6 所示，列出牛顿

运动学方程：

$$m\boldsymbol{g} + \boldsymbol{F}_f = m\boldsymbol{a}$$

由于 $\boldsymbol{F}_{\mathrm{f}} = -k\boldsymbol{v}$, $a = \dfrac{\mathrm{d}v}{\mathrm{d}t}$, 上式

可写为

$$mg - kv = m\frac{\mathrm{d}v}{\mathrm{d}t}$$

分离变量并积分,

$$\int_0^v \frac{\mathrm{d}v}{g - \dfrac{k}{m}v} = \int_0^t \mathrm{d}t$$

得雨滴的速度公式

$$v = \frac{mg}{k}\left(1 - \mathrm{e}^{-\frac{k}{m}t}\right)$$

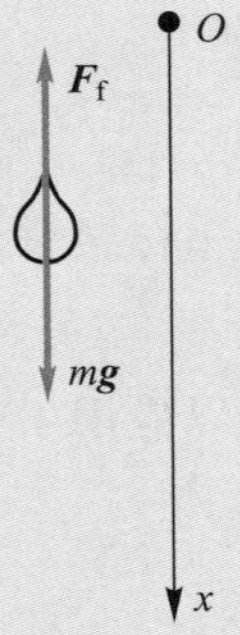

图 2-6　例 2.4 图

同理由 $v = \dfrac{\mathrm{d}x}{\mathrm{d}t}$, 可有

$$\int_0^x \mathrm{d}x = \int_0^t \frac{mg}{k}\left(1 - \mathrm{e}^{-\frac{k}{m}t}\right)\mathrm{d}t$$

解得雨滴的位置坐标

$$x = \frac{mg}{k}\left[t - \frac{m}{k}\left(1 - \mathrm{e}^{-\frac{k}{m}t}\right)\right]$$

由结果可知,当 $t \to \infty$ 时,$v \to v_{\mathrm{T}} = \dfrac{mg}{k}$,此速度称为雨滴的终极速度,物体达到终极速度的条件是物体加速度为零,即 $mg - kv_{\mathrm{T}} = 0$。

# *2.1.5　非惯性系　惯性力

如图 2-7 所示,在一列车车厢里的光滑桌面上有一滑块。最初,滑块静止在桌面上。当列车以加速度 $\boldsymbol{a}_0$ 向右运动时,列车上的观察者和地面上的观察者同时观测滑块的运动。地面上的观测者认为,滑块原来之所以静止是因为它在竖直方向上受到一对平衡力,而在水平方向上,由于桌面光滑,滑块始终不受力。车厢加速运动以后,滑块仍然是受上述平衡力的作用,因此,根据牛顿第二定律,它所受合力为零,滑块保持原有的运动状态,即静止在原来位置上。

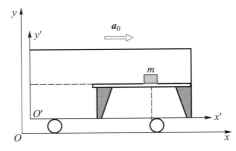

图 2-7　在惯性系和非惯性系中观测物体运动

但是,车上的观测者却认为,滑块相对他以大小为 $a_0$ 的加速度向车厢尾部滑去,即滑块有一个 $-\boldsymbol{a}_0$ 的加速度。这是事实!因此,他根据牛顿第二定律,断言滑块一定受到一个与 $-\boldsymbol{a}_0$ 同向的

"力"。是这个力使滑块产生了加速度。可是,这个力来自哪个物体呢? 他困惑了。

其实,车上的观察者在分析物体的运动时忽略了一个重要的前提,那就是:牛顿运动定律只对惯性系适用,对作加速运动的参考系是不适用的。但是,在实际问题中,往往需要在非惯性系中观测和处理物体的运动,并且在形式上利用牛顿运动定律去分析问题。为此,我们引入惯性力的概念。由第一章相对运动的式(1-43)可知如果 S'系相对于 S 系作的不是匀速直线运动,而是变速运动,则由加速度的定义,对 S'系相对于惯性系 S 系的运动速度进一步求导可有

$$a = a' + a_0$$

即物体相对于某一惯性系的加速度 $a$ 应等于非惯性系的牵连加速度 $a_0$ 与物体相对于非惯性系的相对加速度 $a'$ 的矢量和。所在惯性系 S 系中对质量为 $m$ 的质点应用牛顿第二定律,得

$$F = ma = ma' + ma_0 \quad \text{或} \quad F + (-ma_0) = ma \quad (2\text{-}11)$$

若把 $-ma_0$ 视为一个"力",则牛顿第二定律在形式上仍然适用,这个"力"称为惯性力,用 $F_i$ 表示,即

$$F_i = -ma_0 \quad (2\text{-}12)$$

惯性力是一个虚拟力,它虽然与力有相同的量纲,但它不是物体间的真实相互作用。利用惯性力的概念,式(2-11)可写为

$$F + F_i = ma' \quad (2\text{-}13)$$

把等式左边视为非惯性系中质点受到的"合力"$F_{\text{非}}$,把相对非惯性系的加速度 $a'$ 记作 $a_{\text{非}}$,则式(2-13)与惯性系中应用牛顿第二定律时得到的方程式具有完全相同的形式。

$$F_{\text{非}} = ma_{\text{非}} \quad (2\text{-}14)$$

应当注意,$F_{\text{非}}$ 中包含了两项,一项是物体间实际的相互作用力,通过"受"力,可以找到"施"力体,这一项也就是所谓的"真实力"。而另一项是找不到"施"力体的所谓"虚拟力"。

# 2.2 动量 动量守恒定律

前面我们主要学习了力的瞬时效果,外力施加于物体上,物体就会产生瞬时加速度。但是实际上力对物体的作用会延续一段时间或者物体在力的作用下会发生一定的位置改变,那么我们就要由力和运动的瞬时关系的研究转向力和运动的过程关系的研究和分析。从本节开始我们将学习力的作用过程中的时间累

积和空间累积效应,并由此得到对应的运动守恒定律。下面我们先研究力的时间累积效应。

## 2.2.1 冲量 质点的动量定理

力的时间累积效应可由之前学习的牛顿运动定律分析得到,式(2-2)为牛顿第二定律的普遍形式,对其两边积分,可有

$$\int_{t_1}^{t_2} \boldsymbol{F} \mathrm{d}t = \int_{p_1}^{p_2} \mathrm{d}\boldsymbol{p} = \boldsymbol{p}_2 - \boldsymbol{p}_1 \qquad (2-15)$$

式(2-15)等号右边是动量的增量,等号左边表示在 $t_1$ 到 $t_2$ 这段时间内外力对时间的累积量,称为力的冲量,用 $\boldsymbol{I}$ 表示,即

$$\boldsymbol{I} = \int_{t_1}^{t_2} \boldsymbol{F} \mathrm{d}t \qquad (2-16)$$

于是,式(2-16)可写成

$$\boldsymbol{I} = \boldsymbol{p}_2 - \boldsymbol{p}_1 \qquad (2-17)$$

式(2-17)就是质点的动量定理,其表明,物体在运动过程中所受合力的冲量,等于物体在这个过程中动量的增量。

动量定理常用于解决冲击和碰撞问题。发生冲击和碰撞的物体之间作用时间极短,相互作用力是变力且峰值极大,称为冲力。因为冲力极大,所以一般冲击和碰撞过程中的动量改变基本由冲力的冲量决定。由于冲力是随时间变化的变力,所以要对冲力的作用有定量的认识。我们一般会引入平均冲力的概念,以 $\overline{\boldsymbol{F}}$ 表示,其数学表述为

$$\overline{\boldsymbol{F}} = \frac{\int_{t_1}^{t_2} \boldsymbol{F} \mathrm{d}t}{t_2 - t_1} = \frac{\boldsymbol{p}_2 - \boldsymbol{p}_1}{t_2 - t_1} \qquad (2-18)$$

此外,由冲量定义式(2-16)可知冲量是矢量,冲量的方向与动量的改变量方向一致。动量定理在直角坐标系里的坐标分量式为

$$\begin{cases} I_x = \int_{t_1}^{t_2} F_x \mathrm{d}t = mv_{2x} - mv_{1x} \\[2mm] I_y = \int_{t_1}^{t_2} F_y \mathrm{d}t = mv_{2y} - mv_{1y} \\[2mm] I_z = \int_{t_1}^{t_2} F_z \mathrm{d}t = mv_{2z} - mv_{1z} \end{cases} \qquad (2-19)$$

由坐标分量式可看出质点所受合外力的冲量在某个方向上的分量等于质点的动量在这个方向上的分量的增量。

例 2.5

如图 2-8 所示,设有一质量为 0.2 kg 的橡皮球落向地板,它以 8 m/s 的速率与地板相碰,并近似地以与此相同的速率回弹,高速摄影证明,球与地板相接触的时间为 $10^{-3}$ s。讨论地板作用于球的力。

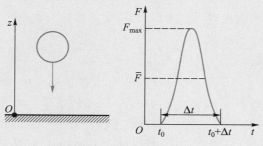

图 2-8  例 2.5 图

**解** 我们所要讨论的物理过程是球与地板的相互作用过程,这个过程经历的时间为 $\Delta t = 10^{-3}$ s,在这个过程发生之前,即球撞击地板以前,球的动量为

$$p_0 = mv_0 = -1.6k \text{ kg} \cdot \text{m/s}$$

而在过程结束时,球的动量为 $p_t = mv_t = 1.6k$(单位:kg·m/s),$k$ 是 $z$ 轴方向上的单位矢量。根据动量定理

$$I = p_t - p_0 = 1.6k - (-1.6k) = 3.2k \text{ kg} \cdot \text{m/s}$$

虽然不知道撞击过程中作用力 $F$ 与时间的函数关系,但地板作用于球上的平均力还是可以求出的。若设碰撞期间作用的平均冲力为 $\overline{F}$,则

$$I = \int_{t_0}^{t} F dt = \overline{F} \int_{t_0}^{t} dt = \overline{F} \Delta t$$

于是有

$$\overline{F} = \frac{\Delta p}{\Delta t} = 3.2 \times 10^3 k \text{ kg} \cdot \text{m/s}^2$$

正如我们所预期的,这个平均力是竖直向上的,而且它是一个相当大的力。容易推测,作用在球上的瞬时作用力的峰值比这个平均力还要大,如图 2-8 所示。

应当指出,我们在上述讨论中存在一个漏洞。计算冲量 $I = \int_{t_0}^{t} F dt$ 时,$F$ 是指合外力,球受到的合外力应包含它受到的重力,重力被我们忽略了。更准确的式子应当写作

$$F = F_{地板} + F_{重力} = F_{地板} - mgk$$

于是冲量的方程变为

$$\int_{t_0}^{t} F_{地板} dt - \int_{t_0}^{t} mgk dt = p - p_0 = 3.2k \text{ kg} \cdot \text{m/s}$$

来自重力的冲量为

$$I_P = -mgk \int_{0}^{10^{-3} \text{ s}} dt = -0.2 \times 9.8 \times 10^{-3} k \text{ kg} \cdot \text{m/s}$$

$$= -1.96 \times 10^{-3} k \text{ kg} \cdot \text{m/s}$$

它比总动量变化的千分之一还小,因而忽略它不会引起多大的误差。但应当注意,若球与地的作用时间相当长,例如 $\Delta t = 1$ s,来自重力的冲量大小为 1.96 kg·m/s,与总动量变化达到同一数量级。这种情形下,重力的作用就不能忽略。通常在处理碰撞或冲击问题时,作用时间都是极短的,因此我们可以忽略中等强度的力(如重力、摩擦力等)所产生的冲量。

例 2.6

一质量为 0.05 kg、速率为 10 m/s 的刚体球，以与钢板法线成 45°角的方向撞击在钢板上，并以相同的速率和角度弹回来，如图 2-9 所示。设碰撞时间为 0.05 s，求在此时间内钢板所受到的平均冲力。

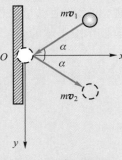

解 建立坐标 $Oxy$ 系，据动量定理的坐标分量形式可写出碰撞过程中小球所受的冲量。

$Ox$ 轴：

$$\overline{F}_x \Delta t = mv_{2x} - mv_{1x} = mv\cos\alpha - (-mv\cos\alpha)$$
$$= 2mv\cos\alpha$$

$Oy$ 轴：

$$\overline{F}_y \Delta t = mv_{2y} - mv_{1y} = mv\sin\alpha - mv\sin\alpha = 0$$

所以，球所受平均冲力大小为

$$\overline{F} = \overline{F}_x = \frac{2mv\cos\alpha}{\Delta t} = 14.1 \text{ N}$$

球所受平均冲力方向与 $Ox$ 轴正向相同。钢板所受平均冲力与球所受平均冲力为相互作用力，所以其大小为 14.1 N，方向沿 $Ox$ 轴负向。

图 2-9 例 2.6 图

## 2.2.2 动量守恒定律

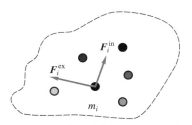

图 2-10 质点系内某质点的受力情况

阅读材料：
动量守恒定律的形成

如图 2-10 所示，设有一个系统含有 $n$ 个相互作用的质点，它们的质量分别为 $m_1, m_2, m_3, \cdots, m_i, \cdots, m_n$，第 $i$ 个质点所受合外力包括质点系内部的其他质点给它的作用力（即内力）$\boldsymbol{F}_i^{\text{in}}$ 和质点系外界其他物体对其施加的外力 $\boldsymbol{F}_i^{\text{ex}}$，所以对此质点应用牛顿第二定律，可有

$$\boldsymbol{F}_i = \boldsymbol{F}_i^{\text{ex}} + \boldsymbol{F}_i^{\text{in}} = \frac{\mathrm{d}\boldsymbol{p}_i}{\mathrm{d}t} = \frac{\mathrm{d}(m_i \boldsymbol{v}_i)}{\mathrm{d}t}$$

对系统内的 $n$ 个质点都应用牛顿第二定律并将各式相加，即可得

$$\sum_{i=1}^{n} \boldsymbol{F}_i^{\text{ex}} + \sum_{i=1}^{n} \boldsymbol{F}_i^{\text{in}} = \frac{\mathrm{d}\left(\sum_{i=1}^{n} \boldsymbol{p}_i\right)}{\mathrm{d}t} = \frac{\mathrm{d}\left(\sum_{i=1}^{n} m_i \boldsymbol{v}_i\right)}{\mathrm{d}t}$$

其中 $\sum_{i=1}^{n} \boldsymbol{F}_i^{\text{ex}}$ 是外界对质点系的所有外力的矢量和，用 $\boldsymbol{F}^{\text{ex}}$ 表示，$\sum_{i=1}^{n} \boldsymbol{F}_i^{\text{in}}$ 是质点系内所有质点所受的内力的矢量和，根据牛顿第三定律，任两个质点间的相互作用力大小相等、方向相反，故

$$\sum_{i=1}^{n} \boldsymbol{F}_i^{\text{in}} = \boldsymbol{0}$$

式中，$\sum\limits_{i=1}^{n} \boldsymbol{p}_i$ 为质点系的总动量，用 $\boldsymbol{p}$ 表示，则有

$$F^{ex} = \frac{\mathrm{d}\boldsymbol{p}}{\mathrm{d}t} = \frac{\mathrm{d}\left(\sum\limits_{i=1}^{n} m_i \boldsymbol{v}_i\right)}{\mathrm{d}t} \tag{2-20}$$

即系统所受外力的矢量和等于系统总动量的变化率。把式 (2-20) 写成积分形式，得到

$$\int_{t_1}^{t_2} F^{ex} \mathrm{d}t = \int_{p_1}^{p_2} \mathrm{d}\boldsymbol{p} = \boldsymbol{p}_2 - \boldsymbol{p}_1 = \left(\sum\limits_{i=1}^{n} m_i \boldsymbol{v}_{i2}\right) - \left(\sum\limits_{i=1}^{n} m_i \boldsymbol{v}_{i1}\right) \tag{2-21}$$

即对于质点系来说，系统总动量的增量等于外力矢量和的冲量，而与质点系内部的内力无关。这就是质点系的动量定理。

如果质点系所受的合外力为 $\mathbf{0}$，即 $F^{ex} = \mathbf{0}$，则由式 (2-20) 可有

$$\frac{\mathrm{d}\boldsymbol{p}}{\mathrm{d}t} = \mathbf{0}$$

即

$$\boldsymbol{p} = 常矢量 \quad 或 \quad \sum\limits_{i=1}^{n} \boldsymbol{p}_i = \sum\limits_{i=1}^{n} m_i \boldsymbol{v}_i = 常矢量 \tag{2-22}$$

式 (2-22) 表示如果一个系统所受合外力为零，则这个系统的动量守恒，这称为动量守恒定律。式 (2-22) 为矢量关系式，在实际应用中，我们需要根据所选坐标系，写出分量形式。以直角坐标系为例，其分量形式为

$$\begin{cases} 当 F_x = 0 \ 时，p_x = \sum\limits_{i=1}^{n} m_i v_{ix} = 常量 \\[2mm] 当 F_y = 0 \ 时，p_y = \sum\limits_{i=1}^{n} m_i v_{iy} = 常量 \\[2mm] 当 F_z = 0 \ 时，p_z = \sum\limits_{i=1}^{n} m_i v_{iz} = 常量 \end{cases} \tag{2-23}$$

在应用动量守恒定律解决实际问题时，常需要注意下述几点：

（1）系统的动量守恒的前提条件是系统的合外力为零。其实在内力远远大于外力的情况下，如碰撞、爆炸等过程中，外力对系统的总动量的变化贡献较小，这种情况可认为系统的总动量近似守恒，可应用动量守恒定律解决相关问题。

（2）由式 (2-23) 可看出尽管有时系统的总动量不守恒，但是如果质点系在某坐标方向所受的合外力为零，则总动量沿此坐

标方向的分量守恒。

（3）由前面的推导和分析过程可知动量守恒定律是由牛顿运动定律推导出的，所以动量守恒定律只适用于惯性系，式中的各物理量一定是同一惯性系中测定的量。

此外动量守恒定律虽然是由牛顿运动定律推导而得，但动量守恒定律不依靠牛顿运动定律，动量守恒定律的适用范围比牛顿运动定律的要大。在后面学习内容中可看到，在量子力学和相对论领域中，牛顿力学不适用，而动量守恒定律仍然适用。实际上，动量守恒定律是自然界中一切物理过程遵循的最基本的定律之一。

---

**例2.7**

设一静止的原子核，衰变辐射出一个电子和一个中微子后成为一新的原子核。已知电子和中微子的运动方向互相垂直，且电子动量为 $1.2\times10^{-22}$ kg·m/s，中微子的动量为 $6.4\times10^{-23}$ kg·m/s。问新的原子核的动量的大小和方向如何？

**解**  原子核初始动量为零，衰变过程中内力远大于外力，衰变前后动量守恒，则有

$$p_e + p_v + p_n = \mathbf{0}$$

所以 $p_e, p_v, p_n$ 必处于同一平面，且电子和中微子的合动量与新原子核的动量大小相等、方向相反，如图 2-11 所示，有

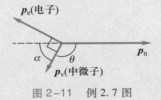

图 2-11  例 2.7 图

$$p_e \perp p_v$$

所以有

$$\begin{aligned} p_n &= \sqrt{p_e^2 + p_v^2} \\ &= \sqrt{(1.2\times10^{-22})^2 + (6.4\times10^{-23})^2}\ \text{kg·m/s} \\ &= 1.36\times10^{-22}\ \text{kg·m/s} \end{aligned}$$

方向如图 2-11 所示。

$$\alpha = \arctan\frac{p_e}{p_v} = 61.9°$$

---

**例2.8**

一辆运沙车以 2 m/s 的速率从卸沙漏斗正下方驶过，沙子落入运沙车厢的速率 $k = 400$ kg/s 保持不变，需要多大的牵引力拉车厢？（设车厢和地面钢轨的摩擦力可忽略。）

**解**  设 $t$ 时刻已落入车厢的沙子质量为 $m$，经过 $dt$ 时间后有 $dm = kdt$ 的沙子落入车厢，取 $m$ 和 $m+dm$ 为研究对象，则系统沿 $x$ 方向的动量定理为

$$\begin{aligned} Fdt &= (m+dm)v - (mv + dm\times0) \\ &= vdm = vkdt \end{aligned}$$

则有

$$F = kv = 400\times2\ \text{N} = 800\ \text{N}$$

# *2.2.3 质心 质心运动定理

在讨论质点系的运动时,我们往往要引入质心的概念。质心即质量中心。设有一个质点系含有 $n$ 个相互作用的质点,它们的质量分别为 $m_1,m_2,m_3,\cdots,m_i,\cdots,m_n$,在所选坐标系中的位矢分别是 $r_1,r_2,r_3,\cdots,r_i,\cdots,r_n$,则此质点系质心的位置矢量为

$$r_C = \frac{\sum\limits_{i=1}^{n} m_i r_i}{m} \tag{2-24}$$

式(2-24)中 $m = \sum\limits_{i} m_i$ 是系统总质量。质心的位置矢量在直角坐标系中的坐标为

$$x_C = \frac{\sum\limits_{i=1}^{n} m_i x_i}{m}, y_C = \frac{\sum\limits_{i=1}^{n} m_i y_i}{m}, z_C = \frac{\sum\limits_{i=1}^{n} m_i z_i}{m}$$

如果物体的质量是连续分布的,则可将其看成由无数个质量为 $dm$ 的质元组成,设任一质元的位置矢量为 $r$,则这个物体质心的位置矢量可由式(2-24)变为

$$r_C = \frac{\int r\, dm}{m} \tag{2-25}$$

则质量连续分布物体的质心的位矢在直角坐标系中的各坐标轴上坐标为

$$x_C = \frac{1}{m}\int x\, dm, y_C = \frac{1}{m}\int y\, dm, z_C = \frac{1}{m}\int z\, dm \tag{2-26}$$

特别说明,利用上面的公式,可得出质量分布均匀且形状规则的物体(如直棒、圆环、圆盘、球等)的质心都在其几何对称中心。此外,还有个重心的概念,重心是一个物体各部分所受重力的合力(即合重力)的作用点,在物体尺寸不太大时,物体的质心和重心的位置重合。

由式(2-24)质心的位置矢量可导出质心的速度和加速度分别为

$$v_C = \frac{dr_C}{dt} = \frac{\sum\limits_{i=1}^{n} m_i \dfrac{dr_i}{dt}}{m} = \frac{\sum\limits_{i=1}^{n} m_i v_i}{m} \tag{2-27}$$

$$a_C = \frac{dv_C}{dt} = \frac{\sum\limits_{i=1}^{n} m_i \dfrac{dv_i}{dt}}{m} = \frac{\sum\limits_{i=1}^{n} m_i a_i}{m} \tag{2-28}$$

$$ma_C = \sum_{i=1}^{n} m_i a_i \qquad (2-29)$$

式（2-29）中 $m_i a_i = F_i^{ex} + F_i^{in}$。$F_i^{ex}$ 是系统外界对系统内第 $i$ 个质点的作用力，$F_i^{in}$ 是系统内其他质点对第 $i$ 个质点的作用力，即内力作用，所以

$$\sum_{i=1}^{n} m_i a_i = \sum_{i=1}^{n} F_i^{ex} + \sum_{i=1}^{n} F_i^{in}$$

由于 $\sum_{i=1}^{n} F_i^{in} = 0$，所以有 $\sum_{i=1}^{n} F_i^{ex} = \sum_{i=1}^{n} m_i a_i$，如果用 $F^{ex}$ 表示 $\sum_{i=1}^{n} F_i^{ex}$，则有

$$F^{ex} = ma_C \qquad (2-30)$$

这就是质心运动定理。它表明系统所受合外力等于质点系的质量与质心加速度的乘积。不管物体的质量如何分布，也不管外力作用于物体的何位置，质心的运动就像系统的所有质量都集中在质心，而且所有外力也都作用于这一点一样。以一枚炮弹为例，其在轨迹上爆炸，虽然裂成许多向各个方向飞散的碎片，但是全部碎片的质心仍继续按原来的轨迹运动。又如跳水运动员跳水时，在空中可以完成各种翻滚伸展收缩动作，但其质心的轨迹一定是一条抛物线。

由式（2-27）可有 $\sum_{i=1}^{n} m_i v_i = mv_C$，$\sum_{i=1}^{n} m_i v_i$ 为质点系的总动量 $p$，则质点系的总动量可以用质点系的总质量与其质心的运动速度的乘积表示，即

$$p = mv_C \qquad (2-31)$$

在分析力学问题时，我们有时会用到质心参考系。质心参考系就是把质心选作参考系原点。那么在此参考系中由质心处 $v_C = 0$，就有 $p = 0$，即相对于质心参考系，质点系的总动量为零，此结论对处理二体系统问题极为方便。质心参考系即零动量参考系。

---

**例 2.9**

质量为 $m_1$ 和 $m_2$ 的两个小孩，在光滑的冰面上用绳拉对方，开始时两人静止，相距为 $l$，问他们将在何处相遇？

**解**　由于冰面是光滑的，两个小孩组成的系统所受合外力为零，由质心运动定理可得质心的加速度

$$a_C = 0$$

开始时两个小孩静止，质心速度

$$v_C = 0$$

所以整个运动过程中质心的位置不变，所以两个小孩相遇时必然在质心处。那么利用

| 质心坐标的定义式可得在地面坐标系中质心的坐标为 | $x_C = \dfrac{m_1 x_{10} + m_2 x_{20}}{m_1 + m_2}, y_C = \dfrac{m_1 y_{10} + m_2 y_{20}}{m_1 + m_2}$ |
| --- | --- |

# 2.3 功 动能定理

本节将先介绍力的空间累积效应,即功的概念、计算,然后再介绍力做的功与运动能量之间的关系——动能定理。

## 2.3.1 变力的功

如图 2-12 所示,质点在一恒力 **F** 的作用下,发生位移 $\Delta \boldsymbol{r}$,则力 **F** 做的功为力在沿位移方向上的投影与该物体位移大小的乘积,用 $W$ 表示功,则

$$W = F\cos\theta\Delta r = \boldsymbol{F} \cdot \Delta \boldsymbol{r} \tag{2-32}$$

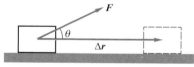

图 2-12 功的定义

微课视频:
变力的功

如果在变力 **F** 作用下质点沿图 2-13 所示轨迹由 $A$ 运动到 $B$,则此过程中力所做的功如何计算呢?

我们先把轨迹曲线分成无数个小段,每一段都是无穷小位移 $\mathrm{d}\boldsymbol{r}$,称为元位移,在元位移上质点的受力 **F** 可视为恒力,所在这段 $\mathrm{d}\boldsymbol{r}$ 上力 **F** 的功 $\mathrm{d}W$ 可用式(2-32)表示为

$$\mathrm{d}W = \boldsymbol{F} \cdot \mathrm{d}\boldsymbol{r} \tag{2-33}$$

$\mathrm{d}W$ 称为力对质点所做的元功,然后把所有无穷小位移上的元功加起来就是力对质点沿整个路径做的功。这里当 $\mathrm{d}\boldsymbol{r} \to \boldsymbol{0}$ 时,求和就变成积分,所以质点沿轨迹路径从 $A$ 到 $B$ 的过程中,力 **F** 所做的功为

$$W = \int_l \mathrm{d}W = \int_A^B \boldsymbol{F} \cdot \mathrm{d}\boldsymbol{r} = \int_A^B F\cos\theta \, |\mathrm{d}\boldsymbol{r}| = \int_A^B F_t \mathrm{d}s \tag{2-34}$$

式(2-34)中的 $\mathrm{d}s$ 是无穷小路程,$F_t$ 是力 **F** 在无穷小位移 $\mathrm{d}\boldsymbol{r}$ 方

向的分量。若如图 2-14 所示，以路程为横坐标，$F\cos\theta$ 为纵坐标，得到的力随路程的变化关系曲线图为工程常用的示功图。图中曲线下与横轴所围成的面积就是 $\boldsymbol{F}$ 在由 $A$ 到 $B$ 的路程上所做的总功。此方法简单直接。

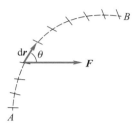
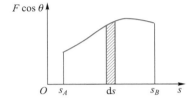

图 2-13    变力做功计算          图 2-14    图解法计算功所用图

式（2-34）如果在直角坐标系中应用，则

$$\boldsymbol{F}=F_x\boldsymbol{i}+F_y\boldsymbol{j}+F_z\boldsymbol{k},\mathrm{d}\boldsymbol{r}=\mathrm{d}x\boldsymbol{i}+\mathrm{d}y\boldsymbol{j}+\mathrm{d}z\boldsymbol{k}$$

$$W=\int_A^B(F_x\mathrm{d}x+F_y\mathrm{d}y+F_z\mathrm{d}z) \tag{2-35}$$

此外若质点同时受多个力 $\boldsymbol{F}_1,\boldsymbol{F}_2,\cdots,\boldsymbol{F}_n$ 作用，沿同一路径由 $A$ 到 $B$，则此过程中合力的做功可表示为

$$
\begin{aligned}
W&=\int_A^B\boldsymbol{F}\cdot\mathrm{d}\boldsymbol{r}=\int_A^B(\boldsymbol{F}_1+\boldsymbol{F}_2+\cdots+\boldsymbol{F}_n)\cdot\mathrm{d}\boldsymbol{r}\\
&=\int_A^B\boldsymbol{F}_1\cdot\mathrm{d}\boldsymbol{r}+\int_A^B\boldsymbol{F}_2\cdot\mathrm{d}\boldsymbol{r}+\cdots+\int_A^B\boldsymbol{F}_n\cdot\mathrm{d}\boldsymbol{r}\\
&=W_1+W_2+\cdots+W_n
\end{aligned}\tag{2-36}
$$

此结果表明合力的功等于各分力沿同一路径所做功的代数和。在国际单位制中，功的单位为焦耳，符号为 J。

单位时间内的功称为功率，其数学表述为

$$P=\frac{\mathrm{d}W}{\mathrm{d}t}=\frac{\boldsymbol{F}\cdot\mathrm{d}\boldsymbol{r}}{\mathrm{d}t}=\boldsymbol{F}\cdot\boldsymbol{v} \tag{2-37}$$

功率是描述物体做功快慢的物理量，国际单位制中功率的单位为瓦特，符号为 W。另一种常用的功率单位为马力，1 马力 = 735 瓦。

## 2.3.2  动能  质点的动能定理

下面我们讨论力对空间的累积效应，从而导出力的空间累积会对物体的运动状态带来怎样的变化。

如图 2-15 所示，一个质量为 $m$ 的质点在力 $\boldsymbol{F}$ 的作用下沿图示轨迹由 $A$ 运动到 $B$，$A$ 点处的速度为 $\boldsymbol{v}_1$，$B$ 点处的速度为 $\boldsymbol{v}_2$，则

此过程中 $\boldsymbol{F}$ 做的功如何表示呢?

首先我们计算路径中的元位移上力 $\boldsymbol{F}$ 的元功为

$$dW = \boldsymbol{F} \cdot d\boldsymbol{r} = F\cos\theta \, |d\boldsymbol{r}| = F\cos\theta ds$$

由牛顿第二定律和切向力的概念,有

$$F\cos\theta = F_t = ma_t = m\frac{dv}{dt}$$

所以有

$$dW = m\frac{dv}{dt}ds = mvdv$$

于是质点由 $A$ 到 $B$ 的过程中力 $\boldsymbol{F}$ 做的功为

$$W = \int dW = \int_{v_1}^{v_2} mvdv = \frac{1}{2}mv_2^2 - \frac{1}{2}mv_1^2 \qquad (2-38)$$

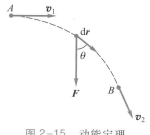

图 2-15 动能定理

式中 $\dfrac{1}{2}mv^2$ 是与运动状态相关的量,我们定义其为质点的动能,用 $E_k$ 表示。初动能 $E_{k1} = \dfrac{1}{2}mv_1^2$,末动能 $E_{k2} = \dfrac{1}{2}mv_2^2$,式(2-38)可简要地表述为

$$W = E_{k2} - E_{k1} \qquad (2-39)$$

式(2-38)和式(2-39)表明外力对质点做的功等于质点在这个过程中动能的增加量,这就是质点的动能定理。定理中功是力在整个过程中作用的累积,它是与过程相关的量,经历不同的过程所做功的值一般是不同的,而动能是这个过程初末两个时刻质点的状态量。式中动能的单位与功的单位相同,都是焦耳,记作 J。动能定理表示功是物体在某过程中能量改变的一种量度,这有助于我们去识别与理解其他形式的能量,如势能。

### 2.3.3 质点系的动能定理

在实际问题中,我们往往需要研究的是许多质点构成的系统,即质点系。现在由上面的质点的动能定理来推导质点系的动能定理。

现设有一个系统含有 $n$ 个相互作用的质点,它们的质量分别为 $m_1, m_2, \cdots, m_i, \cdots, m_n$,第 $i$ 个质点所受合外力包括质点系内部的其他质点给它的作用力(即内力 $\boldsymbol{F}_i^{in}$)和质点系外界其他物体对其施加的外力 $\boldsymbol{F}_i^{ex}$,$E_{ki0}$ 表示其初动能,$E_{ki}$ 表示其末动能,则对第 $i$ 个质点,可有

$$W_i = W_i^{in} + W_i^{ex} = E_{ki} - E_{ki0}$$

对系统内的所有质点都应用动能定理并相加,有

$$W = \sum_{i=1}^{n} W_i = \sum_{i=1}^{n} W_i^{\text{ex}} + \sum_{i=1}^{n} W_i^{\text{in}} = \sum_{i=1}^{n} E_{ki} - \sum_{i=1}^{n} E_{ki0} = E_k - E_{k0}$$

其中 $W^{\text{ex}} = \sum_{i=1}^{n} W_i^{\text{ex}}$，$W^{\text{in}} = \sum_{i=1}^{n} W_i^{\text{in}}$，所以质点系的动能定理可以简写为

$$W = W^{\text{ex}} + W^{\text{in}} = E_k - E_{k0} \tag{2-40}$$

式（2-40）中右边是系统总动能的增量 $\Delta E_k = E_k - E_{k0}$，$W^{\text{ex}}$ 是质点系由初状态变化到末状态过程中合外力所做的功之和，$W^{\text{in}}$ 是在此过程中内力所做的功之和。因此式（2-40）表示系统总动能的增量等于所有外力和内力所做功之和，此即质点系的动能定理。注意，牛顿第二定律是动能定理的物理基础，只适用于惯性系，因此上式中的各个量都应当在惯性系中进行计算。从计算的角度看，总动能的增量和外力所做的功都比较简单，但内力的功则比较复杂，要具体问题具体分析。

**例 2.10**

重力功。如图 2-16 所示，质量为 $m$ 的质点在重力作用下，经任意路径从地球表面上方的 $a$ 点移至 $b$ 点。在这个过程中，重力做的功为多少？

**解**　利用变力做功公式，可知此过程中，重力做的功为

$$W_P = \int_a^b \boldsymbol{P} \cdot \mathrm{d}\boldsymbol{r} = \int_a^b mg \,|\,\mathrm{d}\boldsymbol{r}\,|\cos\left(\varphi + \frac{1}{2}\pi\right)$$

$$= -\int_a^b mg \,|\,\mathrm{d}\boldsymbol{r}\,|\sin\varphi = -\int_{y_a}^{y_b} mg\mathrm{d}y$$

$$= mg(y_a - y_b)$$

$$= -(mgy_b - mgy_a)$$

结果表明，重力做功与路径无关，只与质点运动的起点和终点的位置有关。

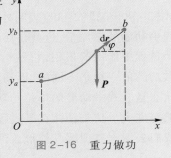

图 2-16　重力做功

**例 2.11**

弹簧力的功。一质量为 $m$ 的物体系于轻弹簧上，在水平方向上运动，若以水平方向为 $x$ 轴，以平衡位置为原点，如图 2-17 所示。则在物体从 $x_0$ 经任意路径移到 $x$ 的过程中，弹簧力所做的功为多少？

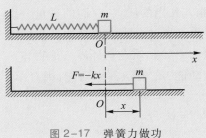

图 2-17　弹簧力做功

解 据变力做功公式,弹簧力 $F = -kx$ 做的功为

$$W = -\int_{x_0}^{x} kx\,\mathrm{d}x = -\left(\frac{1}{2}kx^2 - \frac{1}{2}kx_0^2\right)$$

和重力一样,弹力做的功也与路径无关,只取决于质点起点和终点的位置。

## 例 2.12

万有引力的功。如图 2-18 所示,质量为 $m_1$ 的质点在质量为 $m_2$ 的质点的万有引力作用下,从 $a$ 点移至 $b$ 点,则此过程中万有引力做的功为多少?

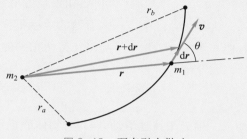

图 2-18 万有引力做功

解 据变力做功公式,万有引力 $\boldsymbol{F}$ 对 $m_1$ 做的功为

$$W = -\int_{r_a}^{r_b} G\frac{m_1 m_2}{r^2}\boldsymbol{e}_r \cdot \mathrm{d}\boldsymbol{r}$$

$$= -\int_{r_a}^{r_b} G\frac{m_1 m_2}{r^2}|\mathrm{d}\boldsymbol{r}|\cos\theta$$

$$= -\int_{r_a}^{r_b} G\frac{m_1 m_2}{r^2}\mathrm{d}r$$

$$= -\left[\left(-G\frac{m_1 m_2}{r_b}\right) - \left(-G\frac{m_1 m_2}{r_a}\right)\right]$$

这个功也与路径无关,只与质点的相对位置有关。

## 例 2.13

摩擦力的功。如图 2-19 所示,一质量为 $m$ 的质点在水平桌面上分别沿路径 $1(abc)$ 和 $2(d)$ 从点 $(0,0)$ 运动到点 $(0,1)$。求两过程中摩擦力所做的功。(设质点与桌面间的动摩擦因数为 $\mu$)。

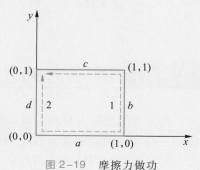

图 2-19 摩擦力做功

解 据变力做功公式,摩擦力在路径 1($abc$) 上做的功为

$$W_1 = \int_1 \boldsymbol{F} \cdot d\boldsymbol{r} = \int_a \boldsymbol{F} \cdot d\boldsymbol{r} + \int_b \boldsymbol{F} \cdot d\boldsymbol{r} + \int_c \boldsymbol{F} \cdot d\boldsymbol{r}$$

其中元功 $\boldsymbol{F} \cdot d\boldsymbol{r} = F_x dx + F_y dy$,所以在线段 $a$ 上 $y = 0$,

$$W_a = \int_a F_x dx = -\mu mg \int_0^1 dx = -\mu mg$$

在线段 $b$ 上,$F_x = 0$,

$$W_b = \int_b F_y dy = -\mu mg \int_0^1 dy = -\mu mg$$

在线段 $c$ 上

$$W_c = -\mu mg$$

所以沿路径 1($abc$) 摩擦力做的总功为

$$W_1 = -3\mu mg$$

而沿路径 2 摩擦力做的总功为

$$W_2 = -\mu mg$$

可见,初末位置虽然相同,但是路径不同,摩擦力做的功就不同。所以摩擦力做的功是与路径密切相关的。

**例 2.14**

一质量为 10 kg 的物体沿 $x$ 轴无摩擦地滑动,$t = 0$ 时物体静止于原点。

(1)若物体在力 $F = 3 + 4t$(SI 单位)的作用下运动了 3 s,它的速率增为多大?

(2)若物体在力 $F = 3 + 4x$(SI 单位)的作用下运动了 3 m,它的速率增为多大?

解 本题中各量均采用 SI 单位。

(1)由动量定理 $\int_0^t F dt = mv - mv_0$,可有

$$\int_0^{3\,s} (3 + 4t)\, dt = 10v$$

所以有

$$v = 2.7 \text{ m/s}$$

(2)由动能定理 $\int_0^x F dt = \dfrac{1}{2}mv^2 - \dfrac{1}{2}mv_0^2$,得

$$\int_0^3 (3 + 4x)\, dx = \frac{1}{2} \times 10 \times v^2$$

所以有

$$v = 2.3 \text{ m/s}$$

# 2.4 势能 机械能守恒定律

## 2.4.1 保守力的功 势能

由上节的例题对各种力做功的计算结果,我们发现有一类力做功只与物体的始末位置有关,而与所经历的路径无关,例如重力、弹力、万有引力等做功与路径无关,仅与始末位置有关,这类力称为保守力。保守力做功与路径无关的特点也可以用数学语

言表述为:力沿任意闭合路径的线积分等于零,即

$$\oint_l \boldsymbol{F}_c \cdot \mathrm{d}\boldsymbol{l} = 0 \qquad (2\text{-}41)$$

而另一类如摩擦力、流体内的黏性力等,这些力做的功总是依赖于路径的,此类力称为非保守力。

此外总结上一节的各例题的结果,可知重力、弹力和万有引力做的功分别为

$$W = -(mgy_b - mgy_a)$$

$$W = -\left(\frac{1}{2}kx^2 - \frac{1}{2}kx_0^2\right)$$

$$W = -\left[\left(-G\frac{m_1 m_2}{R_b}\right) - \left(-G\frac{m_1 m_2}{R_a}\right)\right]$$

由这些结果可看到,这些保守力做的功都体现为一种位置坐标函数的变化,而功是能量改变的一种量度,那么这些位置坐标函数又表示了一种怎样的能量呢? 这就是我们下面要介绍的机械能的一种——势能。

在保守力场中,由质点相对位置决定的能量称为势能,用 $E_p$ 表示。与重力、弹力和万有引力相关的势能,我们分别称为重力势能、弹性势能和引力势能。势能的定义是以系统内各物体间保守内力的相互作用为前提,所以势能只是针对系统而言,如果说势能为单个物体所具有,这种说法是不正确的,但在日常叙述中人们会讲到“物体的势能”,这种表述是不严格的,只是为了方便。另外因为势能是由相对位置决定,所以从保守力做功的表述中,我们得到的只是物体初末位置的势能差值,我们要如何确定物体在某位置点的势能呢? 为了确定系统中某一位置处的势能,我们必须先确定势能零点,然后才能确定相对于该势能零点的其他位置的势能数值。重力势能、弹性势能和引力势能,它们具体的形式分别为:

重力系统中,若取 $y = 0$ 处为重力势能零点,则重力势能为

$$E_p(y) = mgy \qquad (2\text{-}42)$$

弹力系统中,若取弹簧平衡位置(自然伸长处 $x = 0$)为弹性势能零点,则弹性势能为

$$E_p(x) = \frac{1}{2}kx^2 \qquad (2\text{-}43)$$

引力系统中,若取无穷远处($R \rightarrow \infty$)处为引力势能零点,则引力势能为

$$E_p(R) = -\frac{Gm_1 m_2}{R} \qquad (2\text{-}44)$$

此外,势能零点的选择具有任意性,通常在选择势能零点时,一般

能使势能函数的形式最为简单。

有了势能的定义后,由上一节的各例题的结果可以将各种保守力所做功的表达式用一个统一的形式表示:

$$W_c = \int_A^B \boldsymbol{F}_c \cdot \mathrm{d}\boldsymbol{l} = -(E_p - E_{p0}) = -\Delta E_p \qquad (2\text{-}45)$$

式(2-45)中 $E_{p0}$ 是初始位置 $A$ 处的势能, $E_p$ 为末位置 $B$ 处的势能,这个式子表示保守内力 $F_c$ 做的功等于初末位置处势能增量的负值。

势能曲线是描述势能随相对位置变化的关系曲线图,弹性势能及其势能曲线如图 2-20(b)、(c)所示。下面我们简要介绍势能曲线能提供的一些信息。

(1)从势能曲线中能找到任意位置处,质点或质点系所具有的势能的数值;

(2)势能曲线上的任一点的斜率的负值为该位置处所受的保守力。

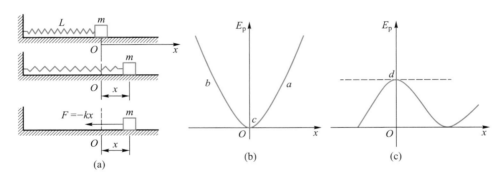

图 2-20    弹性势能及其势能曲线

比如,弹簧振子系统中的弹簧振子在弹力 $F(x)$ 的作用下沿 $x$ 轴方向移动 $\mathrm{d}x$,则据式(2-45)有

$$\mathrm{d}E_p = -F(x)\mathrm{d}x$$

所以有

$$F(x) = -\frac{\mathrm{d}E_p}{\mathrm{d}x} \qquad (2\text{-}46)$$

式(2-46)表明保守力等于势能对坐标的导数(势能曲线中该位置的斜率)的负值。这个结论可以推广到三维运动。若质点作三维运动,则其所受保守力为

$$\boldsymbol{F} = F(x)\boldsymbol{i} + F(y)\boldsymbol{j} + F(z)\boldsymbol{k} = -\left(\frac{\partial E_p}{\partial x}\boldsymbol{i} + \frac{\partial E_p}{\partial y}\boldsymbol{j} + \frac{\partial E_p}{\partial z}\boldsymbol{k}\right) \quad (2\text{-}47)$$

势能曲线上还可以表示系统的稳定性。据式(2-46)可知,势能曲线有极值时,即曲线斜率为零处,受力为零,此位置即平衡

位置。理论分析可知,势能曲线极大值处是不稳定平衡位置,势能曲线极小值处是稳定平衡位置。

以弹簧振子系统的势能曲线为例,据式(2−46)可知,振子在保守力弹力 $F(x)$ 的作用下沿 $x$ 轴方向移动 $\mathrm{d}x$,则有

$$\mathrm{d}E_\mathrm{p} = -F(x)\,\mathrm{d}x$$

即

$$F(x) = -\frac{\mathrm{d}E_\mathrm{p}}{\mathrm{d}x} = -\frac{\mathrm{d}}{\mathrm{d}x}\left(\frac{1}{2}kx^2\right) = -kx$$

## 2.4.2 功能原理　机械能守恒定律

结合保守力和势能的概念,我们可以把系统内力做的功分成两部分:保守内力做的功 $W_\mathrm{c}^\mathrm{in}$ 和非保守内力做的功 $W_\mathrm{nc}^\mathrm{in}$,则质点系动能定理的表达式(2−40)可写为

$$W = W^\mathrm{ex} + W^\mathrm{in} = W^\mathrm{ex} + W_\mathrm{c}^\mathrm{in} + W_\mathrm{nc}^\mathrm{in} = E_\mathrm{k} - E_\mathrm{k0}$$

此外由式 $W_\mathrm{c} = -\Delta E_\mathrm{p}$ 可知,保守力所做功的和等于势能增量的负值,即

$$W_\mathrm{c}^\mathrm{in} = -\Delta E_\mathrm{p} = -(E_\mathrm{p} - E_\mathrm{p0})$$

综上所述,可得到

$$W^\mathrm{ex} + W_\mathrm{nc}^\mathrm{in} = (E_\mathrm{k} + E_\mathrm{p}) - (E_\mathrm{k0} + E_\mathrm{p0})$$

我们将动能 $E_\mathrm{k}$ 和势能 $E_\mathrm{p}$ 之和定义为机械能(mechanical energy),记作 $E$,即

$$E = E_\mathrm{k} + E_\mathrm{p} \tag{2−48}$$

于是有

$$W^\mathrm{ex} + W_\mathrm{nc}^\mathrm{in} = E - E_0 = \Delta E \tag{2−49}$$

式(2−49)表明在物体作机械运动过程中,外力和非保守内力所做的功之和等于系统机械能的增量,此即功能原理。

由功能原理式(2−49)可得到当 $W^\mathrm{ex} + W_\mathrm{nc}^\mathrm{in} = 0$ 时,有

$$E = E_0 \tag{2−50}$$

式(2−50)表示,如果一个系统中非保守内力和一切外力都不做功,只有保守内力做功,那么系统的动能和势能的总和守恒,此即机械能守恒定律。

式(2−50)可写成

$$(E_\mathrm{k} + E_\mathrm{p}) = (E_\mathrm{k0} + E_\mathrm{p0}) \quad \text{或} \quad \Delta E_\mathrm{k} = -\Delta E_\mathrm{p} \tag{2−51}$$

也就是说,系统内只有保守力做功时,机械能守恒,系统内各物体的动能和势能可以相互转化。

在机械运动中,我们只讨论了动能和势能,但是自然界中的

物质存在各种各样的运动形式,即也具有其他形式的能量,机械能只不过是各种形式能量中的一种。由机械能守恒定律可知,如果系统内的非保守内力做功,则机械能将不会守恒。但是,系统的机械能发生变化时,必然有等值的其他形式的能量发生对应的变化,而使系统的机械能和其他形式的能量的总和不变,这就是自然界中比机械能守恒更为普遍的定律——能量守恒定律的体现。

能量守恒定律的内容为:一个孤立系统不管经历什么变化,该系统的所有能量的总和不会发生改变,能量只能从一种形式转化为另一种形式,或者从系统内一个物体传给另一个物体。

这里的孤立系统是指一个不受外界作用的系统。能量守恒定律是物理学里最具有普遍意义的定律之一,也是自然界中最基本的普遍定律之一。机械能守恒定律是能量守恒定律的一个特例。

---

例 2.15

用一轻弹簧将质量分别为 $m_1$ 和 $m_2$ 的物体按如图 2-21 所示的方式连接,$m_2$ 放在地面上。

(1) 设 $m_1$ 的平衡位置处为重力势能和弹性势能零点,试求 $m_1$,$m_2$,地球和弹簧系统的总势能;

(2) 对 $m_1$ 施加多大向下的压力 $F$,才能使得在这个力撤去后,$m_1$ 向上跳起时带动 $m_2$?

解 (1) 如图 2-21 所示,取 $m_1$ 的平衡位置处为 $x$ 轴的原点,并设弹簧自然伸展时其上端在 $x_0$ 处。当 $m_1$ 处在任意位置时,系统的弹性势能为

$$E_{pe} = \frac{1}{2}k(x-x_0)^2 - \frac{1}{2}kx_0^2 = \frac{1}{2}kx^2 - kx_0 x$$

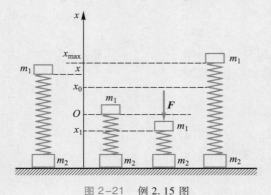

图 2-21   例 2.15 图

系统的重力势能为

$$E_{pg} = m_1 g x$$

系统总势能为

$$E_p = E_{pg} + E_{pe} = \frac{1}{2}kx^2 - kx_0 x + m_1 g x$$

当 $m_1$ 在弹簧上平衡时,有 $kx_0 = m_1 g$,代入上式得

$$E_p = E_{pg} + E_{pe} = \frac{1}{2}kx^2$$

可见,若将坐标原点和势能零点都选为 $m_1$ 在弹簧上静止时的平衡位置,则系统的总势能将以弹性势能的单一形式出现。

(2) 设向下压力 $F$ 撤去之前时刻为初态,$F$ 撤去后弹簧伸长量最大($x_{max}$)时为末态。对于系统初态有

$$E_{k0}=0, \quad E_{p0}=\frac{1}{2}kx_1^2$$

对于系统末态有

$$E_k=0, \quad E_p=\frac{1}{2}kx_{\max}^2$$

力撤去以后的过程中，$m_1$，$m_2$，地球和弹簧系统无外力做功，也无非保守内力做功，则系统的机械能守恒，于是有

$$\frac{1}{2}kx_{\max}^2=\frac{1}{2}kx_1^2$$

$m_2$ 恰好被提起的条件是

$$k(x_{\max}-x_0)=m_2g$$

而

$$F=kx_1, \quad kx_0=m_1g$$

解得 $F=(m_1+m_2)g$，即当 $F \geqslant (m_1+m_2)g$ 时放在地面上的物体 $m_2$ 就可被带动。

---

**例 2.16**

如图 2-22 所示，在一弯曲管中，稳定流动着不可压缩的密度为 $\rho$ 的流体。$p_a=p_1$，$S_a=A_1$，$p_b=p_2$，$S_b=A_2$，$v_a=v_1$，$v_b=v_2$。求流体的压强 $p$ 和速率 $v$ 之间的关系。

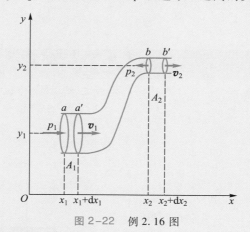

图 2-22　例 2.16 图

**解**　考虑稳定流动的流体中图 2-22 的 $ab$ 部分，在很短的时间间隔 $\Delta t$ 内，流体端面 $a$ 被推进到 $a'$，位移为 $dx_1=v_1dt$，而 $b$ 面被推进到 $b'$。位移为 $dx_2$，因为 $ab$ 段的流体和 $a'b'$ 段流体的体积相等，所以我们只需考虑图中两个相等小体积元 $aa'$ 和 $bb'$ 内的流体，用 $dV$ 表示两个小体积元的体积。假定该流体不可压缩，而且受连续性方程的支配。流体内施加在 $a$ 和 $b$ 面上的合力分别是 $\boldsymbol{F}_1$ 和 $\boldsymbol{F}_2$，令 $p_1$，$p_2$ 分别表示 $a$，$b$ 处的压强，则 $\boldsymbol{F}_1$

和 $\boldsymbol{F}_2$ 对这两个小体积元做的净功为

$$dW_F=p_1A_1dx_1-p_2A_2dx_2=(p_1-p_2)dV$$

此流体流动过程中重力做的功为

$$dW_P=-dm \cdot g(y_2-y_1)=-\rho dV \cdot g(y_2-y_1)$$

据动能定理有

$$dW_F+dW_P=E_{k2}-E_{k1}=\frac{1}{2}\rho dVv_2^2-\frac{1}{2}\rho dVv_1^2$$

整理上式则有

$$\frac{1}{2}\rho v_1^2+\rho gy_1+p_1=\frac{1}{2}\rho v_2^2+\rho gy_2+p_2$$

$$(2-52)$$

将式（2-52）写成一般形式,有

$$\frac{1}{2}\rho v^2+\rho gy+p=常量 \qquad (2-53)$$

式（2-53）称为伯努利方程。现在,如果流体仅在水平方向上移动,则其重力势能为常量,式（2-53）简化为

$$\frac{1}{2}\rho v^2+p=常量 \qquad (2-54)$$

于是,对于一个水平流线线管,流速最大时,压强最小,相反,流速最小时,压强最大。这个结果被用于产生飞机的升力,如图 2-23 所示。设计时,机翼的前侧的上表面的空气的流速比下表面的大,因而上方的压强比下方的小,于是,这个压强差的存在就使空气产生一个向上的力,推动飞机上升。

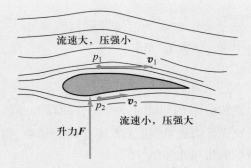

图 2-23　飞机升力的产生

物理学家简介：
伯努利

## 习题

2.1　物体的运动速度大,则（　　）。

A. 该物体的加速度大

B. 该物体受的力大

C. 该物体的惯性大

D. 以上都不对

2.2　假设你坐在汽车的后座上,驾驶员突然向左急转弯,但保持速率不变。你如果没有系安全带,那么就会被甩到右边。下面哪个力使你滑到右边?（　　）。

A. 向右的向心力

B. 向左的向心力

C. 向右的摩擦力

D. 没有任何力使你滑向右边

2.3　如图 2-24 所示,一质点沿光滑桌面上的四分之一圆形槽下落到槽底,在这一过程中,对于质点和槽组成的系统,关于其动量下列说法正确的是（　　）。

A. 若槽表面光滑,则系统在水平方向的动量守恒;反之,则动量不守恒

B. 若槽表面不光滑,则系统在水平方向的动量守恒;反之,则动量不守恒

C. 无论槽表面是否光滑,系统在水平方向的动量都守恒

D. 以上都不对

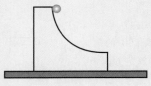

图 2-24　习题 2.3 图

2.4　一架总质量为 $m$ 的战斗机以速度 $v_0$ 水平飞行。发现目标后,以相对机身 $v$ 的速度向正前方发射出一枚质量为 $m_0$ 的炮弹。对于战斗机和炮弹这一系统,在炮弹发射的过程中,下列关于动量的说法正确的是（　　）。

A. 总动量守恒

B. 水平方向的动量守恒,竖直方向的动量不守恒

C. 总动量在任何方向的分量都不守恒

D. 无法确定动量是否守恒

2.5　一架总质量为 $m$ 的战斗机以速度 $v_0$ 水平飞

行。发现目标后,以相对机身 $v$ 的速度向正前方发射出一枚质量为 $m_0$ 的炮弹。炮弹发射后飞机的飞行速度 $v'$ 满足下列哪一个表达式?(    )。

A. $(m-m_0)v'+m_0v=mv_0$

B. $mv'+m_0v=(m+m_0)v_0$

C. $mv'+m_0v=mv_0$

D. $mv'-m_0v=(m+m_0)v_0$

2.6  如图 2-25 所示,一水管有一段弯曲成 90°,已知管中水的质量流量为 $Q$(质量流量为单位时间通过横截面的流体质量),流速为 $u$,则:

(1) 水流对弯管的压力大小是(    )。

图 2-25  习题 2.6 图

A. $\sqrt{2}Qu$

B. $Qu$

C. $\sqrt{2}u/Q$

D. 因为流速大小不变,所以压力为零

(2) 水流对弯管的压力的方向是(    )。

A. 沿弯曲 90° 的角平分线向内

B. 沿弯曲 90° 的角平分线向外

C. 沿左斜下方向,其角度取决于流速的大小

D. 因为流速大小不变,所以压力为零

2.7  现代化采煤应用高压水枪,高压采煤水枪出水口的截面积为 $S$,水流的射出速度为 $v$,射到煤层后,水的速度为零。若水的密度为 $\rho$,水流对煤层的冲力大小为(    )。

A. 0

B. $2v\rho$

C. $v^2S\rho$

D. 以上都不对

2.8  一个质点在几个力的同时作用下发生的位移为 $\Delta r=4i-5j+6k$(SI 单位),其中一个恒力为 $F=-3i-5j+9k$(SI 单位),则此恒力在该位移过程中所做的功为(    )。

A. -67 J

B. 17 J

C. 67 J

D. 91 J

2.9  下列关于内力说法正确的是(    )。

A. 内力不能改变系统的总动量

B. 内力不能改变系统的总动能

C. 内力对系统做功的总和一定为零

D. 以上都不对

2.10  一架质量为 $m$ 的航天飞机关闭发动机返回地球时,可认为它只在地球引力场中运动。已知地球的质量为 $m_E$,引力常量为 $G$,则当航天飞机从与地心距离为 $R_1$ 的高空下降到距离为 $R_2$ 处时,增加的动能应为(    )。

A. $\dfrac{Gm_Em}{R_2}$

B. $\dfrac{Gm_Em}{R_2^2}$

C. $\dfrac{Gm_Em(R_1-R_2)}{R_1R_2}$

D. $\dfrac{Gm_Em(R_1-R_2)}{R_1^2}$

2.11  判断下列说法哪个是正确的,并考虑其理由。(    )

A. 所受合力为零的系统,机械能一定守恒

B. 不受外力的系统,必然满足机械能守恒定律

C. 只有保守内力作用的系统,机械能必然守恒

D. 以上都不对

2.12  质量为 0.1 kg 的质点沿曲线 $r=2ti+k$(SI 单位)运动。设该质点受到一力 $F=4t^2i+20k$(SI 单位)的作用,则在 $dt$ 时间内该力所做的元功为_____,在 $t=1$ s 到 $t=2$ s 时间间隔内该力所做的功应为_____。

2.13  质量为 0.1 kg 的质点由静止开始沿曲线 $r=(5/3)t^3i+2j$(SI 单位)运动,在 $t=0$ 到 $t=2$ s 时间间隔内,作用在该质点上的合力所做的功应为_____。

2.14  已知作用在物体上的力为 $F=6t+3$(SI 单位)。如果物体在这个力的作用下,由静止开始沿直线运动,在 0~2.0 s 的时间间隔内,这个力作用在物体上的冲量大小 $I=$_____。

2.15 有一个弹性系数为 1 000 N/m 的弹簧被外力压缩了 5 cm,当外力撤除时弹簧将一个质量为 0.25 kg 的物体弹出,使物体沿光滑的曲面上滑,则物体所能达到的最大高度为 ____ m。(重力加速度为 $g = 10 \text{ m/s}^2$。)

2.16 质量为 $m$、速率为 $v$ 的小球,以入射角 45° 斜向与墙壁相碰,又以原速率沿反射角 45° 方向从墙壁弹回。设碰撞时间为 $t$,墙壁受到的平均冲力为 _____。

2.17 质量为 $m$ 的质点在流体中作直线运动,受与速度成正比的阻力 $F = -kv$($k$ 为常量)作用,$t = 0$ 时质点的速度为 $v_0$,证明:

(1) $t$ 时刻的速度为 $v = v_0 e^{-kt/m}$;

(2) 由 0 到 $t$ 的时间间隔内经过的距离为 $x = (mv_0/k) \cdot (1 - e^{-kt/m})$;

(3) 停止运动前经过的距离为 $mv_0/k$;

(4) 证明当 $t = m/k$ 时速度减至 $v_0$ 的 $1/e$。

2.18 对功的概念有以下几种说法:(1) 保守力做正功时,系统内相应的势能增加;(2) 质点运动经过一闭合路径,保守力对质点做的功为零;(3) 作用力和反作用力大小相等、方向相反,所以两者所做的功之和必为零。这其中正确的有哪几项?

2.19 升降机内地板上放有物体 A,其上再放另一物体 B,二者的质量分别为 $m_A$,$m_B$。当升降机以加速度 $a(a < g)$ 向下加速运动时,物体 A 对升降机地板的压力是多少?

2.20 竖立的圆筒形转笼如图 2-26 所示,半径为 $R$,绕中心轴 $OO'$ 转动,物块 A 紧靠在圆筒的内壁上,物块与圆筒间的摩擦因数为 $\mu$,要使物块 A 不下落,圆筒转动的角速度 $\omega$ 至少应为多少?

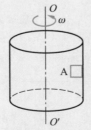

图 2-26 习题 2.20 图

2.21 公路的转弯处是一半径为 200 m 的圆形弧线,其内外坡度是按车速 60 km/h 设计的,此时轮胎不受路面左右方向的力。雪后公路上结冰,若汽车以 40 km/h 的速度行驶,问车胎与路面间的摩擦因数至少为多大,才能保证汽车在转弯时不至滑出公路?

2.22 一颗子弹由枪口射出时速率为 $v_0$(单位:m/s),当子弹在枪筒内被加速时,它所受的合力为 $F = a - bt$($a$,$b$ 为常量),其中 $t$ 以秒为单位,$F$ 以 N 为单位。

(1) 假设子弹运行到枪口处时合力刚好为零,试计算子弹走完枪筒全长所需的时间;

(2) 求子弹所受的冲量;

(3) 求子弹的质量。

2.23 一小船质量为 100 kg,船头到船尾共长 3.6 m。现有一质量为 50 kg 的人从船尾走到船头,此过程中船头将移动多少距离?假定水的阻力不计。

2.24 设合力为 $F = 6i - 6j$(单位:N)。则:

(1) 当一质点从原点运动到 $r = 3i + 4j + 16k$ 处时,求 $F$ 所做的功;

(2) 如果质点到 $r$ 处时需 0.6 s,试求平均功率;

(3) 如果质点的质量为 1 kg,试求动能的变化。

2.25 如图 2-27 所示,在光滑水平面上,平放一轻弹簧,弹簧一端固定,另一端连一物体 A,A 旁边再放一物体 B,它们的质量分别为 $m_A$ 和 $m_B$,弹簧弹性系数为 $k$,原长为 $l$。用力推 B,使弹簧压缩 $x_0$,然后释放。求:

(1) 当 A 与 B 开始分离时,它们的位置和速度;

(2) 分离之后,A 还能往前移动多远。

图 2-27 习题 2.25 图

2.26 一链条放置在光滑桌面上,用手拉住一端,另一端有四分之一长度由桌边下垂,设链条长为 $L$,质量为 $m$,将链条全部拉上桌面要做多少功?

2.27 两个质量分别为 $m_1$ 和 $m_2$ 的木块 A,B,用一

弹性系数为 $k$ 的轻弹簧连接,放在光滑的水平面上。A 紧靠墙。今用力推 B,使弹簧压缩 $x_0$ 然后释放。已知 $m_1 = m$,$m_2 = 3m$。求:

（1）释放后 A,B 两木块速度相等时的瞬时速度的大小;

（2）弹簧的最大伸长量。

2.28　已知地球对一个质量为 $m$ 的质点的引力为 $\boldsymbol{F} = -G\dfrac{mm_E}{r^2}\boldsymbol{e}_r$,($m_E$,$R_E$ 为地球的质量和半径)。

（1）若选取无穷远处为势能零点,计算地面处的势能;

（2）若选取地面处为势能零点,计算无穷远处的势能。比较两种情况下的势能差。

2.29　如图 2-28 所示,质量为 $m$ 的钢球 A 沿着中心在 $O$、半径为 $R$ 的光滑半圆形槽下滑。当 A 滑到图示的位置时,其速率为 $v$,钢球中心与 $O$ 的连线 $OA$ 和竖直方向成 $\theta$ 角,求这时钢球对槽的压力和钢球的切向加速度。

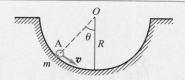

图 2-28　习题 2.29 图

2.30　风对帆的力为 $F = \dfrac{1}{2}aS(v_0 - v)^2$,其中 $a$ 为系数,$S$ 为帆的面积,$v$ 是帆的速度。求风的功率最大时船的航速。

2.31　以铁锤将一铁钉击入木板,设木板对铁钉的阻力与铁钉进入木板内的深度成正比。在铁锤第一次锤击时,能将小钉击入木板内 1 cm,问第二次锤击时能击入多深?假定铁锤二次锤击铁钉时的速度相同。

本章习题答案

# 第三章　刚体的定轴转动

在前面两章中,我们以质点模型为研究对象,讨论了质点运动学和动力学的基本概念、物体作机械运动的基本规律。研究物体机械运动的规律时,我们不考虑单个质点的自转,也不考虑其形状和大小。在许多实际力学问题中,所研究的对象发生转动,这就需要引入一个新的理想模型——刚体(rigid body)。本章将介绍有关刚体运动的基本概念和规律,主要包括刚体作定轴转动时的转动定律、动能定理、转动惯量、角动量定理及角动量守恒定律等。

## 3.1　刚体　刚体定轴转动的描述

### 3.1.1　刚体模型

我们知道,在物理学中研究物体的运动规律时,有时需要对实际物体进行一定的简化。比如,当物体的形状和大小在所研究的问题中产生的影响很小、可以忽略时,我们可抽象出质点理想模型。并非所有情况下物体的形状和大小都是可以忽略的。例如,研究跳水运动员在空中的翻转动作时,就不能将人体视为一个质点,如图3-1所示。同样,研究地球的自转运动时,也不能将它视为质点。这样的例子还有很多,如汽车方向盘的转动、电风扇的转动等,在研究这些问题时,物体的形状和大小有着重要的影响,因此必须予以考虑。为此,我们需要引入刚体这一理想模型。

一般物体在运动过程中,由于受到外力作用,其形状和大小一般将发生变化。这将使所研究的运动问题更加复杂。但许多常见的实际物体在外力作用下形变很小,对所研究问题的影响可以忽略不计。因此,为了使研究问题简化,在物理学中我们抽象出另一个理想物理模型,即刚体。所谓刚体,就是在任何外力作

图 3-1　跳水运动员在空中翻转

用下,形状和大小完全不变的物体。

在研究刚体运动规律时,我们可以将刚体视为由许多相对位置不变的质点组成的质点系,每一个质点称为刚体的一个质元。由于刚体的大小和形状在运动过程中保持不变,因此,刚体在外力作用下发生运动的过程中,刚体内各质元之间的相对位置总是保持不变,即刚体内任何两质点之间的距离在运动过程中保持不变。

## 3.1.2 刚体的基本运动形式

由于刚体没有大小和形状的变化,刚体内各部分之间不发生相对运动,所以刚体的基本运动形式是平动、转动,其他复杂的运动形式可以是这两种基本运动形式的结合。

刚体的平动:在运动过程中,若刚体内部任意两质元间的连线在各个时刻的位置都和初始时刻的位置保持平行,这样的运动称为刚体的平动。不难证明,刚体在平动过程中的任意一段时间内,所有质元的运动轨迹和位移都是相同的,并且在任意时刻,各个质元均具有相同的速度和加速度。所以,当刚体作平动时我们可以选取刚体中任一质元的运动来表示整个刚体的运动。因此,刚体平动时可当成一个质点来处理。

刚体的转动:若刚体上各个质元都绕同一直线作圆周运动,这样的运动称为刚体的转动(rotation),这条直线称为转轴(这根轴可在刚体之内,也可在刚体之外)。在刚体转动过程中,若转轴的方向或位置随时间变化,这样的运动称为刚体的非定轴转动,该转轴称为转动瞬轴;若转轴固定不动,即既不改变方向又不发生平移,这样的转动称为刚体的定轴转动,该转轴称为固定轴,如门绕门轴的转动、电机转子的转动等。本章主要介绍刚体定轴转动的基本规律。

为了研究刚体定轴转动,可定义垂直于固定轴的平面为转动平面。显然,转动平面不止一个,而有无数多个。如果以某转动平面与转轴的交点为原点,则该转动平面上的所有质元都绕着这个原点作圆周运动。下面我们就讨论怎样来描述刚体的定轴转动。

## 3.1.3 描述刚体转动的物理量

刚体定轴转动的基本特征是:轴上所有点都保持不动,轴外所有点在同一时间间隔内转过的角度都一样。因此与描述质点作圆周运动的规律类似,我们采用角位移、角速度、角加速度等物理量来描述绕定轴转动刚体的运动规律。

1. 角位移、角速度和角加速度

在刚体上任取一个转动平面,如图 3-2 所示,以该转动平面与转轴的交点为原点,在该平面内作一射线作为参考方向(或称极轴 $x$),转动平面上任一确定质元在 $t$ 时刻对原点的位置矢量 $r$ 与极轴的夹角称为角位置,用 $\theta$ 表示。角位置 $\theta$ 是随时间变化的,是时间 $t$ 的函数,因此 $\theta = \theta(t)$ 又称为刚体定轴转动的角位置方程。

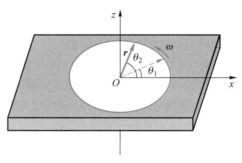

图 3-2  刚体转动平面

角位移:刚体在一段时间内转过的角度(末时刻与初始时刻的角位置之差)$\Delta\theta = \theta_2 - \theta_1$ 称为角位移。

角速度:在 $t$ 到 $t + \Delta t$ 时间间隔内刚体绕固定轴沿逆时针方向发生的角位移为 $\Delta\theta$,则刚体在 $\Delta t$ 这段时间间隔内的平均角速度的极限值即为 $t$ 时刻的角速度,用 $\omega$ 表示。

$$\omega = \lim_{\Delta t \to 0} \frac{\Delta\theta}{\Delta t} = \frac{\mathrm{d}\theta}{\mathrm{d}t} \qquad (3-1)$$

刚体作定轴转动时的角速度是矢量,有两种不同的转动方向,当我们沿着转轴观察时,刚体可以按顺时针方向转动,也可以按逆时针方向转动。我们规定,若角速度矢量沿着转轴方向,且和刚体的转动符合右手螺旋定则,其转动的角速度为正值,否则为负值。角速度的单位是弧度每秒(rad/s)。

角加速度:若刚体在 $\Delta t$ 时间内,角速度的改变量为 $\Delta\omega$,则 $\Delta\omega$ 与 $\Delta t$ 之比称为 $\Delta t$ 时间内的平均角加速度,当 $\Delta t \to 0$ 时,平均角加速度的极限称为瞬时角加速度,简称角加速度,用 $\alpha$ 表示:

$$\alpha = \lim_{\Delta t \to 0} \frac{\Delta\omega}{\Delta t} = \frac{\mathrm{d}\omega}{\mathrm{d}t}$$

角加速度是描述角速度变化快慢的物理量,将角速度 $\omega$ 对时间求导数即得到角加速度,角加速度是角速度对时间的变化率,其单位是弧度每二次方秒(rad/s²)。

由以上讨论可知,刚体的定轴转动与质点的直线运动的研究方法相似,由角位置方程连续求导可以得到角速度和角加速度,这与第一章中对质点运动的描述类似。为了便于得到描述转动与平动的物理量之间的关系,相应的物理量列表如表3-1所示。刚体在定轴转动中的角位置、角位移和角加速度统称为**角物理量**,简称**角量**;在平动中的位置矢量、位移矢量、速度和加速度统称为**线物理量**,简称**线量**。

表3-1　描述平动的线量与描述转动的角量的比较

| 描述定轴转动的角物理量 | | 描述平动的线物理量 | |
|---|---|---|---|
| 角位置 $\theta$ | $\theta = \theta(t)$ | 位置矢量 $\boldsymbol{r}$ | $\boldsymbol{r} = \boldsymbol{r}(t)$ |
| | $\theta = \theta_0 + \int_0^t \omega \, dt$ | | $\boldsymbol{r} = \boldsymbol{r}_0 + \int_0^t \boldsymbol{v} \, dt$ |
| 角速度 $\omega$ | $\omega = \dfrac{d\theta}{dt}$ | 速度 $\boldsymbol{v}$ | $\boldsymbol{v} = \dfrac{d\boldsymbol{r}}{dt}$ |
| | $\omega = \omega_0 + \int_0^t \alpha \, dt$ | | $\boldsymbol{v} = \boldsymbol{v}_0 + \int_0^t \boldsymbol{a} \, dt$ |
| 角加速度 $\alpha$ | $\alpha = \dfrac{d\omega}{dt}$ | 加速度 $\boldsymbol{a}$ | $\boldsymbol{a} = \dfrac{d\boldsymbol{v}}{dt}$ |

**2. 角量与线量的关系**

当刚体绕固定轴转动时,尽管刚体上各质元的角量都相同,但由于各质元作圆周运动的半径不一定相同,因此各质元运动的线量大小不一定相同。因此在描述刚体定轴转动时用角量更加简便。当刚体定轴转动的角速度和角加速度确定后,刚体内任一质元的速度和加速度也就可以完全确定。若刚体上某质元到转轴的距离为 $r$,则该质元的线速度为

$$v = \omega r \qquad (3-2)$$

切向加速度和法向加速度分别为

$$a_t = \alpha r \qquad (3-3)$$

$$a_n = \omega^2 r \qquad (3-4)$$

**例3.1**

一条缆绳绕过一定滑轮拉动一升降机,已知滑轮半径 $r = 0.5$ m,如果升降机从静止开始以加速度 $a = 0.4$ m/s² 匀加速上升,且缆绳与滑轮之间不打滑,求:

（1）滑轮的角加速度；

（2）升降机上升后，$t=4$ s 末滑轮的角速度；

（3）在这 4 s 内滑轮转过的圈数。

解　（1）由于升降机的加速度和滑轮边缘上一点切向加速度相等，可得滑轮的角加速度为

$$\alpha = \frac{a}{r} = \frac{0.4}{0.5} \text{ rad/s}^2 = 0.8 \text{ rad/s}^2$$

（2）已知滑轮的初始角速度 $\omega_0 = 0$，利用匀加速转动公式，可得第 4 s 末滑轮的角速度为

$$\omega = \omega_0 + \alpha t = 3.2 \text{ rad/s}$$

（3）利用匀加速转动角位置公式，滑轮转过的角度为

$$\theta = \theta_0 + \omega_0 t + \frac{1}{2}\alpha t^2 = \frac{1}{2}\alpha t^2 = 6.4 \text{ rad}$$

与此相应，转过的圈数为 6.4 rad$/2\pi = 1.02$ 圈。

---

例 3.2

在高速旋转的微型电动机里，有一圆柱形转子可绕其转轴旋转。开始启动时，其角速度为零。启动后其转速随时间的变化关系为 $n = n_m(1 - e^{-t/\tau})$，式中 $n_m = 560$ r/s，$\tau = 2.0$ s。求：

（1）$t=6$ s 时电动机转子的转速；

（2）电动机转子转动的角加速度随时间变化的规律。

解　（1）根据已知条件可得，$t=6$ s 时转速为

$$n = n_m(1 - e^{-t/\tau}) = 0.95 n_m = 532 \text{ r/s}$$

结果表明此电动机启动 6 s 后，其转速已经达到正常转速的 95%，可以认为已经正常运行。

（2）由已知角速度的表达式，求时间的一阶导数，可得其角加速度为

$$\alpha = \frac{d\omega}{dt} = \frac{2\pi dn}{dt} = 2\pi \frac{n_m}{\tau} e^{-t/\tau}$$
$$= 560\pi e^{-t/\tau} \text{ rad/s}^2$$

可见角加速度随时间按指数衰减。

# 3.2　力矩　刚体定轴转动的转动定律

力是使物体平动状态发生改变的原因，而力矩是使物体转动状态发生改变的原因。本节先介绍力矩的概念，然后讨论刚体作定轴转动时的动力学关系。

## 3.2.1 力矩

　　力矩可分为力对给定点的力矩和力对轴的力矩,下面我们分别进行介绍。

　　力对给定点 $O$ 的力矩:如图 3-3 所示,力 $\boldsymbol{F}$ 的作用点相对于 $O$ 点的位置矢量 $\boldsymbol{r}$ 与力 $\boldsymbol{F}$ 的矢量积定义为力 $\boldsymbol{F}$ 对某固定点 $O$ 的力矩,用符号 $\boldsymbol{M}_O$ 表示,即

$$\boldsymbol{M}_O = \boldsymbol{r} \times \boldsymbol{F} \qquad (3-5)$$

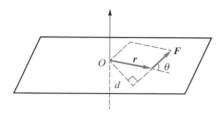

图 3-3　力对固定点的力矩

　　力矩是矢量。力矩的方向垂直于力 $\boldsymbol{F}$ 与位置矢量 $\boldsymbol{r}$ 确定的平面,指向由 $\boldsymbol{r}$ 转向 $\boldsymbol{F}$ 的方向按右手螺旋定则确定。若力 $\boldsymbol{F}$ 与位置矢量 $\boldsymbol{r}$ 之间的夹角为 $\theta$,则力矩 $\boldsymbol{M}_O$ 的大小为

$$M_O = rF\sin\theta \qquad (3-6)$$

式(3-6)中令 $d = r\sin\theta$ 为固定点 $O$ 到力的作用线的垂直距离,称为力臂。因此,力矩的大小也可以表示为力的大小与力臂的乘积,即 $M_O = dF$。$M_O$ 还可以在直角坐标系中用坐标分量形式表示。力矩单位为牛米(N·m)。

　　力对固定轴的力矩:为了量度力对其所作用的刚体绕某固定轴转动的效应,我们需要引入力对固定轴力矩的概念。如图 3-4 所示,某刚体可以绕固定轴 $Oz$ 转动,已知力 $\boldsymbol{F}$ 作用于刚体上的 $P$ 点,若将力 $\boldsymbol{F}$ 分解为平行于 $Oz$ 轴的分力 $\boldsymbol{F}_z$ 和垂直于 $Oz$ 轴在转动平面内的分力 $\boldsymbol{F}_{xy}$,那么作用于刚体的力 $\boldsymbol{F}$ 对 $Oz$ 轴的力矩定义为

$$M_z = M_O = \boldsymbol{r} \times \boldsymbol{F}_{xy} = rF_{xy}\sin\theta\boldsymbol{k} \qquad (3-7)$$

式(3-7)中,$\theta$ 是 $\boldsymbol{F}_{xy}$ 与 $\boldsymbol{r}$ 之间的夹角,$d = r\sin\theta$ 是 $z$ 轴到 $\boldsymbol{F}_{xy}$ 作用线的垂直距离,为力臂,则力矩的大小可以表示为

$$M_z = rF_{xy}\sin\theta = F_{xy}d \qquad (3-8)$$

式(3-7)和式(3-8)说明空间力 $\boldsymbol{F}$ 对转轴 $Oz$ 的力矩,实际是转

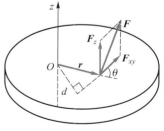

图 3-4　力对固定轴的力矩

动平面内分力 $\boldsymbol{F}_{xy}$ 对转轴与平面交点 $O$ 点的力矩。一般规定,按右手螺旋定则与 $Oz$ 轴的指向一致时,$M_z$ 为正,反之则为负。

## 3.2.2 刚体定轴转动的转动定律

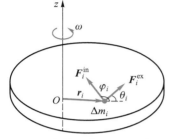

图 3-5　定轴刚体上一个质元的受力图

如图 3-5 所示,一刚体绕固定轴 $Oz$ 转动,其转动的角速度为 $\omega$,角加速度为 $\alpha$。若在刚体上任取一质元 $\Delta m_i$,它到转轴 $Oz$ 的垂直距离为 $r_i$,设该质元所受的合外力在转动平面内的分量为 $F_i^{ex}$,受到刚体内部其他质元作用的合内力在转动平面内的分量为 $F_i^{in}$,它们与径矢 $\boldsymbol{r}_i$ 的夹角分别为 $\varphi_i$ 和 $\theta_i$。在自然坐标系中,由于向心力的作用线穿过转轴,其力矩为零,所以我们只讨论切向方程。应用牛顿第二定律,可得质元 $\Delta m_i$ 的切向方程为

$$F_{ti}^{ex}+F_{ti}^{in}=\Delta m_i a_{ti}$$

即

$$F_i^{ex}\sin\theta_i+F_i^{in}\sin\varphi_i=\Delta m_i a_{ti}=\Delta m_i r_i\alpha \tag{3-9}$$

式(3-9)两边同时乘以 $r_i$,并对刚体所有质元求和,可得

$$\sum_i F_i^{ex} r_i\sin\theta_i+\sum_i F_i^{in} r_i\sin\varphi_i=\left(\sum_i\Delta m_i r_i^2\right)\alpha \tag{3-10}$$

式(3-10)中等号左边第一项为刚体(各质元)所受外力矩的代数和,称为合外力矩,用符号 $M$ 表示,即 $M=\sum_i F_i^{ex} r_i\sin\theta_i$。式(3-10)中等号左边第二项为刚体上所有内力对转轴的力矩的代数和。由于内力总是成对出现,任何一对内力对转轴的力矩代数和均为零,因此第二项为零。式(3-10)中等号右边的求和项表示刚体质量相对于转轴的分布情况,称为转动惯量,用 $J$ 表示,即 $J=\sum_i\Delta m_i r_i^2$。这样式(3-10)表示为

$$M=J\alpha \tag{3-11}$$

式(3-11)表明,刚体绕固定轴转动时,刚体所受的合外力矩等于刚体对转轴的转动惯量与角加速度的乘积。或者说,刚体绕定轴转动时的角加速度与作用于刚体上的合外力矩成正比,与刚体的转动惯量成反比。这就是刚体定轴转动的转动定律。

阅读材料:
混沌摆

### 例 3.3

如图 3-6 所示,一根长为 $l$、质量为 $m$ 的均匀细直棒,可绕上端光滑水平轴在竖直平面内转动,细棒对上端点的转动惯量为 $J=\dfrac{1}{3}ml^2$。初始时刻,棒在水平位置静止,求:

（1）棒由此下摆 $\theta$ 角时的角加速度；

（2）棒下摆到竖直位置时的角速度。

**解** （1）对棒作受力分析，如图3-6所示，转轴对棒的作用力通过轴心，力矩为零。棒的重力对转轴的合力矩与重力作用于质心 $C$ 时所产生的力矩相等。作用于棒的合力矩为

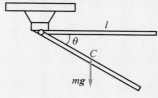

图3-6 例3.3图

$$M = \frac{1}{2}mgl\cos\theta$$

由刚体定轴转动定律，可得棒的角加速度为

$$\alpha = \frac{M}{J} = \frac{\frac{1}{2}mgl\cos\theta}{\frac{1}{3}ml^2} = \frac{3g\cos\theta}{2l}$$

（2）由角加速度的定义可知

$$\alpha = \frac{d\omega}{dt} = \frac{d\omega}{d\theta}\frac{d\theta}{dt} = \omega\frac{d\omega}{d\theta}$$

已知初始时刻 $\theta = 0$，$\omega = 0$，棒下摆到角度 $\theta$ 时的角速度为 $\omega$，分离变量，两边求定积分，得

$$\omega d\omega = \alpha d\theta = \frac{3g\cos\theta}{2l}d\theta, \int_0^\omega \omega d\omega = \int_0^\theta \frac{3g\cos\theta}{2l}d\theta$$

积分后可解得

$$\omega = \sqrt{\frac{3g\sin\theta}{l}}$$

棒下摆到竖直位置时，角度 $\theta = \pi/2$，所以，此时棒的角速度为

$$\omega = \sqrt{\frac{3g}{l}}$$

类比于牛顿第二定律中加速度和力之间的关系，转动定律描述了刚体定轴转动时角加速度与所受外力矩之间的瞬时关系。

## 3.2.3 转动惯量

在转动定律中，式（3-10）中等号右边的求和项 $\sum_i \Delta m_i r_i^2$ 只与刚体的质量和质量相对于转轴的分布有关，与刚体的运动状态无关，称为刚体对某转轴的**转动惯量** $J$，即刚体的转动惯量就是刚体的各质元的质量与其到转轴的距离平方的乘积之和：

$$J = \sum_i \Delta m_i r_i^2 \qquad (3-12)$$

由刚体定轴转动定律可知，当外力矩相同时，转动惯量越大的刚体角加速度越小，这说明刚体转动惯量越大，其原有的转动状态越难改变，转动惯量决定了刚体转动惯性的大小。下面我们就来讨论如何计算刚体的转动惯量。

若刚体是由离散分布的质点组成，则对固定轴的转动惯量按式（3-12）计算，单个质点绕某固定轴转动，则其转动惯量为

$$J = mr^2$$

若刚体的质量连续分布,则其转动惯量的表达式为

$$J = \int_m r^2 \mathrm{d}m \tag{3-13}$$

当刚体质量为连续的体分布、面分布和线分布时,质元分别

$\mathrm{d}m = \rho \mathrm{d}V, \mathrm{d}m = \sigma \mathrm{d}S, \mathrm{d}m = \lambda \mathrm{d}l$,则其转动惯量的表达式分别为

$$J = \int_V r^2 \rho \mathrm{d}V, J = \int_S r^2 \sigma \mathrm{d}S, J = \int_L r^2 \lambda \mathrm{d}l \tag{3-14}$$

以上各式中的 $r$ 为质点(或质元)到转轴的距离,转动惯量的单位是千克二次方米($\mathrm{kg \cdot m^2}$)。

---

**例 3.4**

均匀细长棒的转动惯量。已知质量为 $m$、长为 $L$ 的均匀细棒,求:

(1)转轴通过中心 $C$ 并与杆垂直时的转动惯量;

(2)求转轴通过棒的一端 $O$ 并与棒垂直时的转动惯量。

**解**  细棒的质量线密度为 $\lambda = \dfrac{m}{L}$。

(1)如图 3-7(a)所示,以转轴与细棒的交点 $C$ 为坐标原点,$x$ 轴沿细棒向右。在细棒上任意选择坐标为 $x$ 处取一长度为 $\mathrm{d}x$ 的质元 $\mathrm{d}m = \lambda \mathrm{d}x$。此质元对转轴的转动惯量为

$$\mathrm{d}J = x^2 \mathrm{d}m = \lambda x^2 \mathrm{d}x$$

则细棒对 $C$ 处转轴的转动惯量为

$$J_C = \int x^2 \mathrm{d}m = \int_{-\frac{L}{2}}^{\frac{L}{2}} \lambda x^2 \mathrm{d}x = \frac{1}{12} \lambda L^3 = \frac{1}{12} m L^2$$

(2)如图 3-7(b)所示,以转轴与细棒的交点 $O$ 为坐标原点,$x$ 轴沿细棒向右。则细棒对转轴的转动惯量为

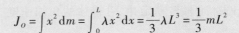

$$J_O = \int x^2 \mathrm{d}m = \int_0^L \lambda x^2 \mathrm{d}x = \frac{1}{3} \lambda L^3 = \frac{1}{3} m L^2$$

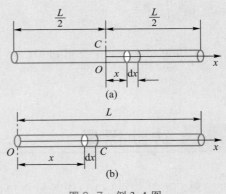

图 3-7  例 3.4 图

---

**例 3.5**

均匀细圆环的转动惯量。如图 3-8 所示,质量为 $m$、半径为 $R$ 的均匀细圆环,转轴通过其中心且垂直于环面,求此圆环绕中心轴的转动惯量。

**解**  在细环上任意取一段线元 $\mathrm{d}s$,其质量为 $\mathrm{d}m$,因为细环上各质元到轴的垂直距离都相等,均

为 $R$,所以

$$J_C = \int r^2 \mathrm{d}m = \int_{环} R^2 \mathrm{d}m = R^2 \int_{环} \mathrm{d}m = m R^2$$

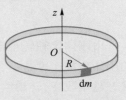

图 3-8  例 3.5 图

**例 3.6**

均匀薄圆盘的转动惯量。如图 3-9 所示,若一质量为 $m$、半径为 $R$ 的均匀薄圆盘,转轴通过中心且与盘面垂直,求此薄圆盘绕中心轴的转动惯量。

**解** 在圆盘上取半径为 $r$、宽度为 $dr$ 的圆环为面积元,其面积 $dS$ 为

$$dS = 2\pi r dr$$

其质量为

$$dm = \sigma dS = \frac{m}{\pi R^2} 2\pi r dr = \frac{2m}{R^2} r dr$$

则这个环的转动惯量 $dJ$ 为

$$dJ = r^2 dm = r^2 \cdot \frac{2m}{R^2} r dr = \frac{2m}{R^2} r^3 dr$$

对圆环的半径从 $O$ 到 $R$ 积分,于是,该圆盘对中心轴的转动惯量为

$$J_C = \int dJ = \frac{2m}{R^2} \int_0^R r^3 dr = \frac{1}{2} mR^2$$

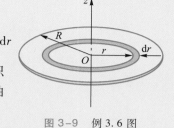

图 3-9 例 3.6 图

上述例题中我们计算出了几种形状规则、质量分布均匀刚体的转动惯量,对于形状不规则的刚体我们常采用实验方法进行测量。表 3-2 列出了常见的几种质量分布均匀、形状规则的刚体的转动惯量。

**表 3-2 常见质量分布均匀、形状规则的刚体的转动惯量**

| 刚体名称 | 刚体形状 | 转轴位置 | 转动惯量 |
|---|---|---|---|
| 细杆 | $L$ ・・・ $m$ | 通过中心且垂直于细杆 | $\frac{1}{12} mL^2$ |
| | $L$ ・・・ $m$ | 通过一端且垂直于细杆 | $\frac{1}{3} mL^2$ |
| 细圆环 | $O$ $R$ | 通过盘心且垂直于盘面 | $mR^2$ |
| 薄圆盘 | $R$ $m$ | 通过盘心且垂直于盘面 | $\frac{1}{2} mR^2$ |

续表

| 刚体名称 | 刚体形状 | 转轴位置 | 转动惯量 |
|---|---|---|---|
| 薄球壳 | | 直径 | $\dfrac{2}{3}mR^2$ |
| 球体 | | 直径 | $\dfrac{2}{5}mR^2$ |

## *3.2.4 平行轴定理和垂直轴定理

平行轴定理:在例 3.4 均匀细长棒的转动惯量的计算中,均匀细棒对通过质心 $C$ 且垂直于细棒的转轴,其转动惯量为 $J_C = \dfrac{1}{12}mL^2$,通过一端 $O$ 点且垂直于细棒转轴的转动惯量为 $J_O = \dfrac{1}{3}mL^2$,$O$ 点与质心 $C$ 点的距离为 $d = \dfrac{L}{2}$,相当于把转轴向左平行移动 $d$ 的距离,移动到 $O$ 点,并且 $J_C$,$J_O$ 和 $d$ 之间满足如下关系:

$$J_O = J_C + md^2 = \frac{1}{12}mL^2 + m\left(\frac{L}{2}\right)^2 = \frac{1}{3}mL^2$$

由此可以证明,平行轴定理的内容为:质量为 $m$ 的刚体对通过质心的轴的转动惯量为 $J_C$,那么这个刚体对平行于该通过质心的轴且相距为 $d$ 的另一转轴的转动惯量 $J$ 为

$$J = J_C + md^2 \qquad (3-15)$$

垂直轴定理:如图 3-10 所示,一薄板刚体的质量分布在 $Oxy$ 平面上,$z$ 轴垂直于薄板平面并交于 $O$ 点。若在薄板平面内任意取一质元 $dm$,该质元对 $z$ 轴的转动惯量为 $\Delta m r_i^2 = \Delta m(x_i^2 + y_i^2)$,则整块薄板刚体对 $z$ 轴的转动惯量为

$$J_z = \sum \Delta m r_i^2 = \sum \Delta m(x_i^2 + y_i^2) = \sum \Delta m x_i^2 + \sum \Delta m y_i^2 = J_x + J_y$$

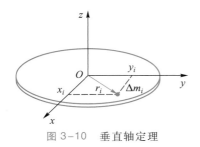

图 3-10　垂直轴定理

垂直轴定理的内容:对于质量分布在 $Oxy$ 平面的薄板刚体,绕 $z$ 轴的转动惯量 $J_z$ 等于绕 $x$ 轴的转动惯量 $J_x$ 与绕 $y$ 轴的转动惯量 $J_y$ 之和,即

$$J_z = J_x + J_y \qquad (3-16)$$

**例 3.7**

如图 3-11 所示的钟摆装置由质量为 $m_1$、长度为 $l$ 的均匀细杆和质量为 $m_2$、半径为 $R$ 的均匀薄圆盘组成,试计算钟摆绕上端水平轴转动时的转动惯量。

**解** 均匀细杆对上端 $O$ 点转轴的转动惯量 $J_1$ 为

$$J_1 = \frac{1}{3} m_1 l^2$$

均匀薄圆盘绕自身质心 $C$ 的转动惯量 $J_C$ 为

$$J_C = \frac{1}{2} m_2 R^2$$

应用平行轴定理,匀质薄圆盘对上端 $O$ 点转轴的转动惯量 $J_2$ 为

$$J_2 = J_C + m_2 (R+l)^2 = \frac{1}{2} m_2 R^2 + m_2 (R+l)^2$$

$$= m_2 \left( \frac{3}{2} R^2 + 2Rl + l^2 \right)$$

应用转动惯量的可叠加性,钟摆对上端 $O$ 点转轴的转动惯量 $J$ 为

$$J = J_1 + J_2 = \frac{1}{3} m_1 l^2 + m_2 \left( \frac{3}{2} R^2 + 2Rl + l^2 \right)$$

通过以上讨论和例题分析我们可以总结出,刚体的转动惯量描述了刚体转动惯性的大小。转动惯量的大小取决于刚体质量、形状(质量分布)及转轴的位置。

刚体的转动惯量有着重要的物理意义,在科学实验、工程技术、航天、电力、机械、仪表等工业领域都是一个重要参量。例如,电磁系仪表的指示系统,因线圈的转动惯量不同,可分别用于测量微小电流(检流计)或电荷量(冲击电流计);在发动机叶片、飞轮、陀螺以及人造地球卫星的外形设计上,精确地测定转动惯量,都是十分必要的。

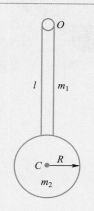

图 3-11 例 3.7 图

# 3.3 力矩的功 刚体定轴转动的动能定理

## 3.3.1 力矩的功

质点在外力作用下发生了位移,我们就说力在移动质点过程

微课视频:
力矩的功 刚体转动动能定理

中做了功;当刚体在外力矩作用下发生转动、产生角位移,我们就说力矩在刚体转动过程中做了功。例如,我们用手推开一扇门,手对门轴的力矩做了功;再如,我们扳动扳手时,手对螺栓的力矩做了功。可见力矩的功也同样是空间的累积效应。

如图 3-12 所示,设在转动平面内的外力 $F$ 作用于质元 d$m$,经 d$t$ 时间后质元发生位移元 d$s$,外力 $F$ 的切向分量 $F_t$ 所做的元功 d$W$ 为

$$dW = F_t ds = F_t r d\theta$$

由于外力 $F$ 对于转轴 $O$ 的力矩大小为 $M = rF_t$,所以有

$$dW = Md\theta \qquad (3-17)$$

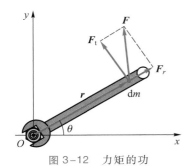

图 3-12　力矩的功

式(3-17)表明,作用在定轴转动刚体上的力 $F$ 的元功 d$W$,等于该力对转轴的力矩 $M$ 与刚体角位移 d$\theta$ 的乘积,这个元功也称为力矩的元功。若刚体在力矩 $M$ 的作用下绕固定轴从角位置 $\theta_1$ 转动至 $\theta_2$,力矩所做的功为

$$W = \int_{\theta_1}^{\theta_2} Md\theta \qquad (3-18)$$

如果力矩 $M$ 为常量,则力矩所做的功的表达式可进一步改写成

$$W = M\int_{\theta_1}^{\theta_2} d\theta = M(\theta_2 - \theta_1) = M\Delta\theta \qquad (3-19)$$

根据功率的定义,力矩的功率为

$$P = \frac{dW}{dt} = M\frac{d\theta}{dt} = M\omega \qquad (3-20)$$

式(3-20)说明,力矩的功率等于力矩与刚体转动角速度的乘积。当功率一定时,力矩与角速度成反比。

## 3.3.2　转动动能

刚体绕定轴转动时的动能,称为转动动能。设刚体以角速度 $\omega$ 绕固定轴转动,若其中某一质元 $\Delta m_i$ 绕转轴作半径为 $r_i$ 的圆周运动,其线速率为 $v_i = r_i\omega$,则根据动能的定义,该质元 $\Delta m_i$ 的动能为

$$E_{ki} = \frac{1}{2}\Delta m_i v_i^2 = \frac{1}{2}\Delta m_i r_i^2 \omega^2$$

刚体的动能应等于各质点动能的总和,则刚体作定轴转动时的动能等于转动刚体内全部质元的动能之和,即

$$E_k = \sum_i E_{ki} = \sum_i \frac{1}{2}\Delta m_i r_i^2 \omega^2 = \frac{1}{2}\left(\sum \Delta m_i r_i^2\right)\omega^2$$

由式（3-12）$J = \sum_i \Delta m_i r_i^2$，所以

$$E_k = \frac{1}{2}J\omega^2 \qquad (3-21)$$

式（3-21）就是刚体定轴转动动能的表达式，与质点的动能表达式形式十分相似。由于转动惯量与转轴的位置有关，因此转动动能也与转轴的位置有关。当转轴与通过质心的平行轴之间距离为 $d$ 时，应用平行轴定理式（3-15），转动动能还可表示为

$$E_k = \frac{1}{2}(J_c + md^2)\omega^2 = \frac{1}{2}J_c\omega^2 + \frac{1}{2}md^2\omega^2 \qquad (3-22)$$

由于 $v_c = d\omega$ 为刚体质心的转动速率，则式（3-22）可改写为

$$E_k = \frac{1}{2}mv_c^2 + \frac{1}{2}J_c\omega^2 \qquad (3-23)$$

式（3-23）说明刚体定轴转动动能可以表示为两部分动能之和。第一部分是刚体（携带总质量）质心运动的动能；第二部分是刚体绕质心转轴转动的动能。

### 3.3.3 刚体定轴转动的动能定理

如果刚体在合外力矩 $\boldsymbol{M}$ 的作用下绕固定轴转动，从角位置 $\theta_1$ 转到角位置 $\theta_2$ 时，其角速度相应地从 $\omega_1$ 变化到 $\omega_2$。对于这个刚体转动应用刚体定轴转动定律可得

$$M = J\alpha = J\frac{d\omega}{dt} = J\frac{d\omega}{d\theta}\frac{d\theta}{dt} = J\omega\frac{d\omega}{d\theta}$$

分离变量得

$$M d\theta = J\omega d\omega \qquad (3-24)$$

式（3-24）等号左边为刚体在外力矩 $M$ 作用下发生角位移 $d\theta$ 时所做的元功 $dW = M d\theta$，对式（3-24）两边同时积分，考虑到 $t = t_1$ 时，$\theta = \theta_1$，$\omega = \omega_1$，所以有

$$W = \int_{\theta_1}^{\theta_2} M d\theta = \int_{\omega_1}^{\omega_2} J\omega d\omega = \frac{1}{2}J\omega_2^2 - \frac{1}{2}J\omega_1^2$$

即

$$\int_{\theta_1}^{\theta_2} M d\theta = \frac{1}{2}J\omega_2^2 - \frac{1}{2}J\omega_1^2 \qquad (3-25)$$

式（3-25）表明，合外力矩对定轴转动刚体所做的功等于刚体转动动能的增量。这就是刚体定轴转动时的动能定理。

**例 3.8**

用刚体定轴转动的动能定理计算例 3.3 中细棒下摆到竖直位置时的角速度。

**解**    对棒作受力分析,如图 3-7 所示,棒的重力对转轴的合力矩与重力作用于质心 $C$ 时所产生的力矩相等。作用于棒的合力矩为

$$M = \frac{1}{2}mgl\cos\theta$$

细棒转到竖直位置时,合力矩所做的功为

$$W = \int_{\theta_1}^{\theta_2} M\mathrm{d}\theta = \int_0^{\frac{\pi}{2}} \frac{1}{2}mgl\cos\theta\mathrm{d}\theta$$

$$= \frac{1}{2}mgl\sin\frac{\pi}{2} = \frac{1}{2}mgl$$

由于初始时刻细棒静止,所以细棒初始转动动能为 0,对细棒应用动能定理可得

$$W = \int_{\theta_1}^{\theta_2} M\mathrm{d}\theta = \frac{1}{2}J\omega^2 - \frac{1}{2}J\omega_0^2$$

$$= \frac{1}{2}J\omega^2 = \frac{1}{6}ml^2\omega^2$$

则有

$$\omega = \sqrt{\frac{3g}{l}}$$

# 3.4  角动量定理  角动量守恒定律

角动量是描述物体转动状态的基本物理量。角动量的概念与动量、能量的概念一样,是物理学中的重要基本概念。

## 3.4.1  质点的角动量定理及角动量守恒定律

**1. 质点的角动量**

为了描述质点相对于某一参考点的运动,我们需要引入角动量的概念,角动量又称为动量矩。下面我们先来定义质点 $m$ 相对于某一固定点 $C$ 的角动量。

如图 3-13 所示,设一质量为 $m$ 的质点,以速度 $\boldsymbol{v}(\boldsymbol{p}=m\boldsymbol{v})$ 运动,其相对于固定点 $O$ 的径矢为 $\boldsymbol{r}$,则把质点相对于 $O$ 点的径矢 $\boldsymbol{r}$ 与质点的动量 $m\boldsymbol{v}$ 的矢积定义为该时刻质点相对于 $O$ 点的角动量,用 $\boldsymbol{L}$ 表示,即

$$\boldsymbol{L} = \boldsymbol{r} \times \boldsymbol{p} = \boldsymbol{r} \times m\boldsymbol{v} \tag{3-26}$$

角动量 $\boldsymbol{L}$ 是矢量,其方向垂直于 $\boldsymbol{r}$ 和 $m\boldsymbol{v}$ 所构成的平面,其指

微课视频:
角动量定理和角动量守恒定律

向可用右手螺旋定则确定。角动量 $\boldsymbol{L}$ 的大小为

$$L = rp\sin\theta = rmv\sin\theta \tag{3-27}$$

式 (3-27) 中，$\theta$ 为 $\boldsymbol{r}$ 和 $m\boldsymbol{v}$ 间的夹角。当质点绕 $O$ 点作圆周运动时，$\boldsymbol{r}$ 和 $\boldsymbol{v}$ 垂直，$\theta = \pi/2$，这时质点对圆心 $O$ 点的角动量大小为

$$L = rp = rmv = mr^2\omega \tag{3-28}$$

由于 $\boldsymbol{r}\times\boldsymbol{p}$（或 $\boldsymbol{r}\times m\boldsymbol{v}$）的方向与 $\boldsymbol{\omega}$ 的方向一致，所以角动量的矢量式可以为

$$\boldsymbol{L} = mr^2\boldsymbol{\omega} \tag{3-29}$$

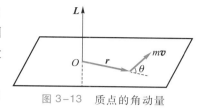

图 3-13 质点的角动量

在国际单位制中，角动量的单位是千克二次方米每秒（$\mathrm{kg \cdot m^2/s}$）。

2. 质点的角动量定理

若一质量为 $m$ 的质点对参考点 $O$ 点的角动量为 $\boldsymbol{L} = \boldsymbol{r}\times m\boldsymbol{v}$，则式 (3-26) 中角动量 $\boldsymbol{L}$ 对时间 $t$ 的变化率为

$$\frac{\mathrm{d}\boldsymbol{L}}{\mathrm{d}t} = \frac{\mathrm{d}}{\mathrm{d}t}(\boldsymbol{r}\times m\boldsymbol{v}) = \frac{\mathrm{d}\boldsymbol{r}}{\mathrm{d}t}\times m\boldsymbol{v} + \boldsymbol{r}\times\frac{\mathrm{d}(m\boldsymbol{v})}{\mathrm{d}t} \tag{3-30}$$

由于

$$\boldsymbol{v} = \frac{\mathrm{d}\boldsymbol{r}}{\mathrm{d}t}, \boldsymbol{F} = \frac{\mathrm{d}(m\boldsymbol{v})}{\mathrm{d}t} \tag{3-31}$$

将式 (3-31) 代入式 (3-30) 可得到

$$\frac{\mathrm{d}\boldsymbol{L}}{\mathrm{d}t} = \boldsymbol{v}\times m\boldsymbol{v} + \boldsymbol{r}\times\boldsymbol{F} \tag{3-32}$$

式 (3-32) 中根据矢积性质，$\boldsymbol{v}\times m\boldsymbol{v} = \boldsymbol{0}$，$\boldsymbol{r}\times\boldsymbol{F} = \boldsymbol{M}$，于是式 (3-32) 可改写为

$$\boldsymbol{M} = \frac{\mathrm{d}\boldsymbol{L}}{\mathrm{d}t} \tag{3-33}$$

式 (3-33) 说明，质点相对某一参考点所受的合外力矩等于质点相对该参考点的角动量随时间的变化率。这就是质点角动量定理的微分形式。

将式 (3-33) 两边同时乘以 $\mathrm{d}t$，可得

$$\boldsymbol{M}\mathrm{d}t = \mathrm{d}\boldsymbol{L}$$

如果在 $t_0 \sim t$ 的有限时间间隔内对上式两边求积分，可有

$$\int_{t_0}^{t}\boldsymbol{M}\mathrm{d}t = \int_{L_0}^{L}\mathrm{d}\boldsymbol{L} = \boldsymbol{L} - \boldsymbol{L}_0$$

即

$$\int_{t_0}^{t}\boldsymbol{M}\mathrm{d}t = \boldsymbol{L} - \boldsymbol{L}_0 \tag{3-34}$$

式 (3-34) 中 $\int_{t_0}^{t}\boldsymbol{M}\mathrm{d}t$ 称为作用于质点上的合外力矩在 $t_0 \sim t$ 时间内的冲量矩。此式说明，质点角动量的增量等于作用于质点的冲

量矩。式(3-34)也是质点角动量定理的积分形式。

3. 质点的角动量守恒定律

在式(3-33)中,若 $M = 0$,则 $dL/dt = 0$,因此

$$L = r \times mv = 常矢量 \qquad (3-35)$$

式(3-34)表明,对于某一固定点,若质点所受外力矩为零,则质点对该固定点的角动量保持不变,这就是质点的角动量守恒定律。

质点角动量守恒的条件是合力矩为零($M = 0$)。当质点所受的合外力为零($F = 0$)时,合外力矩为零($M = 0$);当质点所受合外力矩不等于零($F \neq 0$),但合外力($F$)通过参考点 $O$ 时,合外力矩也为零($M = 0$)。

这种通过参考点的力($F$)称为有心力。在研究天体运动,如研究地球和其他行星绕太阳的转动时,太阳作为参考点,而地球和行星所受的太阳的引力是有心力,因此地球、行星相对太阳转动时的角动量守恒。

## 3.4.2 刚体对轴的角动量定理

1. 刚体对轴的角动量

前面我们已经掌握了质点的角动量,刚体是特殊的质点系,刚体可以看成由许多质点组成的质点系。当刚体作定轴转动时,其上各质点都以相同的角速度在各自的转动平面内作圆周运动。因此,刚体对转轴的角动量就是刚体上各质点的角动量之和。

如图 3-14 所示,当刚体以角速度 $\omega$ 绕固定轴 $Oz$ 转动时,刚体上每个质点都在各自的转动平面内绕 $Oz$ 轴作角速度为 $\omega$ 的圆周运动。设任意某质量为 $\Delta m_i$ 的质点,其到转轴 $Oz$ 的距离为 $r_i$,则该质点对转轴 $Oz$ 的角动量大小为

$$L_i = r_i \cdot \Delta m_i v_i = \Delta m_i r_i^2 \omega$$

由于刚体上各质点对转轴的角动量方向相同,对所有质点求和得刚体绕定轴的角动量大小为

$$L = \sum_i L_i = \sum_i (\Delta m_i r_i^2 \omega) = (\sum_i \Delta m_i r_i^2) \omega$$

由转动惯量的定义,上式即为

$$L = J\omega \qquad (3-36)$$

式(3-36)为刚体对轴的角动量,即刚体对固定轴的角动量等于刚体对该轴的转动惯量与角速度的乘积。方向沿该转动轴,并与角速度方向相同。

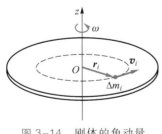

图 3-14　刚体的角动量

2. 刚体定轴转动的角动量定理

当刚体作定轴转动时,根据转动定律,有

$$M = J\alpha = J\frac{\mathrm{d}\omega}{\mathrm{d}t} = \frac{\mathrm{d}(J\omega)}{\mathrm{d}t} \tag{3-37}$$

利用刚体的角动量表达式(3-36),式(3-37)可以写为

$$M = \frac{\mathrm{d}L}{\mathrm{d}t} \tag{3-38}$$

式(3-38)表明刚体定轴转动时所受的合外力矩等于此时刚体角动量对时间的变化率。此即刚体定轴转动的角动量定理的微分形式。

把式(3-38)分离变量后,对两边进行积分,可得

$$\int_{t_0}^{t} M\mathrm{d}t = \int_{L_0}^{L} \mathrm{d}L = L - L_0 \tag{3-39}$$

式(3-39)表明定轴转动的刚体所受合外力矩的冲量矩等于刚体在这段时间内的角动量增量。此即刚体定轴转动的角动量定理的积分形式。

当刚体在定轴转动过程中,保持转动惯量 $J$ 不变,则式(3-39)可写成

$$\int_{t_0}^{t} M\mathrm{d}t = J\omega - J\omega_0 \tag{3-40}$$

当刚体在定轴转动过程中,其转动惯量由 $J_0$ 变化为 $J$ 时,则式(3-38)还可写成

$$\int_{t_0}^{t} M\mathrm{d}t = J\omega - J_0\omega_0 \tag{3-41}$$

## 3.4.3 刚体对轴的角动量守恒定律

由式(3-39)、式(3-40)可以看出,若刚体所受的合外力矩为零,即 $M = 0$,则有

$$L = J\omega = 常量 \tag{3-42}$$

或

$$L = L_0, \quad J\omega = J\omega_0 \tag{3-43}$$

式(3-43)表明,对于某一固定轴,若刚体所受合外力矩为零,则刚体对该轴的角动量保持不变,这就是刚体定轴转动的角动量守恒定律。

刚体对轴的角动量守恒定律在生产、生活中有着广泛的应用。例如,在飞机、火箭、轮船上用作定向装置的回转仪就是利用这一原理制成的,即转动惯量不变,刚体转动的角速度也就保持

不变;再如,花样滑冰运动员、芭蕾舞演员在表演时,也是运用角动量守恒定律来增大或减少身体绕对称竖直轴转动的角速度,从而做出许多优美而漂亮的动作。

---

**例 3.9**

一根一端挂在水平光滑轴上的均匀直细棒,长为 $l$,质量为 $m$,初始时刻在竖直位置静止。现有一质量为 $m_0$ 的子弹,以水平速度 $v_0$ 射入棒的下端。求棒和子弹开始一起运动时的角速度。

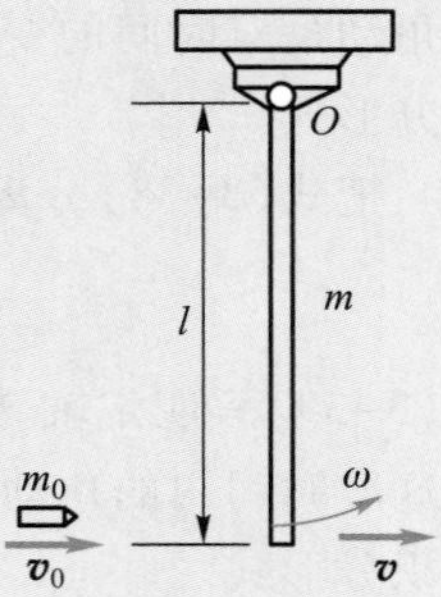

**解**    如图 3-15 所示,由于子弹射入棒并一起运动,所经历的时间极短,棒在竖直位置基本不变。在子弹射入棒的过程中,系统只受到重力和轴的支持力作用,且对转轴的力矩为零,则系统角动量守恒。

子弹射入棒前,其对轴心 $O$ 的角动量为 $m_0 l v_0$,射入棒后,假设子弹和

棒一起运动的速度为 $v$,角速度为 $\omega$,由角动量守恒定律可得

$$m_0 l v_0 = m_0 l v + \frac{1}{3} m l^2 \omega$$

$$v = l \omega$$

可解得

$$\omega = \frac{3 m_0}{3 m_0 + m} \frac{v_0}{l}$$

图 3-15    例 3.9 图

---

**例 3.10**

如图 3-16 所示,一质量为 $m_0$、半径为 $R$ 的均匀水平圆盘,可绕通过中心的光滑竖直轴自由转动。在圆盘边缘站着一质量为 $m$ 的人,初始时刻人和圆盘均相对地面静止。当人在盘上沿边缘走一周时,圆盘相对地面转过的角度是多少?

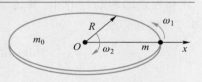

图 3-16    例 3.10 图

**解**    由于人在盘上走动时,人和盘所受的重力对竖直轴的力矩为零,所以系统角动量守恒。设人和圆盘相对轴转动时,转动惯量分别为 $J_1$ 和 $J_2$,角速度分别为 $\omega_1$ 和 $\omega_2$,角位置分别为 $\theta$ 和 $\varphi$。初始时刻系统角动量为零,则

$$J_1 \omega_1 - J_2 \omega_2 = 0$$

由于

$$J_1 = m R^2, \quad J_2 = \frac{1}{2} m_0 R^2, \quad \omega_1 = \frac{\mathrm{d}\theta}{\mathrm{d}t}, \quad \omega_2 = \frac{\mathrm{d}\varphi}{\mathrm{d}t}$$

代入上式,则有

$$m R^2 \frac{\mathrm{d}\theta}{\mathrm{d}t} = \frac{1}{2} m_0 R^2 \frac{\mathrm{d}\varphi}{\mathrm{d}t}$$

两边同时乘以 $\mathrm{d}t$ 并积分,则有

$$\int_0^\theta m R^2 \,\mathrm{d}\theta = \int_0^\varphi \frac{1}{2} m_0 R^2 \,\mathrm{d}\varphi$$

积分后可得

$$m \theta = \frac{1}{2} m_0 \varphi$$

人在圆盘上行走一周时

$$\theta = 2\pi - \varphi$$

因此,可解得

$$\varphi = \frac{2m}{2m + m_0} \times 2\pi = \frac{4m\pi}{2m + m_0}$$

例 3.11

如图 3-17 所示,两个转动惯量分别为 $J_1$ 和 $J_2$ 的圆盘 A 和 B,A 是机器上的飞轮,B 是用于改变飞轮转速的离合器圆盘。开始时,它们分别以角速度 $\omega_1$ 和 $\omega_2$ 绕水平轴转动;然后,两圆盘在沿水平轴方向的力的作用下,啮合为一体,其角速度为 $\omega$,求:齿轮啮合后两圆盘的角速度 $\omega$。

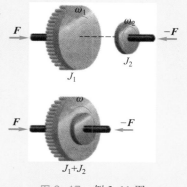

解　由于重力、水平轴向力等力矩均为零,故系统角动量守恒,有

$$J_1\omega_1 + J_2\omega_2 = (J_1 + J_2)\omega$$

所以有

$$\omega = \frac{J_1\omega_1 + J_2\omega_2}{J_1 + J_2}$$

图 3-17　例 3.11 图

# *3.5　理想流体的伯努利方程

流体是对处于液态和气态的物体的统称。处于这两种状态的物体具有一个共同的特性,即物体各部分之间很容易发生相对运动,这种特性称为流动性。正是由于液体和气体都具有流动性,它们在力学性质上具有很多相似之处。例如,它们与处于其内部的物体之间的相互作用可以用相同的形式进行描述,在外力作用下它们具有相同的运动规律等。

## 3.5.1　关于理想流体的几个概念

### 1. 理想流体

实际的液体和气体除了具有共同的流动性外,还具有另外两种性质,一是可压缩性,二是黏性。可压缩性指的是流体的密度随压力的大小而改变的性质。液体的可压缩性很小,通常都看作是不可压缩的。至于气体,由于它的流动性很好,只要不同位置出现很小的压强差,就立即发生流动,使各处的压强趋于一致,所以在某些场合下,气体也可以近似视为不可压缩的。黏性就是在液体或气体中各部分之间存在内摩擦力的这一特性。由于流体具有黏性,当两层流体发生相对运动时,沿它们之间的接触面将产生切向力,并引起机械能的损耗。但是在某些场合下,例如在小范围内的流动中,流体的黏性也是可以忽略的。

实际流体在一定程度上具有可压缩性和黏性,即当流体运动时,层与层之间将出现阻碍相对运动的内摩擦力。这增加了流体运动分析中的复杂因素,但是在很多场合下这两种性质又是可以忽略的,所以有必要、也有可能引入理想流体这一模型。所谓理想流体,就是绝对不可压缩和完全没有黏性的流体。通过对理想流体的分析而得出的结论,对于处理实际流体的运动问题具有十分重要的指导意义。

### 2. 定常流动

一般情况下,即使是理想流体,运动也是相当复杂的。引起这种复杂性的原因是流体各部分之间非常容易发生相对运动,在同一时刻,流体各处的流速可能不同,在不同时刻,流体流经空间某给定点的流速也可能在变化,即 $v = v(r, t)$。但在有些场合,流体的运动会出现这样的情形:尽管在同一时刻流体各处的流速可能不同,但流体质点流经空间的任一给定位置的速度是确定的,并且不随时间变化即 $v = v(r)$。这种流动称为定常流动。在流速较低时定常流动的条件是能够得到满足的。例如,沿着管道缓慢流动的水、水龙头中的细流、水渠中的缓流、石油输送管中石油的流动,在一段不长的时间内可以认为是定常流动。

### 3. 流线

为了形象地描述流体的运动,我们在流体中画出一系列曲线,使曲线上每一点的切线方向与流经该点的流体质点的速度方向相同,这种曲线就称为流线,如图 3-18 所示。

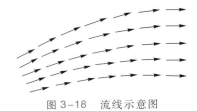

图 3-18　流线示意图

在定常流动中,流线的形状是稳定不变的。此时,每一点的速度只可能有一个方向,故流线不能相交,因为如果有两条流线相交,那么流到交点的流体质点的速度就有两个方向,这一点的流速就是不确定的。因为流线上每一点的切线方向都与流体质点的速度方向相同,所以流体质点将沿着流线运动,流线就是流体质点的运动轨迹。在定常流动中,空间各点的流速虽然不同,但它们都不随时间变化,所以流体中流线的分布图样也不随时间变化。

### 4. 流管

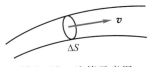

图 3-19　流管示意图

在定常流动中,通过流体中的每一点都可以画一条流线。由流线围成的管状区域,就称为流管,如图 3-19 所示。因为流管的边界是由许多流线组成的,流线不能相交,所以流管内的流体不能流出管外,管外的流体也不能流入管内,流管的作用与形状相同的管道一样,就是一种无形的管道。流体在流管中的流动规律代表了整个流体的运动规律,这就为我们研究流体的运动提供了方便。

## 3.5.2 理想流体的连续性方程

在流体中任取一细流管,并任意作两个与流管垂直的截面,截面的面积分别为 $\Delta S_1$ 和 $\Delta S_2$,如图 3-20 所示。如果流体流经截面 $\Delta S_1$ 和 $\Delta S_2$ 时的速率分别为 $v_1$ 和 $v_2$,则在 $\Delta t$ 时间内流过这两个截面的流体的体积应该相等,即有

$$v_1 \Delta t \Delta S_1 = v_2 \Delta t \Delta S_2 \tag{3-44}$$

$$v_1 \Delta S_1 = v_2 \Delta S_2 \tag{3-45}$$

式(3-45)表明:单位时间内流过某一截面的流体体积,称为流体流过该截面的体积流量。对于不可压缩的流体,通过流管各横截面的流量相等,即 $v\Delta S =$ 常量,这就是连续性原理。

图 3-20　流体连续性原理

由连续性方程可以看出,同一流管中,截面积大的地方流速小,而截面积小的地方流速大. 例如,水枪的开口变小时,水枪的水流就会变大,同时,截面积小的地方也正是流线密集之处,由此可见,对于不可压缩的流体,流线密集处流速大,流线稀疏处流速小。

## 3.5.3 伯努利方程

伯努利方程反映了理想流体在作定常流动时压强和流速的关系,是流体力学中的基本方程式。伯努利( D. Bernoulli,1700—1782)提出了伯努利原理。这是在流体力学的连续介质理论方程建立之前,水力学所采用的基本原理,其实质是流体的机械能守恒。

如图 3-21 所示,在重力场中作定常流动的理想流体内任取一细流管,并在此流管中考察一段流体的流动情况。流管上下端流体的截面积分别为 $\Delta S_1$ 和 $\Delta S_2$,长度分别为 $\Delta l_1$ 和 $\Delta l_2$,由于不

可压缩,流体密度 $\rho$ 不变,相对同一个水平参考面,流管上下端的高度分别为 $h_1$ 和 $h_2$,处于 $\Delta S_1$ 到 $\Delta S_2$ 之间的流体在 $\Delta t$ 时间内流到 $\Delta S_1$ 和 $\Delta S_2$ 之间的位置上。流体流经截面 $\Delta S_1$ 的流速为 $v_1$,流经 $\Delta S_2$ 的流速为 $v_2$。上下两端的压强分别 $p_1$ 和 $p_2$。在惯性系中,我们可讨论理想流体在重力作用下作定常流动的情况。

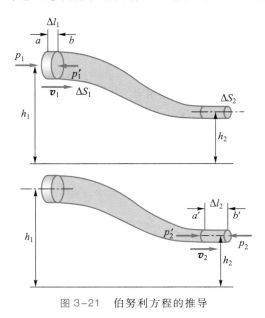

图 3-21   伯努利方程的推导

机械能的增量包括动能的增量和势能的增量两部分,因为理想流体没有黏性,故在我们的问题中,不存在非保守内力,只需考虑外力做的功就够了。应用质点系功能原理,有

$$W = (E_k + E_p) - (E_{k0} + E_{p0}) \tag{3-46}$$

动能增量为

$$E_k - E_{k0} = \frac{1}{2}mv_2^2 - \frac{1}{2}mv_1^2$$

$$= \frac{1}{2}\rho\Delta l_2 \Delta S_2 v_2^2 - \frac{1}{2}\rho\Delta l_1 \Delta S_1 v_1^2 \tag{3-47}$$

势能增量为

$$E_p - E_{p0} = mgh_2 - mgh_1 = \rho g \Delta l_2 \Delta S_2 h_2 - \rho g \Delta l_1 \Delta S_1 h_1 \tag{3-48}$$

代入功能原理表达式,得

$$\frac{1}{2}\rho\Delta l_2 \Delta S_2 v_2^2 + \rho g \Delta l_2 \Delta S_2 h_2 - \frac{1}{2}\rho\Delta l_1 \Delta S_1 v_1^2 -$$

$$\rho g \Delta l_1 \Delta S_1 h_1 = p_1 \Delta S_1 \Delta l_1 - p_2 \Delta S_2 \Delta l_2$$

根据理想气体的不可压缩性和连续性原理,有

$$\Delta S_1 \Delta l_1 = \Delta S_2 \Delta l_2 = \Delta V$$

整理得到

$$p_1 + \frac{1}{2}\rho v_1^2 + \rho g h_1 = p_2 + \frac{1}{2}\rho v_2^2 + \rho g h_2 \qquad (3-49)$$

在同一细流管内的不同界面处有

$$p + \frac{1}{2}\rho v^2 + \rho g h = C \qquad (3-50)$$

式中,$C$ 为常量。

式(3-49)和式(3-50)称为伯努利方程,它们描述了理想流体作定常流动时的基本规律。

在推导中,选择一小段流体并研究其沿水平细流管的运动,如果是理想流体,则有

$$p + \frac{1}{2}\rho v^2 = C \qquad (3-51)$$

式中,$C$ 为常量。

式(3-51)表明,在同一条水平细流管中,流速大的地方压强必定小,流速小的地方压强必定大。前面所讲的连续性方程表明,流速大的地方流管狭窄,流速小的地方流管粗大。从这两个结果中,我们可以得到这样的结论:当理想流体沿水平管道流动时,管道截面积小的地方流速大、压强小,管道截面积大的地方流速小、压强大。喷雾器的制作、飞机的起飞等都利用了这个原理。

我们可以把静止视为一种特殊的运动状态,而将伯努利方程运用于静止流体中,不过这时流体中任意两点都可以看作是处于同一条流线上。若在密度为 $\rho$ 的静止流体中有 $A,B$ 两点,其高度分别为 $h_A$ 和 $h_B$,对于这两点列出伯努利方程,为

$$p_A + \rho g h_A = p_B + \rho g h_B \qquad (3-52)$$

或者

$$p_A - p_B = \rho g (h_B - h_A) \qquad (3-53)$$

式(3-53)表明,静止流体中任意两点的压强差与流体的密度 $\rho$ 和这两点的高度差 $h_B - h_A$ 成正比。如果 $A,B$ 两点的高度相等,则由上式得

$$p_A = p_B \qquad (3-54)$$

式(3-54)表明,静止流体中同高度的两点压强相等。

静止流体的压强公式(5-53)和式(5-54)完全可以由静止流体各部分之间相互作用的性质求得,而在这里我们从伯努利方程中导出了。可见,静止流体的确是定常流动流体的特例。

---

例 3.12

皮托管是测定流体流速的仪器,常用来测定气体的流速。如图 3-22 所示为皮托管的结

构示意图。它是由两个同轴细管组成,内管的开口在正前方,如图中 2 点所示。外管的开口在管壁上,如图中 1 点所示。两管分别与 U 形管的两臂相连,在 U 形管中盛有液体(如水银),便制成了一个压强计,可由 U 形管两臂的液面高度差 h 确定气体的流速。

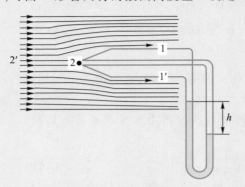

图 3-22  皮托管的结构示意图

解  空气可视作理想流体,作定常流动时,可应用伯努利方程。皮托管相当于在流体内放一障碍物,流体将被迫分成两路绕过此物体,在物体前方流体开始分开的地方,流速等于零的一点,称为驻点(如图上的 2 点)。通过 1、2 各点的各流线均来自远处,在远处未受皮托管干扰的地方,流体内各部分均相对于仪器以相同的速度作匀速直线运动(例如,飞机在空中匀速直线飞行时,远处空气相对于机身均以相同速度作匀速直线运动),空间各点处 $p+\frac{1}{2}\rho v^2+\rho gh=C$,为一常量。对于 1、2 两点:

$$\frac{1}{2}\rho v_1^2+\rho gh_1+p_1=\rho gh_2+p_2$$

$h_1$ 和 $h_2$ 表示 1、2 两点相对于势能零点的高度,这两点的高度差很小,可不予考虑,因此

$$\frac{1}{2}\rho v_1^2=p_2-p_1$$

皮托管的大小和气体流动的范围相比是微乎其微的,仪器的放置对流速分布的影响不大,我们可近似认为 $v_1$ 即为待测流速,于是

$$v=\sqrt{\frac{2(p_2-p_1)}{\rho}}$$

由于

$$p_2-p_1=\rho_{液}gh$$

所以流速为

$$v=\sqrt{\frac{2\rho_{液}gh}{\rho}}$$

## 习题

3.1  有一半径为 $R$ 的水平圆转台,可绕通过其中心的竖直固定光滑轴转动,转动惯量为 $J$,开始时转台以匀角速度 $\omega_0$ 转动,此时有一质量为 $m$ 的人站在转台中心,随后人沿半径向外跑去,当人到达转台边缘时,转台的角速度为(    )。

A.  $\dfrac{J}{J+mR^2}\omega_0$     B.  $\dfrac{J}{(J+m)R^2}\omega_0$

C.  $\omega_0$     D.  $\dfrac{J}{mR^2}\omega_0$

3.2  花样滑冰运动员绕通过自身的竖直轴转动,

开始时她两臂伸开,转动惯量为 $J_0$,角速度为 $\omega_0$。然后她将两臂收回,使转动惯量减少到 $\frac{1}{3}J_0$。这时她转动的角速度变为(　　)。

A. $\frac{1}{3}\omega_0$ 　　 B. $\frac{1}{\sqrt{3}}\omega_0$

C. $\sqrt{3}\,\omega_0$ 　　 D. $3\omega_0$

3.3 有两个力作用在一个有固定转轴的刚体上。有以下几种说法:

(1) 这两个力都平行于轴时,它们对轴的合力矩一定是零;

(2) 这两个力都垂直于轴时,它们对轴的合力矩可能是零;

(3) 当这两个力的合力为零时,它们对轴的合力矩也一定是零;

(4) 当这两个力对轴的合力矩为零时,它们的合力也一定是零。

对上述说法,下列判断正确的是(　　)。

A. 只有(1)是正确的

B. (1)、(2)正确,(3)、(4)错误

C. (1)、(2)、(3)都正确,(4)错误

D. (1)、(2)、(3)、(4)都正确

3.4 关于刚体对轴的转动惯量,下列说法中正确的是(　　)。

A. 只取决于刚体的质量,与质量的空间分布和轴的位置无关

B. 取决于刚体的质量和质量的空间分布,与轴的位置无关

C. 只取决于转轴的位置,与刚体的质量和质量的空间分布无关

D. 取决于刚体的质量、质量的空间分布和轴的位置

3.5 质量为 $m$、半径为 $R$ 的均匀圆盘,绕垂直于圆盘平面且过圆盘边缘上任一点的轴的转动惯量是(　　)。

A. $mR^2/2$ 　　 B. $3mR^2/2$

C. $mR^2$ 　　 D. $5mR^2/2$

3.6 飞轮 1 的转动惯量为 $J_1$,角速度为 $\omega_1$。摩擦轮 2 的转动惯量为 $J_2$,开始时静止。若两轮沿轴向啮合,啮合后两轮达到的共同角速度为(　　)。

A. $\omega_1$ 　　 B. $J_1\omega_1/(J_1+J_2)$

C. $J_1\omega_1/J_2$ 　　 D. $(J_1+J_2)\omega_1/J_1$

3.7 均匀细棒 $OA$ 可绕通过其一端 $O$ 而与棒垂直的水平固定光滑轴转动,如图 3-23 所示。今使棒从水平位置由静止开始下落。在棒摆动到竖直位置的过程中,应有(　　)。

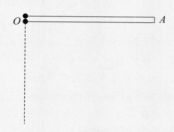

图 3-23　习题 3.7 图

A. 角速度从小到大,角加速度从大到小

B. 角速度从小到大,角加速度从小到大

C. 角速度从大到小,角加速度从大到小

D. 角速度从大到小,角加速度从小到大

3.8 长为 $l$、质量为 $m$ 的均匀细棒,绕一端点在水平面内作匀速率转动,已知棒中心点的线速率为 $v$,则细棒的转动动能为(　　)。

A. $\frac{1}{2}mv^2$ 　　 B. $\frac{2}{3}mv^2$

C. $\frac{1}{6}mv^2$ 　　 D. $\frac{1}{24}mv^2$

3.9 一人握有两只哑铃,站在一无摩擦转动的水平台上,开始时两手平握哑铃,人、哑铃、平台组成的系统以一角速度旋转,后来此人将哑铃下垂于身体两侧,在此过程中,系统(　　)。

A. 角动量守恒,机械能不守恒

B. 角动量守恒,机械能守恒

C. 角动量不守恒,机械能守恒

D. 角动量不守恒,机械能不守恒

**3.10**  关于力矩有以下几种说法：

（1）内力矩不会改变刚体对某个轴的角动量；

（2）作用力和反作用力对同一轴的力矩之和必为零；

（3）质量相等、形状和大小不同的两个刚体，在相同力矩的作用下，它们的角加速度一定相等。

在上述说法中（    ）。

A. 只有（2）是正确的

B. （1）、（2）是正确的

C. （2）、（3）是正确的

D. （1）、（2）、（3）都是正确的

**3.11**  均匀细棒 $OA$ 长为 $l$，质量为 $m$，可绕通过其一端 $O$ 且与棒垂直的水平固定光滑轴转动，如图 3-24 所示，今使棒从水平位置由静止开始自由下落，则在水平位置放手时，细杆的角速度为____，角加速度为____，棒摆动到竖直位置时，细棒的角速度是____（已知细棒对转轴的转动惯量为 $J$）。

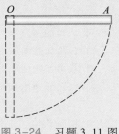

图 3-24    习题 3.11 图

**3.12**  一飞轮以角速度 $\omega_0$ 绕轴旋转，飞轮对轴的转动惯量为 $J$；另一静止飞轮突然被同轴地啮合到转动的飞轮上，该飞轮对轴的转动惯量为前者的三倍，啮合后整个系统的角速度为____。

**3.13**  质量为 $m$ 的均匀圆盘半径为 $r$，绕中心轴的转动惯量 $J_1 =$ ____；质量为 $m$ 的均匀圆环半径为 $r$，绕中心轴的转动惯量 $J_2 =$ ____。

**3.14**  质量为 $m$ 的均匀细棒长为 $l$，转轴通过中心且与棒垂直的转动惯量 $J_1 =$ ____；转轴通过棒的一端且与棒垂直的转动惯量 $J_2 =$ ____。

**3.15**  如图 3-25 所示，一质量为 $m$、长为 $l$ 的均匀细杆，平放在摩擦因数为 $\mu$ 的水平桌面上，当细杆以角速度 $\omega$ 绕过中心且垂直于桌面的轴转动时，作用于杆的摩擦力矩____。

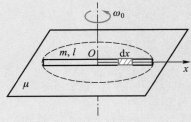

图 3-25    习题 3.15 图

**3.16**  一均匀细棒长为 $l$，质量为 $m$，放置在水平面上，细棒与水平面之间的摩擦因数为 $\mu$。如果细棒以角速度 $\omega$ 绕过棒的一端垂直与平面的轴转动，细棒受到的摩擦力矩____。

**3.17**  刚体转动惯量取决于_____、_____和_____这三个要素。

**3.18**  如果一个刚体所受合外力为零，其合力矩是否也一定为零？如果刚体所受合外力矩为零，其合外力是否也一定为零？

**3.19**  一汽车发动机曲轴的转速在 12 s 内由 $1.2 \times 10^3$ r/min 均匀地增加到 $2.7 \times 10^3$ r/min。

（1）求曲轴转动的角加速度；（2）问在此时间内，曲轴转了多少圈？

**3.20**  在半径为 $R$、质量为 $m$ 的均匀薄圆盘上挖去一个直径为 $R$ 的圆孔，孔的中心在 $\frac{1}{2}R$ 处，求所剩部分对通过原圆盘中心且与盘面垂直的轴的转动惯量。

**3.21**  如图 3-26 所示，一根均匀细铁丝，质量为 $m$，长度为 $L$，在其中点 $O$ 处弯成 $\theta = 120°$ 角，放在 $Oxy$ 平面内，求铁丝对 $Ox$ 轴、$Oy$ 轴、$Oz$ 轴的转动惯量。

**3.22**  一质量为 $m$ 的质点位于 $(x_1, y_1)$ 处，速度为 $\boldsymbol{v} = v_x \boldsymbol{i} + v_y \boldsymbol{j}$，质点受到一个沿 $x$ 负方向的力 $\boldsymbol{F}$ 的作

用,求相对于坐标原点的角动量以及作用于质点上的力的力矩。

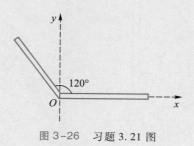

图 3-26　习题 3.21 图

3.23　如图 3-27 所示,一个质量为 $m$ 的物体与绕在定滑轮上的绳子相连,绳子的质量可以忽略,它与定滑轮之间无滑动。假设定滑轮质量为 $m_0$、半径为 $R$,其转动惯量为 $m_0 R^2 / 2$,试求该物体由静止开始下落的过程中,下落速度与时间的关系。

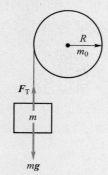

图 3-27　习题 3.23 图

3.24　如图 3-28 所示,一质量为 $m$、半径为 $R$ 的圆盘,可绕 $O$ 轴在竖直面内转动。若盘自静止下落,忽略轴承的摩擦,求:

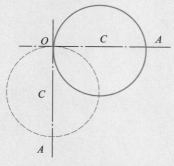

图 3-28　习题 3.24 图

（1）盘到虚线所示的竖直位置时,质心 $C$ 和盘缘 $A$ 点处的速率;

（2）在虚线位置轴对圆盘的作用力。

3.25　如图 3-29 所示,一个弹性系数为 $k$ 的轻弹簧与一轻柔绳相连,该绳跨过一半径为 $R$、转动惯量为 $J$ 的定滑轮,绳的另一端悬挂一质量为 $m$ 的物体。开始时,弹簧无伸长,物体由静止释放。滑轮与轴之间的摩擦可以忽略不计。当物体下落 $h$ 时,物体仍在运动,试求此时物体的速度 $v$。

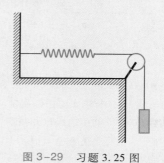

图 3-29　习题 3.25 图

3.26　一轻弹簧与一均匀细棒连接,装置如图 3-30 所示,已知弹簧的弹性系数 $k = 40 \ \text{N/m}$,当 $\theta = 0$ 时弹簧无形变,细棒的质量 $m = 5.0 \ \text{kg}$。问在 $\theta = 0$ 的位置上细棒至少应具有多大的角速度 $\omega$,才能转动到水平位置?

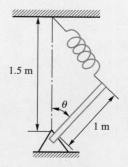

图 3-30　习题 3.26 图

3.27　有一质量为 $m_1$、长为 $l$ 的均匀细棒,可绕过棒端且垂直于棒的光滑水平固定轴 $O$ 在竖直平面内转动。棒静止于竖直位置,另有一沿水平方向运动的质量为 $m_2$ 的小物块,从侧面垂直于棒与棒的另一端 $A$ 相撞,设碰撞时间极短,棒保持竖直。已知小物块在碰撞前后的速率分别为 $v_1$ 和 $v_2$,方向如图 3-31 所示。求碰撞后细棒的角速度。

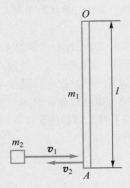

图 3-31    习题 3.27 图

3.28    如图 3-32 所示,把单摆和一等长的均匀直杆悬挂在同一点,杆与单摆的摆锤质量均为 $m$。开始时直杆自然下垂,将单摆摆锤拉到高度 $h_0$,令它自静止状态下摆,于垂直位置和直杆作弹性碰撞。求:碰后直杆下端达到的高度 $h$。

3.29    一质量为 $m'$、半径为 $R$ 的圆盘,可绕一垂直通过盘心的无摩擦的水平轴转动。圆盘上绕有轻绳,一端挂有质量为 $m$ 的物体。问物体从静止下落高

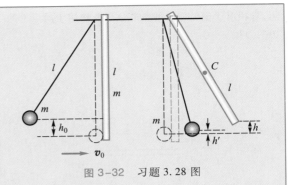

图 3-32    习题 3.28 图

度 $h$ 时,其速度的大小为多少?设绳的质量忽略不计。

3.30    质量为 $m$、长度为 $l$ 的均匀细杆,可绕过其中心 $O$ 并与纸面垂直的水平轴在竖直平面内转动。当细杆静止于水平位置时,有一只质量同样为 $m$ 的小虫以速率 $v_0$ 垂直落在与 $O$ 点距离为 $l/4$ 处,并背离点 $O$ 向细杆的端点 $A$ 爬行。问:欲使细杆以恒定的角速度转动,小虫应以多大速率向细杆端点爬行?

本章习题答案

# 第四章 狭义相对论基础

物理学总是在不断地解决"矛盾"中得以发展完善。狭义相对论就是为解决光学与电动力学实验同经典物理学理论的"矛盾"而产生的。1905 年以前人们已经发现了一些经典物理理论无法解释的电磁现象,主要包括:

(1)迈克耳孙-莫雷实验中人们没有观测到地球相对于"以太"的运动,实验结果同经典物理理论的"绝对时空"和"以太假说"产生矛盾;

(2)运动物体的电磁感应现象表现出相对性——无论是磁体运动还是导体运动,其效果一样;

(3)电磁场理论不满足伽利略相对性原理,也不能解释电子的荷质比随电子运动速度的增加而减小的现象。

物理学的不断发展使人们认识到所有的物理理论都有一定的适用范围,这个范围可以体现为空间尺度、能量尺度以及系统复杂度等。狭义相对论在解决上述几个"矛盾"的同时,不断完善并系统化,人们也认识到了其适用于描述宏观物体的高速运动。本章将简要介绍相对论力学的基础知识。

## 4.1 运动的相对性与相对性原理

运动是物体相对参考系的位置移动,移动的快慢则为速度。显然,同一物体相对不同的参考系其速度是可以不同的,例如我们坐在椅子上不动,也能"坐地日行八万里"。那么不同参考系下对同一物体的运动描述又有什么联系呢?我们熟知的牛顿第二定律是否在所有的参考系下表述都一样呢?为了回答这些问题,我们有必要了解时空观、坐标变换以及相对性原理的概念。

## 4.1.1 伽利略坐标变换

### 1. 牛顿力学的时空观

时空观是关于时间和空间的根本观点,即我们如何描述与度量时间与空间。经典力学理论体系总结了低速物体的运动规律,它反映了牛顿的绝对时空观。绝对时空观认为时间和空间是两个独立的观念,彼此之间没有联系,它们分别具有绝对性。在两个不同参考系中,对同一事件发生的时间间隔与空间间隔的量度是一样的。例如,对于你从宿舍走到教室所通过的距离以及所花费的时间,无论是处在教室的观察者还是处在宿舍的观察者所获得的结果一样的。这是最朴素的时空观,也是我们日常生活中的时空观。然而,相对论理论中却不这么认为。其实在中国古代人们就提出了"宇宙"概念,"宇"为空间概念,"宙"为时间概念,并认识到空间、时间与具体实物运动是联系在一起的,并且空间和时间也是有一定联系的。

物理学家简介:
伽利略

### 2. 伽利略坐标变换

有了经典时空观(或称为绝对时空观)之后,下面我们将分析在此时空观下,不同参考系中对同一事件的描述有着怎样的联系? 即已知在某一参考系下的运动描述以及两个参考系之间的关系,如何获得在另一参考系下的描述,这就是伽利略变换。如图 4-1 所示,设有两个参考系 S($Oxyz$)和 S′($O'x'y'z'$),其中 $x$ 轴和 $x'$ 轴相互重合,其余对应坐标轴相互平行,S′相对于 S 以匀速 $v$ 沿 $x$ 轴正方向运动,或者说 S 相对于 S′以匀速 $-v$ 沿 $x'$ 轴负方向运动。以 $O$ 点及 $O'$ 点重合的时刻为计算时间的起点,我们来讨论某一质点 $P$ 在这两个惯性系中的坐标关系。设在 S 系中观测得到,$t$ 时刻质点 $P$ 的坐标为 $x,y,z$;在 S′系中观测得到,$t'$ 时刻质点 $P$ 的坐标为 $x',y',z'$。按牛顿力学的时空观,可作出坐标关系图,如图 4-1 所示。又由于计时起点相同,有

$$\begin{cases} t'=t \\ x'=x-vt \\ y'=y \\ z'=z \end{cases} \qquad (4-1)$$

上式即伽利略坐标变换。在质点 $P$ 的运动过程中,$x,y,z$ 及 $x'$,$y',z'$ 均是时间 $t$ 的函数,如 $x=x(t)$,$x'=x'(t')$。按照速度的定义,可得在各自参考系下的速度为

$$u_x' = \frac{\mathrm{d}x'}{\mathrm{d}t'}, \quad u_x = \frac{\mathrm{d}x}{\mathrm{d}t} \tag{4-2}$$

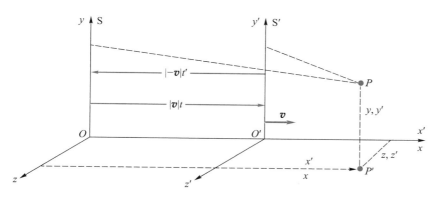

图 4-1　伽利略坐标变换

由式(4-1)可得

$$u_x' = u_x - v, \quad u_y' = u_y, \quad u_z' = u_z \tag{4-3}$$

或

$$u_x = u_x' + v, \quad u_y = u_y', \quad u_z = u_z'$$

式(4-3)即伽利略速度变换关系,同时也体现了运动的相对性。将式(4-3)两边再对时间求导,可得加速度之间的变换关系:

$$a_x' = a_x, a_y' = a_y, a_z' = a_z \text{ 或 } \boldsymbol{a}' = \boldsymbol{a} \tag{4-4}$$

其中

$$a_x = \frac{\mathrm{d}u_x}{\mathrm{d}t} = \frac{\mathrm{d}^2 x}{\mathrm{d}t^2}, \quad a_x' = \frac{\mathrm{d}u_x'}{\mathrm{d}t'} = \frac{\mathrm{d}^2 x'}{\mathrm{d}t'^2} \tag{4-5}$$

3. 伽利略相对性原理的数学表述

在获得不同参考系下的位置、速度、加速度的表述以及变换关系后,我们需要进一步地研究动力学问题。在研究动力学问题的过程中,需要涉及质量和力的概念,在经典力学中我们仍假设一个物体所受的合外力及该物体的质量是与惯性参考系的选择无关的,即在 S 系、S′系中测得的物体所受的合外力 $\boldsymbol{F}$,$\boldsymbol{F}'$ 和物体的质量 $m$,$m'$ 满足

$$\boldsymbol{F}' = \boldsymbol{F}, \quad m' = m \tag{4-6}$$

由式(4-4)和式(4-5)可知,在 S 系及 S′系中,质点的动力学方程(牛顿第二定律)具有完全相同的数学形式,即

$$\text{在 S 系中}: \boldsymbol{F} = m\boldsymbol{a}; \text{ 在 S′系中}: \boldsymbol{F}' = m'\boldsymbol{a}' \tag{4-7}$$

式(4-7)称为伽利略相对性原理的数学表述,它也可表述为:牛顿第二定律的数学形式相对于伽利略变换是不变的。

## 4.1.2    伽利略相对性原理

在导出伽利略相对性原理数学表述的过程中,我们设定两个参考系中有一个作的是相对匀速的运动。我们不妨假设一下,如果相对运动的速度是随时间变化的,那结果又将会如何?稍加分析,我们将会得到在如此的两个参考系下动力学方程的形式将不再相同。那么问题出在哪里呢?事实上我们曾指出,牛顿运动定律只在惯性系中成立,并且这一结论是从实验研究中得到的。有关牛顿运动定律的实验研究结果还表明:若物体 A 可视为惯性系,则相对于物体 A 作匀速直线运动的其他任何物体 B 也可视为惯性系,即牛顿运动定律在 A,B 两系中均成立。根据这一实验结果,伽利略相对性原理可表述为:一切相对作匀速直线运动的惯性系,对于描述物体运动的牛顿运动定律来说是完全等价的。这里关于惯性系的定义还请读者认真思考。

# 4.2    狭义相对论的基本原理

## 4.2.1    基本原理

按照伽利略变换,若光波在 S' 系中以速度 $u'_x = c$ 沿 $x'$ 轴正方向传播,则在 S 系中光波的传播速度应为 $u_x = u'_x + v = c + v$。这里提到了光速,我们回想一下光速源于麦克斯韦方程组导出的电磁波的传播速度,那么该速度是相较于哪个参考系下的呢?然而实验证明,在任何两个惯性系中所测得的光速(真空中)相等(参见迈克耳孙–莫雷实验)。至此,按照伽利略相对性原理将无法解释。另一方面,伽利略相对性原理仅指明牛顿运动定律在各惯性系中保持其数学形式不变,那么其他物理规律的数学表达式在不同的惯性系中是否都保持形式不变呢?爱因斯坦在考虑此问题时认为,答案应该是肯定的。按照上述实验基础和思想基础,爱因斯坦提出了狭义相对论的如下基本原理。

(1)狭义相对性原理:所有的参考系都是等价的,一切物理定律(包括力学定律、电磁学定律、光学定律等)在所有惯性系中

物理学家简介:
爱因斯坦

都具有相同的数学表达式。

（2）光速不变原理：在真空中，光速是一个常量，与光源的运动或观察者的运动无关，即在任何两个惯性系中，所测得的光速是相同的。

## 4.2.2　狭义相对论的时空观

光速不变将会带来哪些"后果"呢？目前看来是伽利略变换不再适用。考虑到伽利略变换的基础是不同惯性系下时间间隔和空间两点间隔不变，我们也可以认为，在两个惯性系中测量它们"尺子"是一样的，那么我们是不是可以大胆假设，光速不变导致的伽利略变换失效的根本原因是这两把"尺子"不再一样了呢？事实情况也正是如此，下面我们将介绍狭义相对论中的时间和空间概念。

在讨论相对论时空观之前，我们需要进一步深入分析一下对时间和空间的测量问题。比如对于时间，太阳的东升西落的变化周期让我们有了"日"的概念，月亮的月相周期让我们有了对"月"的定义。不妨总结一下，我们对时间的测量就是测量对某种周期的倍数测量。同理，我们对长度的测量也是基于某个"标准"单位长度。光速不变原理是相对论的理论基础，这样一个不变量是否可以用来测量时间和长度，这样做会带来哪些效应呢？下面我们进行简要分析。

1. 同时的相对性问题

下面我们将会看到，对于同时发生在某个惯性系中的两个事件，如果我们在另一个惯性系中观察，这两个事件可能不是同时发生的。

下面我们用一个思想实验来说明同时性失效的结论。设想在高速行驶的列车上，车厢中点有一盏灯，点亮灯后，在车上的人会认为，这盏灯发出的光同时到达车厢首尾。但是，若站台上同时有人在观测这一过程，站台上静止的人会认为，向前发出的光是追着火车在跑，而向后发出的光是迎着火车在跑，所以是向后发出的光先到达车厢尾部，而向前发出的光后到达车厢前部。从中可以看出，在车厢内的观测者看来同时发生的两个事件，在另一惯性系的观测者看来并不是同时发生的。

2. 时间延缓效应

相对论的一个典型效应就是时间延缓（或称为动钟变慢）效应，这在经典物理中是无法理解的。例如，有两个参量相同的单摆分别放置于站台和通过站台高速运动（匀速）的列车上，用经典物理分析可知，这两个单摆的摆动周期是相同的。但如果用相对论原理去分析这两个单摆的摆动，结果则有所不同。利用相对性原理，站台上的观测者会认为列车上的单摆摆动的周期要大一些，或者说摆动得更慢一些。若我们以这个单摆作为计时工具，则有动钟变慢效应产生。下面我们借助于一个光钟思想实验说明这一点。

如图 4-2（a）所示，在木箱底、顶两端各安装一面镜子，通过光线在木箱底、顶两端的往返周期来计时，这就制成了一个简单的光钟。我们还以静止的站台和以速度 $u$ 高速通过站台的列车为两个惯性参考系。两个惯性参考系的观测者各拿一个参量相同的光钟，列车上的光钟竖直放置在车厢里，即光的运动方向与列车运动方向垂直。

列车上的人认为自己的光钟是静止的，光线在两面镜子之间来回反射，如图 4-2（a）所示。但地面上的人认为，列车上的光钟是随列车一起运动的，光线走的是"之"字形路线，完成一次振荡的时间变长，如图 4-2（b）所示。

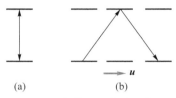

（a）　　　　　（b）

图 4-2　光钟思想实验示意图

设两面镜子之间的距离为 $h$，列车上的观测者在经历时间 $\Delta t' = \dfrac{2h}{c}$ 之后，列车上的光钟完成一次振荡，这时间是在相对于自己静止的惯性系中测量的，称为固有时。站台上的观测者认为列车上光钟内光线传播的距离是 $2\sqrt{\left(u \cdot \dfrac{\Delta t}{2}\right)^2 + h^2}$，其中 $\Delta t$ 是站台上观测者认为列车上光钟完成一次振荡所需的时间，所以有

$$c\Delta t = 2\sqrt{\left(u \cdot \frac{\Delta t}{2}\right)^2 + h^2} \tag{4-8}$$

那么站台上观测者测得的时间为

$$\Delta t = \frac{2h}{\sqrt{c^2 - u^2}} = \frac{2h}{c} \cdot \frac{1}{\sqrt{1 - \dfrac{u^2}{c^2}}} = \frac{\Delta t'}{\sqrt{1 - \dfrac{u^2}{c^2}}} \tag{4-9}$$

站台上观测者手中的光钟相对自己也是静止的，那么在他测量列车上光钟振荡一个周期的时间内，他手中的光钟早已完成一个周期的振荡。这就相当于静坐标系的人认为运动坐标系内时钟走得慢，所以称为动钟变慢。

3. 长度收缩效应

借助光钟，我们通过测量光从车尾发出经车厢头部反射返回到发射处所经历的时间，实现对于列车车厢长度的测量。列车内的观测者相对车厢是静止的，他测出的车厢长度称为固有长度。

如果车厢内的观测者测出的车厢长度为 $l$，那么列车上的光钟经历的时间为 $\Delta t = \dfrac{2l}{c}$。但站台上的观测者认为光从出发到返回车尾所用的时间应该是

$$\Delta t' = \frac{\Delta t}{\sqrt{1 - \dfrac{u^2}{c^2}}} \tag{4-10}$$

我们把这段时间分为光追着车头跑的时间 $\Delta t_1$ 和从车头返回车尾的时间 $\Delta t_2$。设站台上测得车厢的长度为 $l'$，则

$$l' = (c - u)\Delta t_1 = (c + u)\Delta t_2 \tag{4-11}$$

考虑到 $\Delta t' = \Delta t_1 + \Delta t_2$，故有

$$\frac{l'}{c - u} + \frac{l'}{c + u} = \frac{\Delta t}{\sqrt{1 - \dfrac{u^2}{c^2}}} = \frac{2l}{\sqrt{c^2 - u^2}} \tag{4-12}$$

即

$$l' = l\sqrt{1 - \frac{u^2}{c^2}} \tag{4-13}$$

式（4-13）表明，在站台上的观测者看来，列车车厢的长度相较于其固有长度变短了，即长度收缩效应。

## 4.2.3 洛伦兹变换

洛伦兹变换与伽利略变换相比，其不同点在于 $(x, y, z, t)$ 与 $(x', y', z', t')$ 均有关。

如图 4-3 所示，$S'$ 系相对 $S$ 系作匀速直线运动，发生在 $P$ 点的事件分别在 $S$ 系和 $S'$ 系中的时空点为 $(x, y, z, t)$ 和 $(x', y', z', t')$，它们的变换关系为

$$\begin{cases} x' = \gamma(x - vt) \\ y' = y \\ z' = z \\ t' = \gamma\left(t - \dfrac{v}{c^2}x\right) \end{cases} \tag{4-14}$$

这一变换关系即洛伦兹变换（感兴趣的读者可尝试证明），式中 $\gamma = \dfrac{1}{\sqrt{1 - \dfrac{v^2}{c^2}}} = \dfrac{1}{\sqrt{1 - \beta^2}}$。

需要说明的是，当 $v \ll c$ 时，$v/c \ll 1$，$(1 - v^2/c^2) \approx 1$，洛伦兹变

换化为伽利略变换,牛顿运动定律对于伽利略变换是不变的。因此,牛顿运动定律只适用于描述宏观物体的低速运动。而当 $v > c$ 时,洛伦兹变换无意义。因此,按照狭义相对论,物体的速度不可超过真空中的光速。

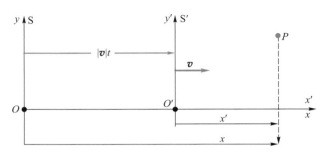

图 4-3 洛伦兹变换推导用图

## 4.2.4 狭义相对论的速度变换关系

令

$$u_x = \frac{dx}{dt}, \quad u_y = \frac{dy}{dt}, \quad u_z = \frac{dz}{dt}, \quad u_x' = \frac{dx'}{dt'}, \quad u_y' = \frac{dy'}{dt'}, \quad u_z' = \frac{dz'}{dt'}$$

由洛伦兹变换求微分得

$$dx = \mu(dx' + vdt'), \quad dy = dy', \quad dz = dz', \quad dt = \mu\left(dt' + \frac{v}{c^2}dx'\right)$$

式中 $\mu = 1/\gamma$。由此有

$$u_x = \frac{dx}{dt} = \frac{\mu(dx' + vdt')}{\mu\left(dt' + \frac{v}{c^2}dx'\right)} = \frac{u_x' + v}{1 + \frac{v}{c^2}u_x'} \tag{4-15}$$

$$u_y = \frac{dy}{dt} = \frac{dy'}{\mu\left(dt' + \frac{v}{c^2}dx'\right)} = \frac{u_y'}{\mu\left(1 + \frac{v}{c^2}u_x'\right)} \tag{4-16}$$

$$u_z = \frac{dz}{dt} = \frac{dz'}{\mu\left(dt' + \frac{v}{c^2}dx'\right)} = \frac{u_z'}{\mu\left(1 + \frac{v}{c^2}u_x'\right)} \tag{4-17}$$

同理,其逆变换为

$$u_x' = \frac{u_x - v}{1 - \frac{u_x v}{c^2}}, \quad u_y' = \frac{u_y}{\mu\left(1 - \frac{u_x v}{c^2}\right)}, \quad u_z' = \frac{u_z}{\mu\left(1 - \frac{u_x v}{c^2}\right)}$$

---

例 4.1

　　验证上述速度变换关系符合光速不变原理。

证明　设 $u_x' = c, u_y' = c, u_z' = c$，则

$$u_y = 0, u_z = 0$$

$$u_x = (u_x' + v)/(1 + u_x'v/c^2) = (c+v)/(1+v/c) = c$$

设 $u_x = c, u_y = c, u_z = c$，则

$$u_y' = 0, u_z' = 0$$

$$u_x' = (u_x - v)/(1 - u_xv/c^2) = (c-v)/(1-v/c) = c$$

---

# 4.3　狭义相对论动力学

## 4.3.1　相对论力学的基本方程

### 1. 牛顿力学的基本方程

牛顿力学的基本方程即牛顿第二定律，其微分形式是 $F = \dfrac{\mathrm{d}(m\boldsymbol{v})}{\mathrm{d}t} = \dfrac{\mathrm{d}\boldsymbol{p}}{\mathrm{d}t}$，其中 $m$ 是物体的质量，在牛顿力学中 $m =$ 常量；$\boldsymbol{v} = \mathrm{d}\boldsymbol{r}/\mathrm{d}t$ 是物体相对于某惯性参考系 S 的速度；$\boldsymbol{p} = m\boldsymbol{v}$ 是物体的动量；$\boldsymbol{F}$ 是物体所受的合外力。有关参量如图 4-4 所示。

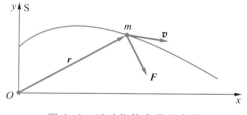

图 4-4　运动物体参量示意图

按照伽利略相对性原理的数学表述，对于伽利略变换，牛顿第二定律的数学形式保持不变。但是，不难看出，牛顿第二定律的数学形式对于洛伦兹变换是改变的。然而，按照狭义相对论的相对性原理，一切物理规律（包括力学规律）在洛伦兹变换下应保持其数学形式不变，因此在相对论力学中，应重新建立关于质点动力学的基本方程，使其在洛伦兹变换下保持其数学形式不变，并且在 $v \ll c$ 的情形下化为牛顿第二定律。

2. 相对论质量公式及动力学基本方程

在研究物体的高速运动理论的过程中,人们发现,物体的质量并非常量,而是与物体的运动速度有关,具体关系为

$$m = \frac{m_0}{\sqrt{1-(v/c)^2}} \tag{4-18}$$

其中 $v = |\boldsymbol{v}|$,而 $\boldsymbol{v} = \mathrm{d}\boldsymbol{r}/\mathrm{d}t$ 是物体相对于某惯性参考系的速度;$m$ 是当物体的运动速度为 $\boldsymbol{v}$ 时所具有的质量。当 $v = 0$(静止)时,$m = m_0$,因而 $m_0$ 是当物体处于静止状态时所具有的质量,称为物体的静止质量,$m$ 称为运动质量。式(4-18)称为运动物体的质量公式(例如:$v = 0.98c$ 时,$m = 5m_0$)。此外,人们发现,在高速运动情形下,运动质点所遵从的动力学方程为

$$\boldsymbol{F} = \frac{\mathrm{d}\boldsymbol{p}}{\mathrm{d}t} = \frac{\mathrm{d}(m\boldsymbol{v})}{\mathrm{d}t} = \frac{\mathrm{d}}{\mathrm{d}t}\left(\frac{m_0\boldsymbol{v}}{\sqrt{1-(v/c)^2}}\right) \tag{4-19}$$

其中

$$\boldsymbol{p} = m\boldsymbol{v} = \frac{m_0\boldsymbol{v}}{\sqrt{1-(v/c)^2}} \tag{4-20}$$

称为物体的相对论动量。可以证明:方程式(4-19)在洛伦兹变换下保持其数学形式不变。此外,在 $v \ll c$ 的条件下,方程式(4-19)还原为牛顿第二定律

$$\boldsymbol{F} = \frac{\mathrm{d}(m_0\boldsymbol{v})}{\mathrm{d}t} = m_0\frac{\mathrm{d}\boldsymbol{v}}{\mathrm{d}t} = m_0\boldsymbol{a}$$

因此方程式(4-19)符合相对性原理。

## 4.3.2 相对论力学中质量和能量的关系

1. 动能定理

由基本方程可得

$$\boldsymbol{F} = \frac{\mathrm{d}(m\boldsymbol{v})}{\mathrm{d}t}, \boldsymbol{F} \cdot \mathrm{d}\boldsymbol{r} = \frac{\mathrm{d}(m\boldsymbol{v})}{\mathrm{d}t} \cdot \mathrm{d}\boldsymbol{r} = \mathrm{d}(m\boldsymbol{v}) \cdot \frac{\mathrm{d}\boldsymbol{r}}{\mathrm{d}t} = \boldsymbol{v} \cdot \mathrm{d}(m\boldsymbol{v})$$

利用

$$v\mathrm{d}v = \frac{1}{2}\mathrm{d}v^2 = \frac{1}{2}\mathrm{d}(v_x^2+v_y^2+v_z^2) = v_x\mathrm{d}v_x+v_y\mathrm{d}v_y+v_z\mathrm{d}v_z = \boldsymbol{v} \cdot \mathrm{d}\boldsymbol{v}$$

$$\boldsymbol{v} \cdot \mathrm{d}(m\boldsymbol{v}) = \boldsymbol{v} \cdot [(\mathrm{d}m)\boldsymbol{v}+m\mathrm{d}\boldsymbol{v}] = (\mathrm{d}m)\boldsymbol{v} \cdot \boldsymbol{v}+m\boldsymbol{v} \cdot \mathrm{d}\boldsymbol{v} = v^2\mathrm{d}m+mv\mathrm{d}v$$

并注意到

$$\mathrm{d}m = m_0\mathrm{d}\left(\frac{1}{\sqrt{1-(v/c)^2}}\right) = m_0\frac{\mathrm{d}}{\mathrm{d}v}\left(\frac{1}{\sqrt{1-(v/c)^2}}\right)\mathrm{d}v = \frac{mv\mathrm{d}v}{c^2-v^2}$$

可得

$$\boldsymbol{F} \cdot \mathrm{d}\boldsymbol{r} = v^2 \mathrm{d}m + mv\mathrm{d}v = v^2 \frac{mv\mathrm{d}v}{c^2 - v^2} + mv\mathrm{d}v = \frac{c^2 mv\mathrm{d}v}{c^2 - v^2} = c^2 \mathrm{d}m$$

上式两边取 $a$ 点到 $b$ 点的积分（如图4-5所示）得

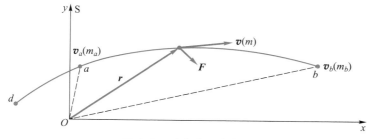

图 4-5　动能定理参考图

$$\int_a^b \boldsymbol{F} \cdot \mathrm{d}\boldsymbol{r} = \int_a^b c^2 \mathrm{d}m = m_b c^2 - m_a c^2 \qquad (4-21)$$

式（4-21）中，$m_a = \dfrac{m_0}{\sqrt{1-(v_a/c)^2}}$，$m_b = \dfrac{m_0}{\sqrt{1-(v_b/c)^2}}$。式（4-21）左边是质点由 $a$ 点运动到 $b$ 点的过程中，力 $\boldsymbol{F}$ 所做的功，可以表示为

$$W_{ab} = \int_a^b \boldsymbol{F} \cdot \mathrm{d}\boldsymbol{r}$$

$W_{ab}$ 与牛顿力学中功的定义和计算方法相同；式（4-21）右边是质点的动能的增量。式（4-21）即相对论力学中质点的动能定理。

2. 动能

在相对论力学中，物理量 $\dfrac{1}{2}mv^2$ 不再表示物体的动能。相对论力学中物体的动能是由动能定理来定义的。将动能定理［式（4-21）］写成

$$W_{ab} = m_b c^2 - m_a c^2 = E_{kb} - E_{ka} \qquad (4-22)$$

则 $E_{kb}$ 和 $E_{ka}$ 分别定义为质点在状态 $b$（$v = v_b$，$m = m_b$）和状态 $a$（$v = v_a$，$m = m_a$）的动能。式（4-22）只能确定动能 $E_{kb}$ 和 $E_{ka}$ 之差。为了进一步确定动能的表达式，我们规定：当质点处于静止状态（$v = 0$，$m = m_0$）时，其动能等于零（与牛顿力学一致）。按此定义，可以具体确定动能 $E_{kb}$ 和 $E_{ka}$ 的表达式。设质点在某位置 $d$ 处时的速度为零（如图4-5所示），即有 $v_d = 0$，$m_d = m_0$，相应地，$E_{kd} = 0$，则由式（4-22）可得

$$W_{db} = m_b c^2 - m_d c^2 = E_{kb} - E_{kd} = E_{kb} - 0 = E_{kb}$$

即

$$E_{kb} = m_b c^2 - m_d c^2 = m_b c^2 - m_0 c^2 = \frac{m_0 c^2}{\sqrt{1-(v_b/c)^2}} - m_0 c^2$$

同理

$$E_{ka} = m_a c^2 - m_d c^2 = m_a c^2 - m_0 c^2 = \frac{m_0 c^2}{\sqrt{1-(v_a/c)^2}} - m_0 c^2$$

一般地，当质点的运动速率为 $v$，相应的质量为 $m = \dfrac{m_0}{\sqrt{1-(v/c)^2}}$ 时，质点的动能为

$$E_k = mc^2 - m_0 c^2 = \frac{m_0 c^2}{\sqrt{1-(v/c)^2}} - m_0 c^2 = m_0 c^2 \left[ \frac{1}{\sqrt{1-(v/c)^2}} - 1 \right] \tag{4-23}$$

利用 $\dfrac{1}{\sqrt{1-x}} = 1 + \dfrac{1}{2}x + \dfrac{3}{8}x^2 + \cdots$，可以将式（4-23）写成

$$E_k = m_0 c^2 \left[ 1 + \frac{1}{2}(v/c)^2 + \frac{3}{8}(v/c)^4 + \cdots - 1 \right]$$

$$= \frac{1}{2} m_0 v^2 + \frac{3}{8} m_0 v^2 (v/c)^2 + \cdots \tag{4-24}$$

在 $v \ll c$ 的条件下，$E_k = \dfrac{1}{2} m_0 v^2$，还原为牛顿力学中的动能表达式。

3. 质能关系

由动能表达式 $E_k = mc^2 - m_0 c^2$ 可知，$m_0 c^2$ 和 $mc^2$ 都具有能量的含义。在相对论力学中，$m_0 c^2$ 称为物体的静能（固有内能），用 $E_0$ 表示，即

$$E_0 = m_0 c^2 \tag{4-25}$$

于是，$mc^2$ 可以表示为物体的动能与静能之和：$mc^2 = E_k + E_0$。因而在相对论力学中，$mc^2$ 称为物体的总能量，用 $E$ 表示，即

$$E = mc^2 \tag{4-26}$$

式（4-26）称为物体的质能关系。它表明物体的质量和总能量这两个重要的物理量之间有着密切的联系。如果一个物体的质量发生量值为 $\Delta m$ 的变化，则由 $E = mc^2$ 可知，物体的总能量也一定发生相应的变化，

$$\Delta E = \Delta m c^2 \tag{4-27}$$

实际上，物体的静能是物体的内能。通常所能利用的物体的动能仅仅是物体的总能量与物体的静能之差：$E_k = E - E_0$。而原子能的开发和利用，则是利用静能的例子。

---

例 4.2

一个氦核是由两个质子和两个中子结合而成的。已知一个氦核的质量是 $m_{He} = 4.001\,50$ u（$1$ u $= 1.66 \times 10^{-27}$ kg）、一个质子的质量是 $m_p = 1.007\,28$ u、一个中子的质量是

$m_n = 1.008\ 66$ u。求：

（1）将两个质子和两个中子结合成一个氦核的过程中所放出的能量（此能量称为核的结合能）；

（2）结合成 1 mol 氦核的过程中所放出的能量。

**解** 注意到

$$2m_p + 2m_n = 4.003\ 188\ u > m_{He}$$

即两个质子和两个中子结合成一个氦核的过程中，总能量发生了改变，且

$$\Delta m = (2m_p + 2m_n) - m_{He} = 0.030\ 38\ u$$

按照质能关系，这个系统的能量有相应的改变，能量的改变量为

$$\Delta E = \Delta m c^2 = 0.453\ 9 \times 10^{-11}\ J$$

这部分能量在两个质子和两个中子结合成一个氦核的过程中以热能的形式放出。结合成 1 mol 氦核的过程中所放出的能量为

$$N_0 \Delta E = 6.022 \times 10^{23} \times 0.453\ 9 \times 10^{-11}\ J$$
$$= 2.733 \times 10^{12}\ J$$

这差不多相当于燃烧 100 t 煤所放出的热量。

**4. 动量和能量的关系**

物体的动量和总能量分别为

$$\boldsymbol{p} = m\boldsymbol{v} = \frac{m_0 \boldsymbol{v}}{\sqrt{1-(v/c)^2}}, \quad E = mc^2 = \frac{m_0 c^2}{\sqrt{1-(v/c)^2}}$$

下面讨论它们之间的关系。由于

$$E = \frac{m_0 c^2}{\sqrt{1-(v/c)^2}}$$

可得

$$\left(\frac{E}{c}\right)^2 = \frac{(m_0 c)^2}{1-(v/c)^2}$$

上式两边减去 $p^2$，得

$$\left(\frac{E}{c}\right)^2 - p^2 = \frac{(m_0 c)^2}{1-(v/c)^2} - \frac{(m_0 v)^2}{1-(v/c)^2} = \frac{m_0^2(c^2-v^2)}{1-(v/c)^2} = m_0^2 c^2$$

即

$$E^2 = (pc)^2 + (m_0 c^2)^2 \qquad (4-28)$$

式（4-28）就是相对论力学中动量和能量的关系。这一关系也可用如图 4-6 所示的三角形来表示。

**5. 两点说明**

（1）当一个粒子的运动速度接近光速，即 $v \to c$ 时，若 $m_0 \neq 0$，则有

$$m = \frac{m_0}{\sqrt{1-(v/c)^2}} \to \infty$$

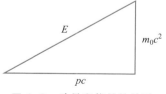

图 4-6 动量和能量的关系

因此,对于静止质量 $m_0 \neq 0$ 的粒子,其运动速度不可能达到光速。光速是 $m_0 \neq 0$ 的粒子的极限速度。但是,若 $m_0 = 0$,则当 $v \to c$ 时, $m$ 有三种可能的极限:

$$m = \frac{m_0}{\sqrt{1-(v/c)^2}} \to \frac{0}{0} \to \begin{cases} 0 \\ \infty \\ 常量 \end{cases}$$

因此, $m_0 = 0$ 的粒子是可能以光速运动的。对于这种粒子,由质能关系 $E = mc^2$ 以及动量和能量的关系 $E^2 = (pc)^2 + (m_0 c^2)^2$ 可知,其运动质量为 $m = \dfrac{E}{c^2}$,动量为 $p = \dfrac{E}{c}$。

（2）近代物理实验研究已发现了一些 $m_0 = 0$ 的微观粒子,光子属于这些粒子之一。由量子理论所导出的光子的能量为 $E = h\nu$ （ $\nu$ 是光的频率）,因此,光子的运动质量和动量分别为

$$m = \frac{E}{c^2} = \frac{h\nu}{c^2} = \frac{h}{c\lambda}, \qquad p = \frac{E}{c} = \frac{h\nu}{c} = \frac{h}{\lambda} \qquad (4-29)$$

---

**例 4.3**

如果将电子由速率 $v_1 = 0.9c$ 加速到 $v_2 = 0.99c$,则需要对它做多少功? 在此过程中电子的质量增加了多少?

**解** 由动能定理可得
$$W = E_{k2} - E_{k1} = m_2 c^2 - m_1 c^2$$

$$= m_0 c^2 \left[ \frac{1}{\sqrt{1-(v_2/c)^2}} - \frac{1}{\sqrt{1-(v_1/c)^2}} \right]$$

$$= 9.1 \times 10^{-31} \times 9 \times 10^{16} \left( \frac{1}{\sqrt{1-(0.99)^2}} - \frac{1}{\sqrt{1-(0.9)^2}} \right) \text{ J}$$

$$= 2.45 \times 10^3 \text{ keV}$$

电子质量的增加量为

$$\Delta m = m_0 \left[ \frac{1}{\sqrt{1-(v_2/c)^2}} - \frac{1}{\sqrt{1-(v_1/c)^2}} \right]$$

$$= 4.36 \times 10^{-30} \text{ kg}$$

---

**例 4.4**

某加速器能把质子加速到 $E_k = 1 \text{ GeV} = 10^9 \times 1.6 \times 10^{-19} \text{ J}$ 的能量,求该质子的速度。这时质子的质量为其静止质量的几倍?

**解** 由质子的总能量减去其静能得到质子的动能为

$$E_k = m_0 c^2 \left[ \frac{1}{\sqrt{1-(v/c)^2}} - 1 \right]$$

由此可得

$$v = \frac{\sqrt{E_k^2 + 2E_k m_0 c^2}}{m_0 c^2 + E_k} c = 0.875c$$

$$\frac{m}{m_0} = \frac{1}{\sqrt{1-(v/c)^2}} = 2.063$$

或者将

$$E_k = m_0 c^2 \left[ \frac{1}{\sqrt{1-(v/c)^2}} - 1 \right]$$

两边同时除于 $m_0 c^2$ 并移项,得

$$\frac{1}{\sqrt{1-(v/c)^2}} = \frac{E_k}{m_0 c^2} + 1$$

相应地

$$\frac{m}{m_0} = \frac{1}{\sqrt{1-(v/c)^2}} = \frac{E_k}{m_0 c^2} + 1 = 2.063$$

$$\frac{v}{c} = \sqrt{1 - \left(\frac{m_0}{m}\right)^2} = 0.875$$

## 习题

**4.1** 在狭义相对论中,下列说法中哪些是正确的?( )。

(1)一切运动物体相对于观察者的速度都不能大于真空中的光速;

(2)质量、长度、时间的测量结果都是随物体与观察者的相对运动状态而改变的;

(3)在一惯性系中发生于同一时刻,不同地点的两个事件在其他一切惯性系中也是同时发生的;

(4)惯性系中的观察者观察一个关于他作匀速相对运动的时钟时,会看到这时钟比与他相对静止的相同的时钟走得慢些。

A. (1)、(3)、(4)　　B. (1)、(2)、(4)

C. (1)、(2)、(3)　　D. (2)、(3)、(4)

**4.2** 狭义相对论的两条基本假设是( )。

A. 相对性原理和量子理论

B. 光速不变原理和量子理论

C. 相对性原理和光速不变原理

D. 相对性原理和绝对性原理

**4.3** 电磁波传播的速度,与发射电磁波的物体的速度有关系吗?换言之,发射电磁波的物体的移动速度对电磁波的传播速度是否有影响?( )

A. 有影响　　B. 有一定影响

C. 没有影响　　D. 不确定

**4.4** 在某地发生两个事件,静止位于该地的甲测得两个事件时间间隔为 4 s,若相对于甲作匀速直线运动的乙测得两个事件时间间隔为 5 s,则乙相对于甲的运动速度是($c$ 表示真空中光速)( )。

A. $\frac{4}{5}c$　　B. $\frac{3}{5}c$

C. $\frac{2}{5}c$　　D. $\frac{1}{5}c$

**4.5** 设细棒静止于某参考系沿 $x$ 轴放置,有另一参考系相对该参考系以速度 $v$ 沿 $x$ 轴运动,下列表述中错误的是( )。

A. 固有长度总是最长

B. 要测量细棒的固有长度,测量者相对于细棒应该是静止的

C. 同时测量某一棒的两端所得的长度,即为固有长度

D. 平行于物体运动方向的长度收缩

**4.6** 宇宙飞船相对于地面以速度 $v$ 作匀速直线飞行,某一时刻飞船头部的宇航员向飞船尾部发出一个光信号,经过 $\Delta t$(由飞船上的钟测量)时间后,被尾部的接收器收到,则由此可知飞船的固有长度为( )。

A. $c\Delta t$　　B. $v\Delta t$

C. $\dfrac{c\Delta t}{\sqrt{1-\left(\dfrac{v}{c}\right)^2}}$　　D. $c\Delta t\sqrt{1-\left(\dfrac{v}{c}\right)^2}$

**4.7** 根据爱因斯坦的狭义相对论,物体的质量随着其速度增加而如何变化?( )。

A. 不变　　B. 增加

C. 减少　　D. 不确定

**4.8** 有一静止质量为 $m_0$ 的粒子,具有初速度 $0.4c$。若粒子的速度增加一倍,则它的质量将变为( )。

A. $m_0$　　B. $1.1m_0$

C. $1.67m_0$        D. $0.6m_0$

4.9 已知惯性系 S′相对于惯性系 S 以 $0.5c$ 的匀速度沿 $x$ 轴的负方向运动,若从 S′系的坐标原点 $O'$ 沿 $x$ 轴正方向发出一光波,则 S 系中测得的此光波在真空中的波速为_____。

4.10 一宇宙飞船以 $c/2$($c$ 为真空中的光速)的速率相对地面运动。从飞船中以相对飞船为 $c/2$ 的速率向前方发射一枚火箭. 假设发射火箭不影响飞船原有速率,则地面上的观察者测得火箭的速率为_____。

4.11 在惯性系 S 中,有两个事件同时发生在 $x$ 轴上相距 1 000 m 的两点,而在另一惯性系 S′(沿 $x$ 轴方向相对于 S 系运动)中测得这两个事件发生的地点相距 2 000 m。求在 S′系中测得这两个事件的时间间隔。

4.12 在实验室测量以 $0.910\ 0c$ 飞行的 π 介子经过的直线路径是 17.135 m,π 介子的固有寿命是 $(2.603 \pm 0.002) \times 10^{-8}$ s。试从时间延缓效应和长度收缩效应说明实验结果与相对论理论的符合程度。

本章习题答案

# 第二篇　机械振动与机械波

　　振动和波动是物质运动的基本形式。振动是自然界最普遍的现象之一。大至宇宙,小至微观粒子,无不存在振动。各种形式的物理现象,包括声、光、热、电等都包含振动。通常物体或物体的一部分在某一平衡位置附近作来回往复的运动,称为机械振动,如钟摆的摆动、活塞的运动、心脏的跳动、声带的运动等。广义上说,振动是指描述系统状态的任意一物理量(如位移、电压等)随时间作周期性变化的过程。振动原理广泛应用于音乐、医疗、建筑、建材、制造、通信、广播、探测、军事等领域。虽然不同领域的振动现象各具特色,但往往有着相似的基本规律,从而有可能建立统一的振动模型来处理各种振动问题。

　　波动是物质运动的重要形式,广泛存在于自然界。通常某一物理量的扰动或振动状态在空间中连续传播时形成的运动称为波动。在力学中,机械振动在弹性介质中的传播形成机械波,如声波、地震波;在电磁学中,电磁振动在空间的传播形成电磁波,如无线电波、各种光波;现代量子理论指出,一切微观粒子都具有波动性。

　　振动和波动广泛存在于自然界,涉及科学研究的各个领域,与人类的生产、生活密切相关。振动和波动具有不同的研究内容,但它们之间联系紧密,有许多相似的特征,遵循一些相同的规律,因此对振动和波动基本原理的研究是声学、光学、电工学、无线电技术及近代物理学等学科的理论基础。

# 第五章 机械振动

机械振动广泛地存在于自然界中,例如,拨动的琴弦、摆动的钟摆、昆虫的翅膀等都在振动。在工程技术领域中,机械振动也是广泛存在的,例如桥梁和建筑物在阵风或地震激励下的振动、飞机和船舶在航行中的振动、机床和刀具在加工时的振动等。在物质科学研究中,也有很多机械振动的例子,如固体晶格中的原子或分子的振动。在这些各不相同的振动现象中,最简单、最基本的振动是简谐振动。一切复杂的振动都可以视为若干个简谐振动的合成。振动是研究波动的基础,也是研究复杂动力学过程的基础。

本章主要研究简谐振动的规律,需要掌握简谐振动的基本特征和运动学方程;理解旋转矢量法,能运用旋转矢量法分析简谐振动的有关问题;理解两个同方向、同频率简谐振动的合成规律,掌握振动振幅加强与减弱的条件;了解阻尼振动、受迫振动及共振现象。

## 5.1 简谐振动

### 5.1.1 简谐振动及其运动规律

物体运动时,如果其离开平衡位置的位移(或角位移)随时间按余弦或正弦规律变化,这种运动即为简谐振动。下面以水平放置弹簧振子为例,研究其运动规律。

弹簧振子:我们把一个忽略质量的弹簧和一个不发生形变的物体连接在一起构成的物体系统,如图 5-1 所示。现将一水平放置(弹性系数为 $k$)的轻质弹簧的一端固定,另一端系一质量为 $m$ 的物体,置于无摩擦的光滑水平面上。当弹簧处于自然伸展状态时,物体所受的合力为零,这个位置 $O$ 称为平衡位置。

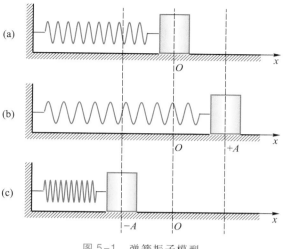

图 5-1 弹簧振子模型

取 $x$ 轴沿水平方向,以平衡位置为坐标原点 $O$。在物体离开平衡位置的运动过程中,物体在水平方向上只受弹性力的作用,当物体离开平衡位置,位移为 $x$ 时,由胡克定律可得到作用于物体的作用力 $F$ 为

$$F = -kx \qquad (5-1)$$

式中 $k$ 为弹簧的弹性系数,负号表示作用力与位移的方向相反。具有这种性质的力称为弹性回复力。

根据牛顿第二定律,有

$$F = ma = m\frac{\mathrm{d}^2 x}{\mathrm{d}t^2} \qquad (5-2)$$

由式(5-1)和式(5-2)可得

$$m\frac{\mathrm{d}^2 x}{\mathrm{d}t^2} = -kx \qquad (5-3)$$

上式两边同时除以 $m$,并令 $\dfrac{k}{m} = \omega^2$,则有

$$\frac{\mathrm{d}^2 x}{\mathrm{d}t^2} + \omega^2 x = 0 \qquad (5-4)$$

式(5-4)表示弹簧振子的加速度与位移成正比,而加速度的方向与位移相反,是简谐振动的微分方程,即简谐振动的动力学特征方程。

根据微分方程理论,式(5-4)这个常系数齐次二阶线性微分方程的通解为

$$x = A\cos(\omega t + \varphi) \qquad (5-5)$$

式(5-5)称为简谐振动的运动学方程。作简谐振动的物体,其位

移是时间的余弦函数,式中 A 和 $\varphi$ 是两个由初始条件($t=0$ 时刻的位置 $x_0$ 和速度 $v_0$)决定的积分常量。

简谐振动物体的振动状态需由位置 $x$ 和速度 $v$ 共同决定。将式(5-5)对时间分别求一阶、二阶导数,可得简谐振动物体的速度和加速度。

$$v = \frac{\mathrm{d}x}{\mathrm{d}t} = -A\omega\sin(\omega t + \varphi) \tag{5-6}$$

$$a = \frac{\mathrm{d}^2 x}{\mathrm{d}t^2} = -A\omega^2\cos(\omega t + \varphi) \tag{5-7}$$

将式(5-5)代入式(5-7),可得式(5-4),这表明式(5-5)是微分方程式(5-4)的解。

由式(5-6)和式(5-7)可知物体作简谐振动时,其速度和加速度为时间的余弦(或正弦)函数。由式(5-5)、式(5-6)和式(5-7)可作出 $\varphi=0$ 时的 $x-t$,$v-t$ 和 $a-t$ 变化曲线,如图 5-2 所示。由图可以看出,物体作简谐振动时,其位移、速度和加速度都作周期性变化,它们的变化周期相同,但其振幅各不相同,变化步调不一致。

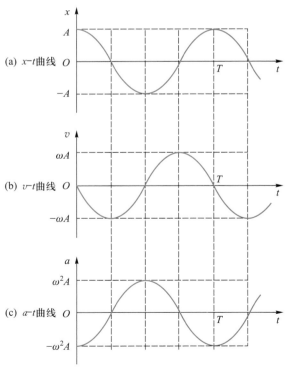

图 5-2    简谐振动曲线

## 5.1.2 描述简谐振动的特征物理量

振幅、周期[$x = A\cos(\omega t + \varphi)$频率、角频率]和相位是描述简谐振动的特征物理量。下面我们结合简谐振动的运动学方程,来说明各特征物理量的物理意义。

1. 振幅 $A$

在简谐振动的运动学方程 $x = A\cos(\omega t + \varphi)$ 中,因 $-1 \leqslant \cos(\omega t + \varphi) \leqslant 1$,所以 $-A \leqslant x \leqslant A$,则振动物体只能在 $x = -A$ 和 $x = A$ 之间作往复运动。我们把简谐振动物体离开平衡位置最大位移的绝对值 $A$,称为振幅。

2. 周期、频率和角频率

简谐振动的基本属性是具有周期性。振动物体完成一次全振动所需的时间称为周期,用 $T$ 表示,单位是秒(s)。根据周期函数的定义,$f(t) = f(T+t)$,由式(5−5)可得

$$x = A\cos(\omega t + \varphi) = A\cos[\omega(t+T) + \varphi]$$

因余弦函数的周期为 $2\pi$,当 $\omega T = 2\pi$ 时,则有周期 $T$ 和 $\omega$ 的关系为

$$T = \frac{2\pi}{\omega} \qquad (5-8)$$

周期是描述物体振动快慢的物理量。周期越长,振动越慢;周期越短,振动越快。对于弹簧振子,由于 $\omega^2 = \dfrac{k}{m}$,则弹簧振子的周期为

$$T = 2\pi\sqrt{\frac{m}{k}} \qquad (5-9)$$

振动频率是指振动物体在单位时间内所作的完全振动的次数,用 $\nu$ 表示,单位是赫兹(Hz)。显然,频率是周期的倒数,即

$$\nu = \frac{1}{T} = \frac{\omega}{2\pi} \qquad (5-10)$$

于是有

$$\omega = 2\pi\nu \qquad (5-11)$$

即 $\omega$ 等于物体在单位时间内所作的完全振动次数的 $2\pi$ 倍,或者说是物体在 $2\pi$ s 内所作完全振动的次数,是频率 $\nu$ 的 $2\pi$ 倍,称为角频率,其单位是弧度每秒(rad/s)。对于弹簧振子来说,由式(5−9)式(5−10)可知,其频率为

$$\nu = \frac{1}{2\pi}\sqrt{\frac{k}{m}} \tag{5-12}$$

由于弹簧振子简谐振动的角频率 $\omega = \sqrt{\dfrac{k}{m}}$ 完全取决于振动系统自身的固有性质（即振子质量 $m$ 和弹簧的弹性系数 $k$）而与振动系统的状态无关，所以一旦振动系统的 $m$ 和 $k$ 确定，振动角频率 $\omega$ 就成为常量，故称为固有角频率。与之相应，振动系统的周期和频率也完全由 $m$ 和 $k$ 决定，只和振动系统本身的性质有关。这种由振动系统本身固有性质所决定的周期和频率称为振动的固有周期和频率。

3. 相位和初相位

振动物体在某一时刻的振动状态，通常由振动物体的位移和速度

$$x = A\cos(\omega t + \varphi)$$

$$v = \frac{\mathrm{d}x}{\mathrm{d}t} = -A\omega\sin(\omega t + \varphi)$$

来描述。在简谐振动中，当振幅 $A$ 和角频率 $\omega$ 一定时，由上述二式可知，振动的位移 $x$ 和速度 $v$ 完全由 $\omega t + \varphi$ 决定，这个量 $\omega t + \varphi$ 称为相位，其单位为弧度（rad）。也就是说，以一定振幅和角频率作简谐振动的物体，其相位不仅决定了振动物体在某一时刻的位移，而且决定了振动物体在该时刻的速度。所以相位是描述振动物体运动状态的物理量。

相位 $\omega t + \varphi$ 在 $t = 0$ 时的值 $\varphi$ 称为初相位，简称初相，决定了初始时刻振动物体运动的状态。初相位 $\varphi$ 的值与时间零点的选择有关，其取值范围可选择 $[0, 2\pi]$ 或 $[-\pi, \pi]$。

相位差是两个振动的相位之差。当研究两个或以上简谐振动的关系时，常需要比较其振动步调，如振动是否同时到达最大值或同时为零。若有两个频率相同的简谐振动，其运动学方程分别为 $x_1 = A_1\cos(\omega t + \varphi_1)$，$x_2 = A_2\cos(\omega t + \varphi_2)$，则 $\Delta\varphi = (\omega t + \varphi_2) - (\omega t + \varphi_1) = \varphi_2 - \varphi_1$ 称为两个简谐振动之间的相位差，这里也等于它们的初相位之差。

当相位差 $\Delta\varphi = \varphi_2 - \varphi_1 > 0$ 时，称第二个振动的相位比第一个振动的相位超前 $\Delta\varphi$；反之，若 $\Delta\varphi = \varphi_2 - \varphi_1 < 0$ 时，则称第二个振动的相位比第一个振动的相位滞后 $\Delta\varphi$。

当相位差 $\Delta\varphi = 0$ 时，两个振动的位移同时到达正方向最大值，同时为零，同时到达负方向最大值，则这两个振动同相或同步；当相位差 $\Delta\varphi = \pm\pi$ 时，一个振动的位移到达正方向最大值时，另一振动正好到达负方向最大位移处，则这两个振动反相或步调

相反。

---

**例 5.1**

已知某一作简谐振动的物体,其运动学方程为 $x = A\cos(\omega t + \varphi)$。试比较该简谐振动的位移、速度和加速度之间的相位关系。

**解** 由题意知简谐振动的运动学方程为

$$x = A\cos(\omega t + \varphi) \quad (1)$$

将上述运动学方程(1)对时间 $t$ 求一阶导数,则振动物体的速度为

$$v = \frac{dx}{dt} = -A\omega\sin(\omega t + \varphi)$$

上式可改写为

$$v = A\omega\cos\left(\omega t + \varphi + \frac{\pi}{2}\right) \quad (2)$$

由运动学方程(1)和速度表达式(2)比较可知,该简谐振动物体的运动速度比位移超前 $\frac{\pi}{2}$ 相位。

继续对速度表达式(2)求时间的一阶导数,则振动物体的加速度为

$$a = \frac{dv}{dt} = \frac{d^2x}{dt^2} = -A\omega^2\cos(\omega t + \varphi)$$

$$= A\omega^2\cos(\omega t + \varphi + \pi) \quad (3)$$

将运动学方程(1)和速度表达式(2)、加速度表达式(3)比较可知,该简谐振动物体的加速度比速度超前 $\frac{\pi}{2}$ 相位、比位移超前 $\pi$ 相位,即位移与加速度反相位。

---

4. 振幅和初相位的确定

振幅 $A$、角频率 $\omega$(或 $T, \nu$)、初相位 $\varphi$ 是简谐振动描述中的三个特征物理量。当 $A, \omega, \varphi$ 确定后,简谐振动的运动状态是时间 $t$ 的单值函数,即运动状态完全由时间 $t$ 确定。在振动方程为 $x = A\cos(\omega t + \varphi)$ 的简谐振动中,角频率 $\omega = \sqrt{k/m}$(或 $T, \nu$)是由振动系统本身的性质决定,而振幅 $A$ 和初相位 $\varphi$ 由初始条件决定的,即由初始时刻 $t = 0$ 时的初始位移和初始速度决定。

若已知某一简谐振动物体的振动方程和振动速率的表达式分别为

$$x = A\cos(\omega t + \varphi)$$

$$v = -A\omega\sin(\omega t + \varphi)$$

初始条件:设 $t = 0$ 时,$x = x_0$,$v = v_0$,将其代入上述表达式则

$$x_0 = A\cos\varphi \quad (5-13)$$

$$v_0 = -A\omega\sin\varphi, \quad -\frac{v_0}{\omega} = A\sin\varphi \quad (5-14)$$

将以上二式平方后相加,再将等式两边开平方,则有

$$A = \sqrt{x_0^2 + \frac{v_0^2}{\omega^2}} \quad (5-15)$$

把式(5-14)除以式(5-13),得

$$\tan\varphi = -\frac{v_0}{\omega x_0}$$

即

$$\varphi = \arctan\frac{-v_0}{\omega x_0} \qquad (5-16)$$

由式(5-15)和式(5-16)可知,对于同一振动系统,当初始条件不同时,其振动的振幅和初相位可以不同。

---

例 5.2

一质点沿 $x$ 轴作简谐振动,振动角频率为 $\omega = 10$ rad/s,其初始位移 $x_0 = 3$ cm,初始速度为 $v_0 = 30$ cm/s。试写出该简谐振动的振动方程。

解 设振动方程为 $x = A\cos(\omega t+\varphi)$,则振动速率为 $v = -A\omega\sin(\omega t+\varphi)$。

由已知的初始条件:$t = 0$,$x_0 = 3$ cm,$v_0 = 30$ cm/s,则有

$$x_0 = A\cos\varphi = 3 \text{ cm}, v_0 = -A\omega\sin\varphi = 30 \text{ cm/s}$$

解得

$$A = \sqrt{x_0^2 + \frac{v_0^2}{\omega^2}} = 2\sqrt{3} \text{ cm}$$

$$\tan\varphi = \frac{-v_0}{\omega x_0} = -1$$

因 $x_0 = 3$ cm $> 0$,$v_0 = 30$ cm/s $> 0$ 均沿 $x$ 轴正方向,则

$$\varphi = -\frac{\pi}{4}$$

振动方程为

$$x = 2\sqrt{3}\cos\left(10t - \frac{\pi}{4}\right) \text{ cm}$$

式中,$t$ 的单位为 s。

---

# 5.2 简谐振动的旋转矢量表示法

简谐振动除了可以用三角函数和曲线图表示外,还可以用旋转矢量来表示。所谓旋转矢量表示法通常采用沿逆时针方向匀速旋转的矢量,用其端点在水平坐标轴上投影点的运动来描述简谐振动。这种表示方法形象直观地展示了简谐振动的规律,也便于处理几个简谐振动的相位比较和合成。

如图 5-3 所示,在 $Oxy$ 平面内,假设有一模等于振动振幅 $A$ 的矢量 $A$,绕 $O$ 点以角速度 $\omega$ 作逆时针方向匀速转动,我们把矢

微课视频:
旋转矢量表示法

量 $A$ 称为旋转矢量。$t=0$ 时，矢量 $A$ 与 $x$ 轴正方向之间的夹角等于简谐振动的初相位 $\varphi$；在 $t$ 时刻，矢量 $A$ 与 $x$ 轴正方向之间的夹角等于简谐振动在该时刻的相位 $\omega t+\varphi$。矢量 $A$ 的端点 $P$ 在 $x$ 轴上投影点 $M$ 与原点 $O$ 的距离为 $x=A\cos(\omega t+\varphi)$，即 $M$ 点振动的运动学方程。

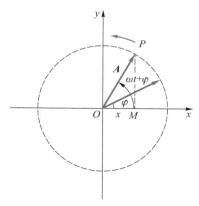

图 5-3　旋转矢量与简谐振动

显然，旋转矢量 $A$ 以匀角速度 $\omega$ 逆时针旋转时，其端点 $P$ 在 $x$ 轴上投影点 $M$ 的运动学方程就是简谐振动方程，$M$ 点的运动即为简谐振动。

### 例 5.3

一弹簧振子的运动学方程为 $x=A\cos(\omega t+\varphi)$，试用旋转矢量表示法比较该弹簧振子振动过程中，其振动速度、加速度与位移之间的相位关系。

解　由运动学方程可得

$$v=\frac{\mathrm{d}x}{\mathrm{d}t}=-A\omega\sin(\omega t+\varphi)=A\omega\cos\left(\omega t+\varphi+\frac{\pi}{2}\right)$$

$$a=\frac{\mathrm{d}^2x}{\mathrm{d}t^2}=-A\omega^2\cos(\omega t+\varphi)=A\omega^2\cos(\omega t+\varphi+\pi)$$

将 $x,v,a$ 三个同频率的振动物理量在同一时刻 $t$ 用旋转矢量表示法表示，如图 5-4 所示。

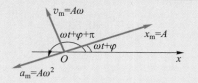

图 5-4　$x,v,a$ 的旋转矢量表示

由图 5-4 可知，振动速度的相位比位移超前 $\pi/2$ 相位；振动加速度的相位比速度超前 $\pi/2$ 相位，比位移超前 $\pi$ 相位。同一简谐振子的振动，其振动位移与振动加速度的相位相反。

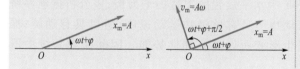

例 5.4

一质点沿 $x$ 轴作简谐振动,振幅 $A=0.08$ m,周期 $T=2$ s,当 $t=0$ 时,质点相对平衡位置的位移为 $x_0=0.04$ m,此时质点向 $x$ 轴正方向运动。试用旋转矢量表示法求:

(1)简谐振动的振动方程;

(2)从 $t=0$ 开始到达平衡位置所需要的最短时间。

解  (1)设振动方程为

$$x=A\cos(\omega t+\varphi)$$

已知 $A=0.08$ m,$\omega=\dfrac{2\pi}{T}=\pi$ rad/s,现在需要应用旋转矢量表示法求初相位 $\varphi$。

作旋转矢量图,初始时刻旋转矢量端点位于 $P$ 点,第一次到达平衡位置时旋转矢量端点位于 $Q$ 点,如图 5-5 所示,可得初相位为

$$\varphi=-\frac{\pi}{3}$$

则简谐振动的振动方程为

$$x=0.08\cos\left(\pi t-\frac{\pi}{3}\right)$$

(2)由旋转矢量图可知,当质点从 $t=0$ 开始第一次到达平衡位置时,旋转矢量所转过的角度为

$$\Delta\varphi=\frac{\pi}{2}-\left(-\frac{\pi}{3}\right)=\frac{5\pi}{6}$$

所需时间为

$$t=\frac{\Delta\varphi}{\omega}=0.83 \text{ s}$$

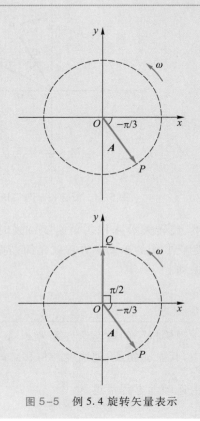

图 5-5  例 5.4 旋转矢量表示

# 5.3  简谐振动的能量

我们以图 5-1 中水平放置的弹簧振子为例,来分析振动系统的能量。由于振动物体具有质量和运动速度,所以具有动能;振动过程中弹簧发生形变所以具有弹性势能。因此振动系统中既有动能,也有势能。

设在任意时刻 $t$,振动物体的位移为 $x$,速度为 $v$,若忽略弹簧

质量,则系统的动能就是振动质点的动能 $E_k$:

$$E_k = \frac{1}{2}mv^2 = \frac{1}{2}mA^2\omega^2\sin^2(\omega t+\varphi) \qquad (5-17)$$

由于 $\omega^2 = \dfrac{k}{m}$,上式可改写成

$$E_k = \frac{1}{2}mv^2 = \frac{1}{2}kA^2\sin^2(\omega t+\varphi) \qquad (5-18)$$

若取弹簧的原长处为势能零点,振动系统的势能就是弹簧形变的弹性势能 $E_p$:

$$E_p = \frac{1}{2}kx^2 = \frac{1}{2}kA^2\cos^2(\omega t+\varphi) \qquad (5-19)$$

因此弹簧振子系统的总机械能为

$$E = E_k + E_p = \frac{1}{2}kA^2\sin^2(\omega t+\varphi) + \frac{1}{2}kA^2\cos^2(\omega t+\varphi)$$

$$E = \frac{1}{2}kA^2 = \frac{1}{2}m\omega^2A^2 \qquad (5-20)$$

由式(5-17)、式(5-19)和式(5-20)可知,系统的动能和势能都随时间 $t$ 作周期性变化。当物体的位移达到最大值时,动能为零,此时势能达到最大值;当物体到达平衡位置时,速度最大,动能达到最大值,此时位移为零,势能为零。振动系统总机械能是一个常量,其值与振幅 $A$ 的平方成正比,与振动的角频率 $\omega$ 的平方成正比;在振动过程中,动能和势能不断地相互转化,但总能量保持不变,系统的机械能守恒。

图5-6 表示初相位 $\varphi = -\pi/4$ 时,动能、势能和机械能与时间之间的关系曲线,简称为简谐振动的能量曲线。图中实线表示动能,虚线表示势能。动能最小时,势能最大;动能最大时,势能最小;总机械能始终保持不变。

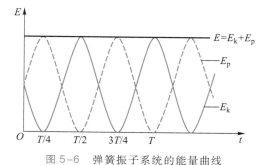

图5-6 弹簧振子系统的能量曲线

**例 5.5**

弹簧振子沿 $x$ 轴作振幅为 $A$ 的简谐振动,已知振子的质量为 $m$,振动角频率为 $\omega$。

（1）当振子的位移为振幅的一半时，此振动系统的动能是多少？动能占总能量的比例如何？

（2）振子在何处时系统的动能和势能相等？

---

**解** （1）方法一

设振子的振动方程为

$$x = A\cos(\omega t + \varphi)$$

则速度表达式为

$$v = -\omega A\sin(\omega t + \varphi)$$

任意时刻振动系统的动能为

$$E_k = \frac{1}{2}mv^2 = \frac{1}{2}m\omega^2 A^2\sin^2(\omega t + \varphi)$$

当 $x = \frac{A}{2}$ 时，$\sin(\omega t + \varphi) = \pm\frac{\sqrt{3}}{2}$，$\sin^2(\omega t + \varphi) = \frac{3}{4}$，则此时振动系统的动能为

$$E_k = \frac{1}{2}m\omega^2 A^2 \frac{3}{4} = \frac{3}{8}m\omega^2 A^2$$

振动系统的总机械能为

$$E = \frac{1}{2}kA^2 = \frac{1}{2}m\omega^2 A^2$$

比较 $E_k$ 和 $E$ 可得

$$\frac{E_k}{E} = \frac{3}{4}$$

此时振动系统的动能占总能量的 75%。

**方法二**

当 $x = \frac{A}{2}$ 时，振动系统的势能为

$$E_p = \frac{1}{2}kx^2 = \frac{1}{2}m\omega^2\left(\frac{A}{2}\right)^2 = \frac{1}{8}m\omega^2 A^2$$

系统的总机械能为

$$E = \frac{1}{2}kA^2 = \frac{1}{2}m\omega^2 A^2$$

则系统的振动动能为

$$E_k = E - E_p = \frac{3}{8}m\omega^2 A^2$$

比较 $E_k$ 和 $E$ 可得

$$\frac{E_k}{E} = \frac{3}{4}$$

此时振动系统的动能占总能量的 75%。

（2）振子在 $x$ 处时系统的动能和势能相等，则

$$E_p = E_k = \frac{1}{2}E，\frac{1}{2}kx^2 = \frac{1}{2}mv^2 = \frac{1}{2}m\omega^2 x^2 = \frac{1}{4}kA^2$$

$$x = \pm\frac{\sqrt{2}}{2}A$$

---

# 5.4 振动的合成与分解

在实际问题中，常常遇到一个物体同时参与两个或多个振动的情况。如我们在欣赏多种乐器合奏的音乐时，各种乐器的振动传播到耳朵时会引起耳膜的振动，耳膜参与了多种形式的振动，其运动是多个振动的合成。一般的振动合成比较复杂，现在我们讨论几种基本的简谐振动的合成。

设质点同时参与两个同频率同振动方向的简谐振动,两个振动方程分别为

$$x_1 = A_1\cos(\omega t + \varphi_1)$$
$$x_2 = A_2\cos(\omega t + \varphi_2)$$

上式中 $\omega$ 是两个分振动共同的角频率,$x_1$,$x_2$,$A_1$,$A_2$,$\varphi_1$ 和 $\varphi_2$ 分别是两个分振动的位移、振幅和初相位。因为它们的振动方向相同,两个分振动的位移在同一直线上,所以质点的合振动位移等于两个分振动位移的代数和。

$$x = x_1 + x_2 = A_1\cos(\omega t + \varphi_1) + A_2\cos(\omega t + \varphi_2)$$

为了简洁直观,我们利用旋转矢量表示法来求合振动的位移表达式。如图 5-7 所示,取 $Ox$ 为坐标轴,作 $t=0$ 时两个分振动的旋转矢量 $\boldsymbol{A}_1$ 和 $\boldsymbol{A}_2$,它们与 $x$ 轴的夹角分别为 $\varphi_1$ 和 $\varphi_2$。作 $\boldsymbol{A}_1$ 和 $\boldsymbol{A}_2$ 的合矢量 $\boldsymbol{A}$,$\boldsymbol{A}$ 与 $x$ 轴的夹角为 $\varphi$。由于两分振动的频率相同,旋转矢量 $\boldsymbol{A}_1$ 和 $\boldsymbol{A}_2$ 以相同的角速度 $\omega$ 沿逆时针方向旋转,所以在任何时刻旋转矢量 $\boldsymbol{A}_1$ 和 $\boldsymbol{A}_2$ 的夹角($\Delta\varphi = \varphi_2 - \varphi_1$)恒定不变,所以合矢量 $\boldsymbol{A}$ 的模保持不变,而且以同样的角速度 $\omega$ 逆时针旋转。图 5-7 中矢量 $\boldsymbol{A}$ 即是 $t=0$ 时的合振动矢量,任一时刻合振动的位移等于该时刻 $\boldsymbol{A}$ 的端点在 $x$ 轴上投影点的坐标。合振动矢量 $\boldsymbol{A}$ 的角频率为 $\omega$,初相位为 $\varphi$,则合振动方程为

$$x = A\cos(\omega t + \varphi)$$

微课视频:
两个同向同频率简谐振动的合成

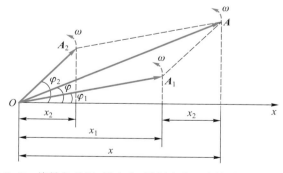

图 5-7　旋转矢量图:同方向、同频率的两个简谐振动的合成

利用图 5-7 中的几何关系可以求得合振动的振幅 $A$ 和初相位 $\varphi$,

$$A = \sqrt{A_1^2 + A_2^2 + 2A_1A_2\cos(\varphi_2 - \varphi_1)} \qquad (5-21)$$

$$\tan\varphi = \frac{A_1\sin\varphi_1 + A_2\sin\varphi_2}{A_1\cos\varphi_1 + A_2\cos\varphi_2} \qquad (5-22)$$

由此可知,两个同方向、同频率的简谐振动的合振动仍然是简谐振动,合振动频率与分振动的频率相同;合振动的振幅大小不但和两分振动振幅有关,而且和两分振动的相位差 $\varphi_2 - \varphi_1$ 有关。下面讨论几种不同相位差的振动的合成。

(1) 当两分振动相位相同($\Delta\varphi = \varphi_2 - \varphi_1 = 2k\pi$, $k = 0, \pm 1, \pm 2, \cdots$)时,则合振动振幅等于两分振动的振幅之和,合振幅最大。即 $A = \sqrt{A_1^2 + A_2^2 + 2A_1A_2} = A_1 + A_2$,此时合振动的初相位 $\varphi = \varphi_1 = \varphi_2$。

(2) 当两分振动相位相反 $[\Delta\varphi = \varphi_2 - \varphi_1 = (2k+1)\pi, k = 0, \pm 1, \pm 2, \cdots]$ 时,则合振动振幅等于两分振动的振幅之差的绝对值,合振幅最小,即 $A = \sqrt{A_1^2 + A_2^2 - 2A_1A_2} = |A_1 - A_2|$。此时合振动的初相位与振幅较大的分振动的初相位相同。

(3) 当两分振动相位差不等于 $\pi$ 的整数倍时,两个分振动既不同相也不反相,合振动的振幅介于最大值和最小值之间,由式(5-21)确定,合振动的初相位由式(5-22)确定。

在求两个以上的同方向、同频率的简谐振动的合成时,利用旋转矢量法的过程中可以使用多边形定则求解。

---

**例 5.6**

设一质点同时参与两个同方向、同频率的简谐振动,振动方程分别为

$x_1 = 2 \times 10^{-2}\cos\left(2\pi t - \dfrac{\pi}{6}\right)$(SI 单位),$x_2 = 2\sqrt{3} \times 10^{-2}\cos\left(2\pi t + \dfrac{\pi}{3}\right)$(SI 单位)。试用旋转矢量表示法求合振动的振动方程。

**解** 设合振动的振动方程为

$$x = A\cos(\omega t + \varphi)$$

已知 $\omega = 2\pi$,用旋转矢量表示法求解振幅 $A$ 和初相位 $\varphi$ 即可得到振动方程。作 $t = 0$ 时刻的分振动旋转矢量 $\boldsymbol{A}_1$,$\boldsymbol{A}_2$,如图 5-8 所示。利用矢量合成的平行四边形定则,作出合振动矢量 $\boldsymbol{A}$。则合振动振幅大小由式(5-21)可得

$$A = \sqrt{A_1^2 + A_2^2 + 2A_1A_2\cos(\varphi_2 - \varphi_1)}$$

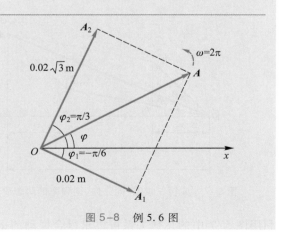

图 5-8 例 5.6 图

$$A = \left\{ (2\times10^{-2})^2 + (2\sqrt{3}\times10^{-2})^2 + 2\times(2\times10^{-2})\times \right.$$
$$\left. (2\sqrt{3}\times10^{-2})\cos\left[\frac{\pi}{3}-\left(-\frac{\pi}{6}\right)\right] \right\}^{\frac{1}{2}}\mathrm{m}$$
$$= 4\times10^{-2}\mathrm{m}$$

由式(5-22)可求得合振动的初相位为

$$\tan\varphi = \frac{A_1\sin\varphi_1 + A_2\sin\varphi_2}{A_1\cos\varphi_1 + A_2\cos\varphi_2}$$

$$= \frac{2\times10^{-2}\sin\left(-\frac{\pi}{6}\right) + 2\sqrt{3}\times10^{-2}\sin\left(\frac{\pi}{3}\right)}{2\times10^{-2}\cos\left(-\frac{\pi}{6}\right) + 2\sqrt{3}\times10^{-2}\cos\left(\frac{\pi}{3}\right)} = \frac{\sqrt{3}}{3}$$

所以合振动的初相位为 $\varphi = \frac{\pi}{6}$。

合振动的振动方程为

$$x = 4\times10^{-2}\cos\left(2\pi t + \frac{\pi}{6}\right) \quad (\text{SI 单位})$$

## *5.4.2 两个同方向、不同频率的简谐振动的合成

设一质点同时参与同一振动方向、两个不同振动频率的简谐振动,其振动方程分别为

$$x_1 = A_1\cos(\omega_1 t + \varphi_1)$$
$$x_2 = A_2\cos(\omega_2 t + \varphi_2)$$

图 5-9 中,以旋转矢量 $\boldsymbol{A}_1$ 和 $\boldsymbol{A}_2$ 表示两个不同频率的简谐振动,其合振动的旋转矢量为 $\boldsymbol{A}$。由于旋转矢量 $\boldsymbol{A}_1$ 和 $\boldsymbol{A}_2$ 旋转的角速度 $\omega_1 \neq \omega_2$,不同的时刻旋转矢量 $\boldsymbol{A}_1$ 和 $\boldsymbol{A}_2$ 间的夹角不同。即旋转矢量 $\boldsymbol{A}_1$ 和 $\boldsymbol{A}_2$ 间的夹角(相位差)随时间变化,从而使得合振动矢量 $\boldsymbol{A}$ 的模也随时间变化。$\boldsymbol{A}$ 的端点在 $x$ 轴上投影点的运动学方程不是正弦或余弦方程,合振动也不是简谐振动。

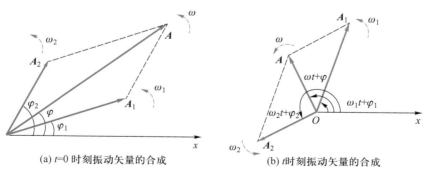

(a) $t=0$ 时刻振动矢量的合成　　(b) $t$ 时刻振动矢量的合成

图 5-9　同方向、不同频率的两个简谐振动的合成

为简单起见,我们设两个分振动的振幅相等($A_1 = A_2 = A$),角频率相差很小($\omega_1 \approx \omega_2$),且 $\omega_2 > \omega_1$,$\omega_1,\omega_2 \gg \omega_2 - \omega_1$。由于 $\omega_1 \neq \omega_2$,两

个分振动的旋转矢量总有机会在旋转矢量图中重合,把旋转矢量重合的时刻作为计时起点,把此时重合的旋转矢量的方向作为 $x$ 轴,那么两个分振动的初相位相等,$\varphi_1 = \varphi_2 = 0$。则两个分振动方程为

$$x_1 = A\cos \omega_1 t, \quad x_2 = A\cos \omega_2 t$$

合振动的振动方程为

$$x = x_1 + x_2 = A\cos \omega_1 t + A\cos \omega_2 t$$

利用三角函数和差化积公式,上式可写为

$$x = 2A\cos\left(\frac{\omega_2 - \omega_1}{2}t\right)\cos\left(\frac{\omega_2 + \omega_1}{2}t\right) \tag{5-23}$$

式(5-23)中出现了两个周期性变化的因子,由于 $\omega_2 - \omega_1 \ll \omega_2 + \omega_1$,其中第二个因子 $\cos\left(\frac{\omega_2 + \omega_1}{2}t\right)$ 随时间快速变化,可将 $\frac{\omega_2 + \omega_1}{2}$ 看成合振动的角频率;第一个因子 $2A\cos\left(\frac{\omega_2 - \omega_1}{2}t\right)$ 随时间作缓慢的周期性变化,我们称 $\left|2A\cos\left(\frac{\omega_2 - \omega_1}{2}t\right)\right|$ 是合振动的振幅。$x_1, x_2$ 和 $x$ 的振动曲线如图 5-10 所示。

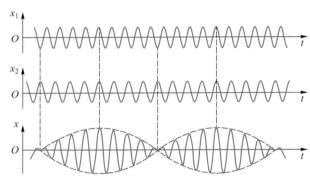

图 5-10  拍的形成

这种两个同方向的振动频率较大而频率差很小的简谐振动合成时,其合振动的振幅时而增大时而减小的现象称为拍。合振动振幅变化的频率称为拍频。

由于余弦函数的绝对值以 $\pi$ 为周期,则拍频为

$$\nu = 2 \times \frac{1}{2\pi}\left(\frac{\omega_2 - \omega_1}{2}\right) = \frac{\omega_2}{2\pi} - \frac{\omega_1}{2\pi} = \nu_2 - \nu_1 \tag{5-24}$$

式(5-24)表明,拍频等于两个分振动的频率之差。

拍现象在声学、电子学、通信技术等领域中有着广泛的应用。例如口琴、风琴、双簧管的演奏,外差式、超外差式收音机的差频振荡器等都是利用了拍的原理。

### *5.4.3 两个相互垂直的简谐振动的合成

1. 两个相互垂直、同频率的简谐振动的合成

设一质点同时参与两个振动频率相同、振动方向相互垂直的简谐振动,它们的振动方程分别为

$$x = A_1 \cos(\omega t + \varphi_1)$$
$$y = A_2 \cos(\omega t + \varphi_2)$$

式中 $A_1$,$A_2$ 和 $\varphi_1$,$\varphi_2$ 分别表示两个分振动的振幅和初相位,$\omega$ 是它们相同的振动角频率。由以上两式消去 $t$,可以得到合振动的轨迹方程

$$\frac{x^2}{A_1^2} + \frac{y^2}{A_2^2} - \frac{2xy}{A_1 A_2} \cos(\varphi_2 - \varphi_1) = \sin^2(\varphi_2 - \varphi_1) \qquad (5-25)$$

式(5-25)是椭圆的一般方程式,其形状由两个分振动的振幅及相位差 $\Delta\varphi = \varphi_2 - \varphi_1$ 决定。下面我们讨论几种特殊情况。

(1)两个分振动同相,$\Delta\varphi = \varphi_2 - \varphi_1 = \pm 2k\pi$,$k = 0, 1, 2, \cdots$。这时合振动的轨迹方程为

$$\frac{x}{A_1} - \frac{y}{A_2} = 0 \ \text{或} \ y = \frac{A_2}{A_1} x \qquad (5-26)$$

说明质点合振动的轨迹是一条通过坐标原点的直线,其斜率等于两个分振动的振幅之比($A_2/A_1$),如图 5-11 所示。合振动仍然为简谐振动,其振幅为 $\sqrt{A_1^2 + A_2^2}$,频率与分振动的频率振动相同。

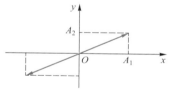

图 5-11 分振动同相时垂直振动的合成

(2)两个分振动反相,$\Delta\varphi = \varphi_2 - \varphi_1 = \pm(2k+1)\pi$,$k = 0, 1, 2, \cdots$。则合振动的轨迹方程为

$$\frac{x}{A_1} + \frac{y}{A_2} = 0 \ \text{或} \ y = -\frac{A_2}{A_1} x \qquad (5-27)$$

说明质点合振动的轨迹也是一条通过坐标原点的直线,其斜率等于两个分振动的振幅之比的负值($-A_2/A_1$),如图 5-12 所示。

(3)$y$ 方向的振动超前(或落后)$x$ 方向 $\pi/2$ 相位,$\Delta\varphi = \varphi_2 - \varphi_1 = \pm 2k\pi \pm \pi/2$,$k = 0, 1, 2, \cdots$。这时合振动的轨迹方程为

$$\frac{x^2}{A_1^2} + \frac{y^2}{A_2^2} = 1 \qquad (5-28)$$

质点运动的轨迹是一个以坐标原点为中心的椭圆。运用旋转矢量表示法作图,$y$ 方向的振动超前 $x$ 方向 $\pi/2$ 相位时,椭圆运动

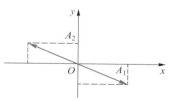

图 5-12 分振动反相时垂直振动的合成

沿顺时针方向(右旋),如图 5-13 所示。$y$ 方向的振动落后 $x$ 方向 $\pi/2$ 相位时,椭圆运动方向相反。若两个分振动的振幅相等,即 $A_1 = A_2$,则运动轨迹由椭圆变为圆。

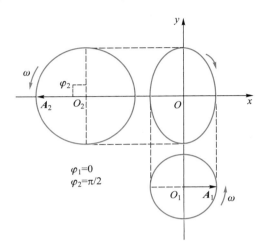

图 5-13 $\Delta\varphi = \varphi_2 - \varphi_1 = \dfrac{\pi}{2}$ 时垂直振动的合成

(4)$y$ 方向的振动超前(或落后)$x$ 方向 $\pi/4$ 相位时,$\Delta\varphi = \varphi_2 - \varphi_1 = \pm 2k\pi \pm \pi/4$,$k = 0, 1, 2, \cdots$。这时合振动的轨迹方程为

$$\frac{x^2}{A_1^2} + \frac{y^2}{A_2^2} - \frac{\sqrt{2}\,xy}{A_1 A_2} = \frac{1}{2} \tag{5-29}$$

质点运动的轨迹是一个以坐标原点为中心的斜椭圆。同理运用旋转矢量表示法作图,合振动的斜椭圆轨迹如图 5-14 所示。

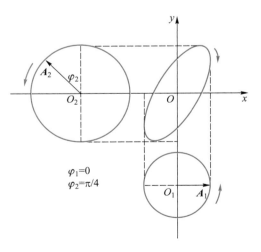

图 5-14 $\Delta\varphi = \varphi_2 - \varphi_1 = \dfrac{\pi}{4}$ 时垂直振动的合成

（5）一般情况时，两振动的相位差 $\Delta\varphi=\varphi_2-\varphi_1$ 为其他值，质点的合振动轨迹一般为椭圆，其长、短轴的大小和轨道旋转方向取决于两个分振动振幅的大小和相位差。相位差 $\Delta\varphi$ 逐渐增大时质点合振动的轨迹如图5-15所示。

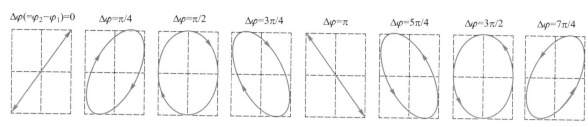

$\Delta\varphi(=\varphi_2-\varphi_1)=0 \qquad \Delta\varphi=\pi/4 \qquad \Delta\varphi=\pi/2 \qquad \Delta\varphi=3\pi/4 \qquad \Delta\varphi=\pi \qquad \Delta\varphi=5\pi/4 \qquad \Delta\varphi=3\pi/2 \qquad \Delta\varphi=7\pi/4$

图5-15 $\Delta\varphi$ 不同时垂直振动的合成

2. 不同频率的两个相互垂直的简谐振动的合成

设一质点同时参与两个振动方向相互垂直、振动频率不同的简谐振动，其振动方程分别为

$$x=A_1\cos(\omega_1 t+\varphi_1)$$
$$y=A_2\cos(\omega_2 t+\varphi_2)$$

对于频率不同的两个相互垂直的简谐振动，由于它们的相位差不是恒定值，其合振动的轨迹一般不能形成稳定的图形。但是，如果两个振动的频率成整数比，合振动具有严格的周期性，有稳定、闭合的曲线轨迹，我们称这种闭合曲线轨迹为李萨如图形。李萨如图形的具体形状取决于两个分振动的频率和初相位。为了观察李萨如图形，我们可以将两个垂直振动分别输入示波器的 $X$、$Y$ 输入端，并调节振动频率，从而可以观察到各种频率比的李萨如图形，如图5-16所示。

由于李萨如图形与两个分振动的频率比相关，当一个分振动的频率已知时，可以利用李萨如图形得出另一个分振动的频率，这也是常用的频率测量方法之一。

## *5.4.4 振动的分解 频谱分析

一个复杂的振动可以是由两个或两个以上的简谐振动所合成。我们把有限个或无限个周期分别为 $T, T/2, T/3, \cdots$（或角频率为 $\omega, 2\omega, 3\omega, \cdots$）的简谐振动合成，其合振动一定是周期为 $T$ 的周期性振动。所以，任何一个复杂的周期性振动都可以分解成一系列简谐振动之和，这就是振动的分解，又称为频谱分析。

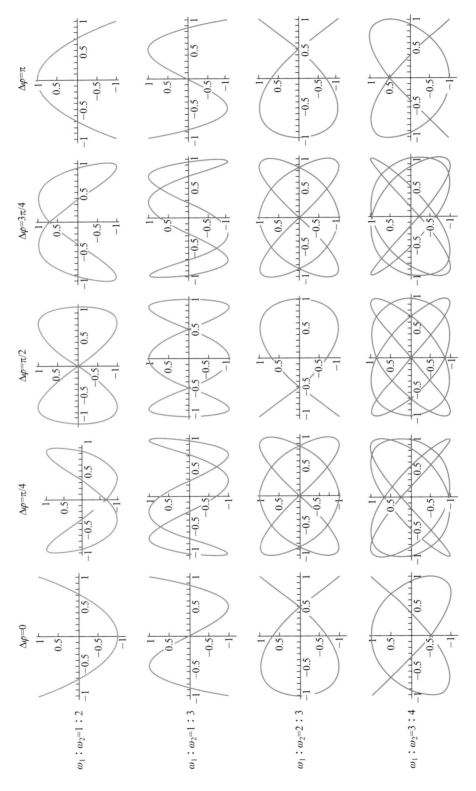

图 5-16 部分李萨如图形

在数学上,若有一个周期函数 $x(t)$,其周期为 $T$,则可以展开为傅里叶级数

$$x(t) = \frac{a_0}{2} + \sum_{n=1}^{\infty} (a_n \cos n\omega t + b_n \sin n\omega t)$$

$$= \frac{A_0}{2} + \sum A_n \cos(n\omega t + \varphi_n) \qquad (5-30)$$

式中 $\omega = 2\pi/T$,$A_n = (a_n^2 + b_n^2)^{1/2}$,$\tan \varphi_n = -b_n/a_n$。

式(5-30)表明,任何一个周期为 $T$ 的周期性振动 $x(t)$,均可分解为角频率为 $\omega = \dfrac{2\pi}{T}$ 的简谐振动以及无数角频率为 $\omega$ 的整数倍的简谐振动之和,其中角频率为 $\omega$ 的简谐振动分量称为 $x(t)$ 的基频谐振分量,角频率 $\omega$ 称为基频,而 $2\omega,3\omega,\cdots$ 分别称为二次、三次……谐频。

将复杂的周期性振动分解为一系列简谐振动的方法称为频谱分析。如果用横坐标表示各次谐频振动的频率,纵坐标表示各次谐频振动的振幅,则得到谐频振动的振幅分布图($A-\omega$ 图),称为振幅频谱,简称频谱。从频谱中可以看到各次谐频成分,找到主要的谐频振动,其中最主要的基频谐振分量。

如图 5-17(a)所示为方波的振动曲线,方程可以展开为傅里叶级数

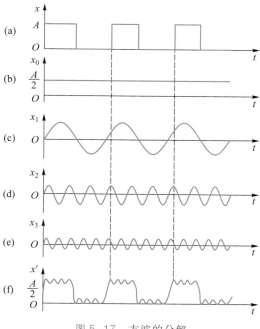

图 5-17 方波的分解

$$x(t) = \frac{A}{2} + \frac{2A}{\pi}\cos\left(\omega t - \frac{\pi}{2}\right) + \frac{2A}{3\pi}\cos\left(3\omega t - \frac{\pi}{2}\right) + \frac{2A}{5\pi}\cos\left(5\omega t - \frac{\pi}{2}\right) + \cdots$$

$$= x_0 + x_1(t) + x_2(t) + x_3(t) + \cdots$$

式中第一项为周期无穷大的零频项,第二、三、四项分别对应角频率为 $\omega, 3\omega, 5\omega$ 的简谐振动,前四项对应的振动曲线分别如图 5-17(b)、(c)、(d)、(e) 所示。其合振动方程 $x'(t) = x_0 + x_1(t) + x_2(t) + x_3(t)$ 的曲线如图 5-17(f) 所示,此合振动曲线已经接近方波 $x(t)$ 的振动曲线。对应的频谱图如图 5-18 所示。

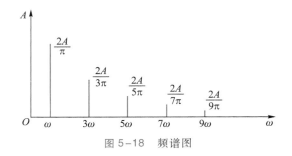

图 5-18　频谱图

频谱分析是研究振动性质的重要方法之一。频谱分析常用于发声检测、听觉检测、心电图、脑电图等医疗定量分析,同时在机械制造、地震学、电子技术和光谱分析中均具有重要应用。

# *5.5　阻尼振动　受迫振动　共振

## 5.5.1　阻尼振动

简谐振动是一种理想模型,其振动系统的振幅不随时间改变。实际的振动系统在振动过程中总是会受到阻力作用。由于存在阻力作用,振动系统的振子振幅将随时间逐渐减小,最终振幅为零,振动停止。这种受到阻力作用的振动通常称为阻尼振动。

在通常情况下,阻尼很难避免,阻尼通常具有停止或抑制的含义,实际的振动常常是阻尼振动。摆和音叉的振动会随着能量的消耗而逐渐停止,每个周期的振幅都会比上一周期小一点。

以水平放置的弹簧振子为例,最常见的阻力是摩擦力,若将弹簧振子系统浸没在黏性液体中,振子的运动还将受到黏性阻力的作用。在振子的速率不太大的情形下,摩擦阻力、黏性阻力与速度的大小成正比,与运动的方向相反。为讨论方便,假设振子在 $x$ 轴上运动时所受到的阻力我们仅考虑摩擦阻力的作用,则摩擦阻力有如下关系:

$$F_x = -\gamma \frac{\mathrm{d}x}{\mathrm{d}t}$$

式中 $\gamma$ 称为阻力系数。应用牛顿第二定律,有动力学方程

$$-kx - \gamma \frac{\mathrm{d}x}{\mathrm{d}t} = m \frac{\mathrm{d}^2 x}{\mathrm{d}t^2}$$

动力学方程可以改写成

$$\frac{\mathrm{d}^2 x}{\mathrm{d}t^2} + 2\beta \frac{\mathrm{d}x}{\mathrm{d}t} + \omega_0^2 x = 0 \qquad (5-31)$$

此二阶线性常系数齐次微分方程,就是考虑摩擦阻力时,弹簧振子运动所满足的微分方程。其中 $2\beta = \dfrac{\gamma}{m}$, $\omega_0 = \sqrt{\dfrac{k}{m}}$ 是系统的固有角频率, $\beta$ 称为阻尼系数。

设振动系统的初始条件是: $t=0$ 时, $x = x_0$, $\dfrac{\mathrm{d}x}{\mathrm{d}t} = v_{x0} \equiv v_0$,根据微分方程理论,当阻尼系数大小不同时,动力学方程(5-31)的解可能是三种不同的运动状态。

1. 欠阻尼状态($\beta < \omega_0$)

如果 $\beta < \omega_0$,阻尼力相对较小,则微分方程(5-31)的通解为

$$x = A\mathrm{e}^{-\beta t}\cos(\omega t + \varphi) \qquad (5-32)$$

式中 $\omega = \sqrt{\omega_0^2 - \beta^2}$ 为振动角频率, $A$, $\varphi$ 是由初始条件确定的积分常量。

在欠阻尼状态下,弹簧振子的运动不再是简谐振动,式(5-32)中 $\cos(\omega t + \varphi)$ 项表明其振动的角频率为 $\omega$, $A\mathrm{e}^{-\beta t}$ 项表明此振动的振幅随时间按指数规律衰减, $\beta$ 越大阻尼越大,振幅衰减得越快; $\beta$ 减小则衰减得越慢。振动的振幅逐渐减小,最后停止的振动状态称为欠阻尼状态。其振动曲线如图5-19所示。

2. 过阻尼状态($\beta > \omega_0$)

如果 $\beta > \omega_0$,阻尼力较大,则微分方程(5-31)的通解

$$x = A\mathrm{e}^{-\left(\beta - \sqrt{\beta^2 - \omega_0^2}\right)t} + B\mathrm{e}^{-\left(\beta + \sqrt{\beta^2 - \omega_0^2}\right)t} \qquad (5-33)$$

式中 $A$, $B$ 是由初始条件确定的积分常量。此式表示的运动为非周期运动,振子不再作往复运动,当把振子移离平衡位置并释放后,随着时间的增长,慢慢回到平衡位置并停下来,这种运动状态称为过阻尼状态,其振动曲线如图5-20所示。

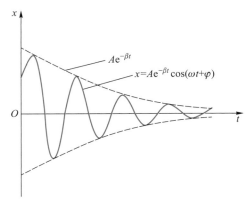

图 5−19　欠阻尼振动情形的 $x$−$t$ 关系曲线

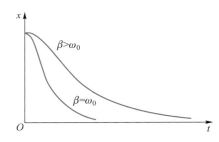

图 5−20　过阻尼和临界阻尼情形的 $x$−$t$ 关系曲线

3. 临界阻尼状态$(\beta = \omega_0)$

如果 $\beta = \omega_0$，阻尼适当，则微分方程（5−31）的通解

$$x = (A + Bt)\,e^{-\beta t} \tag{5−34}$$

式中 $A$，$B$ 是由初始条件确定的积分常量。此式表示的运动仍为非周期运动，由于临界状态下的阻尼比过阻尼状态下的阻尼小，当把振子移离平衡位置并释放后，振子能较快地一次性回到平衡位置并停下来，这种运动状态称为临界阻尼状态，其振动曲线如图 5−20 所示。

由于临界状态下的阻尼大小适当，比过阻尼状态下的阻尼小，所以一次性回到平衡位置需要的时间比过阻尼状态下的短。当物体偏离平衡位置时，如果想使其在最短时间一次性地回到平衡位置，常采用临界阻尼的方法。如精密天平、指针式测量仪表中，广泛采用临界阻尼系统。

## 5.5.2 受迫振动和共振

由于阻尼的存在，实际的振动物体如果没有能量的补充，振动总是要停止下来。为了获得稳定的振动,通常对振动系统作用一周期性的驱动力。振动系统在连续的周期性驱动力作用下的振动称为受迫振动。受迫振动的特性与周期性驱动力的大小、方向和频率有关。

若一个弹簧振子除了受弹力 $F_x = -kx$ 和阻力 $F_f = -\gamma \dfrac{\mathrm{d}x}{\mathrm{d}t}$ 作用外,还受到一个周期性的外力 $F = F_0 \cos \omega t$ 的作用,则振子的动力学方程是

$$m \frac{\mathrm{d}^2 x}{\mathrm{d}t^2} = -kx - \gamma \frac{\mathrm{d}x}{\mathrm{d}t} + F_0 \cos \omega t$$

或

$$\frac{\mathrm{d}^2 x}{\mathrm{d}t^2} + 2\beta \frac{\mathrm{d}x}{\mathrm{d}t} + \omega_0^2 x = f_0 \cos \omega t \tag{5-35}$$

式(5-35)中 $2\beta = \dfrac{\gamma}{m}$,$\omega_0 = \sqrt{\dfrac{k}{m}}$,$f_0 = \dfrac{F_0}{m}$,此动力学方程是一个二阶线性常系数非齐次常微分方程,即受迫振动的特征方程。在给定的初始条件下,动力学方程(5-35)的通解是

$$x = A_0 \mathrm{e}^{-\beta t} \cos\left(\sqrt{\omega_0^2 - \beta^2}\, t + \phi\right) + A\cos(\omega t + \varphi) \tag{5-36}$$

其中的常量 $A_0, A, \phi, \varphi$ 均由初始条件确定。式(5-36)的 $x$-$t$ 关系曲线如图 5-21 所示。

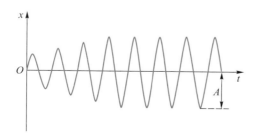

图 5-21　受迫振动的 $x$-$t$ 关系曲线

刚开始时,$x$-$t$ 关系相当复杂,经过足够长的时间后,$\mathrm{e}^{-\beta t} \to 0$,质点的运动达到稳定的振动状态。式(5-36)化为简谐振动方程,即动力学方程(5-35)的稳态解为

$$x = A\cos(\omega t + \varphi) \tag{5-37}$$

$$A = \frac{f_0}{\sqrt{(\omega_0^2 - \omega^2)^2 + 4\beta^2 \omega^2}},\ \tan \varphi = \frac{2\beta\omega}{\omega_0^2 - \beta^2} \tag{5-38}$$

对于给定的振子系统,$\omega_0$ 和 $\beta$ 都是常量,因此,振幅 $A$ 的取值主要取决于外力的频率 $\omega$。振幅 $A$ 取最大值的条件也就是 $(\omega_0^2 - \omega^2)^2 + 4\beta^2 \omega^2$ 取最小值的条件。令

$$\frac{\mathrm{d}\left[\left(\omega_0^2-\omega^2\right)^2+4\beta^2\omega^2\right]}{\mathrm{d}\omega}=0$$

可以得到振幅 $A$ 取最大值的条件,即

$$\omega^2=\omega_0^2-2\beta^2 \tag{5-39}$$

振幅 $A$ 取最大值的状态称为位移共振。位移共振状态下的振幅是

$$A=\frac{f_0}{2\beta\sqrt{\omega_0^2-\beta^2}} \tag{5-40}$$

由此可以看出,阻尼系数 $\beta$ 越小时,共振振幅越大,特别当阻尼系数无限小,即 $\beta\to 0$ 时,共振振幅趋于无限大,即 $A\to\infty$。式(5-38)中受迫振动振幅与驱动力角频率的关系如图 5-22 所示。

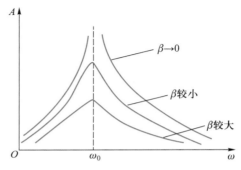

图 5-22　受迫振动的振幅曲线

　　共振现象有很多应用,许多声学仪器就是利用共振原理设计制成的,我们使用的收音机和手机则是利用电磁共振原理设计的。但共振现象也可以引起损害。例如,当火车通过桥梁时,车轮在铁轨接头处的撞击力是周期性力,如果这种周期性力的频率满足条件(5-38),就可能使桥梁的振动剧烈到足以破坏桥梁的程度。这类可能由共振现象造成的损害在设计时要尽量避免。

## 习题

　　5.1　已知一弹簧振子作简谐振动,其位移-时间曲线如图 5-23 所示。在图中虚线所处的时刻,弹簧振子的速度和合力的方向分别为(　　)。

　　A. 速度为 $+x$ 方向,合力沿 $+x$ 方向

　　B. 速度为 $-x$ 方向,合力沿 $-x$ 方向

　　C. 速度为零,合力为 $+x$ 方向

　　D. 速度为零,合力为 $-x$ 方向

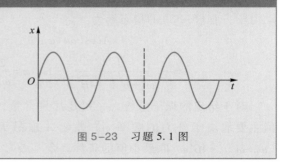

图 5-23　习题 5.1 图

5.2 一弹簧振子,弹簧的弹性系数为 $k$,重物的质量为 $m$,则此系统的固有振动周期为(　　)。

A. $T=2\pi\sqrt{\dfrac{m}{k}}$ 　　B. $T=\sqrt{\dfrac{m}{k}}$

C. $T=2\pi\sqrt{\dfrac{k}{m}}$ 　　D. $T=\sqrt{\dfrac{k}{m}}$

5.3 一物体作一维简谐振动,若其振幅增加一倍,则作用在该物体上的力的最大值(　　)。

A. 是原来的 1/4 　　B. 是原来的 1/2

C. 是原来的 2 倍 　　D. 是原来的 4 倍

5.4 一物体作一维简谐振动,若其振幅和周期均增加一倍,则该物体的最大速度(　　)。

A. 是原来的 1/2 　　B. 是原来的 2 倍

C. 是原来的 4 倍 　　D. 和原来一样

5.5 已知一简谐振动的振动方程为 $x=3\cos(\omega t+\pi/4)$(SI 单位),则初始时刻旋转矢量图是(　　)。

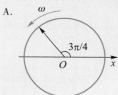
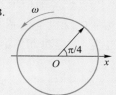
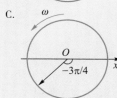
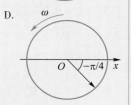

图 5-24 习题 5.5 图

5.6 如图 5-25 所示是 $a$,$b$ 两个弹簧振子的振动图像。它们的相位关系是(　　)。

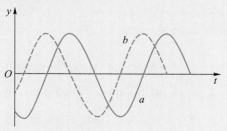

图 5-25 习题 5.6 图

A. $a$ 比 $b$ 滞后 $\pi/2$ 　　B. $a$ 比 $b$ 超前 $\pi/2$

C. $b$ 比 $a$ 超前 $\pi/4$ 　　D. $b$ 比 $a$ 滞后 $\pi/4$

5.7 一简谐振动的振动曲线如图 5-26 所示,其振动方程为(　　)。

A. $x=2\cos(\pi t+\pi/2)$ 　　B. $x=2\cos(2\pi t+\pi/2)$

C. $x=2\cos(\pi t-\pi)$ 　　D. $x=2\cos\pi t$

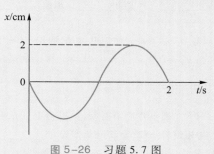

图 5-26 习题 5.7 图

5.8 一质点作简谐振动,周期为 $T$。初始时刻,质点由平衡位置向 $x$ 轴正方向运动,则第一次回到平衡位置这段路程所需要的时间为(　　)。

A. $T/2$ 　　B. $T$

C. $T/4$ 　　D. $T/8$

5.9 一质点在 $x$ 轴上作简谐振动,振幅 $A=4$ cm,周期 $T=2$ s,取其平衡位置为坐标原点。设 $t=0$ 时刻,质点在 $x=-2$ cm 处,且向 $x$ 轴负方向运动,则质点第一次回到 $x=-2$ cm 处的时刻为(　　)。

A. 1 s 　　B. 2/3 s

C. 4/3 s 　　D. 2 s

5.10 弹簧振子沿 $x$ 轴作振幅为 $A$ 的简谐振动,当其位移为振幅的一半时,此振动系统的动能占总能量的(　　)。

A. 15% 　　B. 25%

C. 65% 　　D. 75%

5.11 一简谐振动系统,其振动周期为 0.6 s,振子质量为 200 g,振子经过平衡位置时速度为 12 m/s,则再经 0.2 s 后,振子动能为(　　)。

A. $1.5\times10^{-4}$ J 　　B. 0

C. $1.44\times10^{-3}$ J 　　D. $3.6\times10^{-4}$ J

5.12 一物体的质量为 $2.5 \times 10^{-2}$ kg,其振动方程为

$$x = 6.0 \times 10^{-2} \cos\left(5t - \frac{\pi}{4}\right)$$

式中,$x$ 以 m 为单位,$t$ 以 s 为单位。则该物体振动的振幅为_____,周期为_____,初相位为_____;物体在初始位置时所受的力为_____;在 $\pi/2$ s 时物体的位移为_____,速度为_____,加速度为_____。

5.13 已知一质点作简谐振动,周期 $T = \pi/5$ s,初始条件为 $x_0 = -0.4$ m,$u_0 = 0$,其简谐振动的运动学方程为_____。

5.14 一质点作简谐振动,振幅为 10 cm,频率为 40 Hz,初相位为 $\pi/2$,则其振动方程为_____;在 $t = 0$ 时刻,质点的速度为_____,加速度为_____。

5.15 某质点作简谐振动的振动曲线如图 5-27 所示,则质点的振幅为_____,角频率为_____,初相位为_____,振动方程为_____。

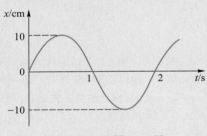

图 5-27 习题 5.15 图

5.16 一简谐振动的旋转矢量图如图 5-28 所示,振幅矢量长 2 cm,则此简谐振动的初相位为_____,振动方程为_____。

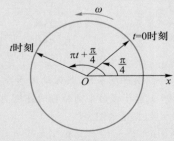

图 5-28 习题 5.16 图

5.17 一质点沿 $x$ 轴作简谐振动,已知振动周期为 $T$,振幅为 $A$。

(1)若 $t = 0$ 时质点恰好过 $x = 0$ 处,且向 $x$ 轴正方向运动,则此振动的振动方程为_____;

(2)若 $t = 0$ 时质点恰好过 $x = A/2$ 处,且向 $x$ 轴负方向运动,则此振动的振动方程为_____。

5.18 一简谐振动的振动方程为 $x = 0.4\cos\left(2\pi t + \frac{\pi}{3}\right)$,式中 $x$ 以 m 为单位,$t$ 以 s 为单位。物体在振动过程中,运动速度从零变化到 $-0.4\pi$ m·s$^{-1}$ 所需的最短时间为_____。

5.19 一简谐振动系统中,振动物体的质量为 2 kg,振动频率为 1 000 Hz,振幅为 0.5 cm。则其系统振动能量为_____。

5.20 已知两个简谐振动的振动方程分别为 $x_1 = 3.0\cos\left(2\pi t - \frac{\pi}{3}\right)$,$x_2 = 9.0\cos\left(2\pi t + \frac{\pi}{6}\right)$,式中 $x$ 以 m 为单位,$t$ 以 s 为单位。它们的合振动振幅 $A =$ _____,初相位 $\varphi =$ _____。

5.21 一弹簧振子系统,振动的振幅为 $2 \times 10^{-2}$ m,周期为 1 s,初相位为 $\frac{3\pi}{4}$。

(1)求系统振动方程;

(2)画出 $x$-$t$,$v$-$t$,$a$-$t$ 曲线。

5.22 一个质点作简谐振动,振动振幅为 $A$,角频率为 $\omega = \frac{\pi}{4}$。设 $t = 0$ 时质点在 $\frac{A}{2}$ 处向正方向运动,若经过 $\Delta t$ 时间(在一个周期内),该质点运动到 $-\frac{A}{\sqrt{2}}$ 处且其速度为正。试用旋转矢量表示法求所经历的时间 $\Delta t$(要求画出旋转矢量图)。

5.23 一个质量为 $2 \times 10^{-3}$ kg 的质点作简谐振动,其振动方程为 $x = 6 \times 10^{-2} \cos\left(10\pi t - \frac{\pi}{2}\right)$(SI 单位)。求:

(1)质点振动的振幅、周期、频率、角频率和初相位;

（2）初始时刻的位移和速度；

（3）$t=1$ s 时的位移、速度、加速度、动能和势能。

5.24　一质点作简谐振动，其振动频率为 10 Hz，在 $t=0$ 时，此质点的位移为 10 cm，速度为 $200\pi$ cm/s。

（1）求此质点的振动方程；

（2）质点速度表达式；

（3）质点加速度表达式。

5.25　一质量为 0.01 kg 的物体作简谐振动，其振幅为 0.08 m，周期为 4 s，起始时刻物体在 $x=0.04$ m 处，向 $x$ 轴负方向运动。

（1）写出物体的振动方程；

（2）试求由起始位置运动到 $x=-0.04$ m 处所需要的最短时间。

5.26　一质量为 $2\times10^{-2}$ kg 的物体作简谐振动，振幅为 $A=24$ cm，周期为 $T=4.0$ s，当 $t=0$ 时位移为 $x=24$ cm。求：

（1）$t=0.5$ s 时，物体所在位置及此时所受力的大小和方向；

（2）由起始位置运动到 $x=12$ cm 处所需的最短时间；

（3）在 $x=12$ cm 处物体的总能量。

5.27　有两个同方向、同频率的简谐振动，其振动方程分别为 $x_1=4.0\cos\left(\omega t-\dfrac{\pi}{2}\right)$，$x_2=2.0\cos\left(\omega t+\dfrac{\pi}{2}\right)$，式中 $x$ 以 cm 为单位，$t$ 以 s 为单位。此两个振动合成时：

（1）求合振动的振幅和初相位；

（2）写出合振动方程。

5.28　一质点同时参与两个同方向的简谐振动，其振动方程分别为 $x_1=0.05\cos\left(4\pi t+\dfrac{\pi}{3}\right)$，$x_2=0.03\cos\left(4\pi t-\dfrac{\pi}{6}\right)$，式中 $x$ 以 m 为单位，$t$ 以 s 为单位。画出两振动的旋转矢量图，并求出合振动的振动方程。

本章习题答案

# 第六章　机　械　波

　　波动是自然界广泛存在的物质运动形式之一。振动状态在空间的传播过程就是波动,简称波。从物理性质上来说,波可以分为机械波、电磁波、引力波和物质波。

　　机械振动在连续弹性介质中的传播过程,形成机械波,例如水波、声波等;变化的电场和变化的磁场在真空或介质中的传播过程,形成电磁波,例如无线电波、光波、X 射线等;由近代物理可知,微观粒子的运动也具有波动性,这种波称为物质波,也称为德布罗意波;由时空变化所引起的波称为引力波。不同性质的波虽然机制各不相同,但它们都具有共同的波动特征,都具有一定的传播速度,且伴随着能量的传播。

　　本章主要研究机械波的形成和传播规律,需要掌握机械波的形成和波动方程;理解波动方程与振动方程的区别与联系;掌握惠更斯原理、波的能量及波的干涉规律,理解驻波和多普勒效应及其应用。

## 6.1　机械波的产生和传播

### 6.1.1　机械波的产生和传播

　　在连续介质内部,各质点间以弹力联系在一起,这样的介质称为弹性介质。一般固体、液体、气体都可视为弹性介质。

　　当弹性介质中某一个质点在其平衡位置附近振动时,将使临近质点产生相对形变,从而在介质中弹力的作用下引起临近质点的振动,临近质点将继续引起其周围质点的振动。这种由近及远的质点跟随原振动质点的振动,把波源质点的振动形式和振动能量由近及远的传播,这种传播的过程形成了机械波。例如一根具有一定弹性的绳子,一端固定,另一端用手使绳子垂直振动,即形成振动沿绳子传播的波。再如,我们说话时声带的振动会使周围空气发生压缩和膨胀,振动随之向外传播引起空气的疏密变化,从而形成空气中的声波。

由此可见,机械波的产生需要具备两个条件,一是要有引起波动的波源,即作机械振动的物体,例如落水的石子、拉绳的手的振动、声带的振动等;二是要有能够传播这种机械振动的弹性介质,例如水、绳子和空气等。波源和弹性介质两者缺一不可,没有波源,则不能引起介质中质点的相继振动;没有弹性介质,则振动无法传播。例如,一个密封在真空玻璃罩内的电铃在振动时,我们却听不见声音。

## 6.1.2 横波与纵波

按照质点振动方向与波传播方向之间的关系,机械波可分为横波和纵波两种基本形式。

如果介质中质点的振动方向与波的传播方向相互垂直,这种波称为横波。例如一端固定的绳,用手握住绳另一端上下抖动时,绳子上各质点就依次上下振动起来,可以看到绳子被手握住的这一端先形成一个凸起/凹下的状态,然后又形成凹下/凸起的状态,凹凸起伏的状态沿着绳子传播,即绳子上各质点上下振动状态的传播,形成横波。

如果介质中质点的振动方向与波的传播方向平行,这种波称为纵波。例如将一根水平放置的长弹簧一端固定,用手去拍打弹簧的另一端,使其各部分沿着弹簧长度的方向在各自平衡位置附近左右振动,可以看到有的部分密集,有的部分稀疏,疏密相间,振动沿着弹簧向固定端传播,形成纵波,也称为疏密波。

无论是横波还是纵波,它们都是传播波源的振动状态(即振动相位),介质中的各个质点只是在各自的平衡位置附近振动。

## 6.1.3 波线 波面 波前

为了形象地描述波源的振动在弹性介质中的传播过程,我们从几何描述的角度引入波线、波面、波前等概念。

波线是指从波源沿各传播方向所画的一系列带箭头的线,用于表示波的传播路径和传播方向。

波面是指波在传播过程中,由振动相位相同的各点所组成的面,也称为同相面。

在波的传播过程中,任一时刻可以有任意多个波面(但不同的波面其相位各不相同),波前是指最前面的波面。波前只有一个,随时间以波速向前推移。

波在各向同性的均匀介质中传播时,波线与波面相互垂直,一般我们在作图时,使相邻两个波面的距离等于一个波长。其波线、波面和波前如图 6-1 所示。

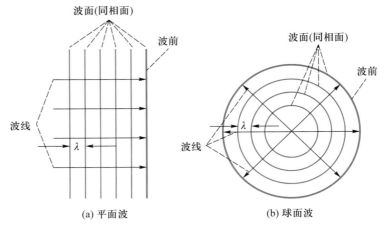

图 6-1　波线、波面和波前

根据波面的形状不同,可以将波分为各种类型。波面为平面的波称为平面波,波面为同心球面的波称为球面波。当球面波传播到足够远处时,若研究的范围不大,波面可近似为平面,则球面波可近似看成平面波。

# 6.1.4 描述波动的几个特征物理量

描述波动的特征物理量主要有波速、波长和周期(或频率),下面简要介绍这些物理量。

1. 波速

波速是指波动过程中,沿波线方向单位时间内振动状态(振动相位)所传播的距离,用 $u$ 表示,也称为相速。在不同的介质中波速是不同的,波速的大小取决于介质的性质和环境温度,一般介质的弹性越大,密度越小,波速就越快。表 6-1 给出了在部分介质中声波的波速。

2. 波长

波速是波动传播时,在同一波线上两个相邻的相位差为 $2\pi$

表 6-1　在部分介质中声波的传播速度

| 介质 | 温度/℃ | 声速/(m·s⁻¹) |
|---|---|---|
| 空气(1.013×10⁵ Pa) | 0 | 331 |
| 空气(1.013×10⁵ Pa) | 20 | 343 |
| 氢气(1.013×10⁵ Pa) | 0 | 1 270 |
| 玻璃 | 0 | 5 500 |
| 花岗岩 | 0 | 3 950 |
| 冰 | 0 | 5 100 |
| 水 | 20 | 1 460 |
| 铝 | 20 | 5 100 |
| 铜 | 20 | 3 500 |

的质点之间的距离,用 $\lambda$ 表示。当波源作一次全振动时,波传播的距离就等于一个波长,即一个完整波的长度。在横波的情况下,波长 $\lambda$ 等于相邻两个波峰或相邻两个波谷之间的距离;在纵波的情况下,波长 $\lambda$ 等于相邻两个密集部分中心或相邻两个稀疏部分中心之间的距离。因此,波长反映了波的空间周期性。在波的传播路径上相距为 $\Delta x$ 距离的两振动质点之间相位差为

$$\Delta \varphi = 2\pi \frac{\Delta x}{\lambda} \qquad (6-1)$$

3. 波的周期(或频率)

波的周期是波前进一个波长的距离所需要的时间,用 $T$ 表示。周期的倒数称为波的频率,用 $\nu$ 表示。即频率等于单位时间内通过波线上任一固定点的完整波的数目。周期与频率之间的关系为

$$T = \frac{2\pi}{\omega} = \frac{1}{\nu} \qquad (6-2)$$

其波速、波长和周期(或频率)之间的关系为

$$u = \frac{\lambda}{T} = \lambda \nu \qquad (6-3)$$

由于波源每完成一次全振动,就有一个完整的波传播出去,因此当波源相对于介质静止时,波的周期(或频率)等于波源的周期(或频率)。周期(或频率)反映了波的时间周期性,其周期取决于波源,与介质无关。

例 6.1

在波线上 $A,B$ 两点相距 2.5 cm,已知振动周期为 2 s,且 $B$ 点的振动相位比 $A$ 点的落后 $\frac{\pi}{6}$。求此波的波速和波长。

解　由两振动质点之间相位差表达式

$$\Delta\varphi = 2\pi\frac{\Delta x}{\lambda}$$

可得

$$\lambda = 2\pi\frac{\Delta x}{\Delta\varphi} = 2\pi\frac{2.5\times10^{-2}}{\pi/6}\ \text{m} = 0.30\ \text{m}$$

由波速、波长和周期间的关系可得

$$u = \frac{\lambda}{T} = \frac{0.3}{2}\ \text{m/s} = 0.15\ \text{m/s}$$

---

**例 6.2**

频率为 3 000 Hz 的声波，以 1 500 m/s 的速度沿某一波线传播，在波线上经过 A 点后，再传播 13 cm 到达 B 点。求：

（1）B 点的振动比 A 点振动落后的时间；

（2）此声波的波长；

（3）波在 A, B 两点振动时的相位差。

---

解　（1）已知波速 $u = 1\ 560$ m/s, A、B 两点间距离为 $\Delta x = 0.13$ m, 由频率 $\nu = 3\ 000$ Hz, 则声波的周期为 $T = \dfrac{1}{3\ 000}$ s, 则 B 点的振动比 A 点落后的时间为

$$t = \frac{\Delta x}{u} = \frac{0.13}{1\ 560}\ \text{s} = \frac{1}{12\ 000}\ \text{s} = \frac{T}{4}$$

（2）由波速、波长和频率间关系 $u = \lambda\nu$ 可得声波的波长为

$$\lambda = \frac{u}{\nu} = \frac{1\ 560}{3\ 000}\ \text{m} = 0.52\ \text{m}$$

（3）由两振动质点之间相位差的表达式可得

$$\Delta\varphi = 2\pi\frac{\Delta x}{\lambda} = 2\pi\times\frac{0.13}{0.52} = \frac{\pi}{2}$$

若将 $\lambda = uT$ 代入相位差表达式,可得

$$\Delta\varphi = 2\pi\frac{\Delta x}{\lambda} = 2\pi\frac{\Delta x}{uT} = \frac{2\pi}{T}\frac{\Delta x}{u} = \frac{t}{T}\times2\pi = \frac{\pi}{2}$$

即 B 点的振动与 A 点的相比,在空间上落后 $\dfrac{\lambda}{4}$,时间上落后 $\dfrac{T}{4}$,相位落后 $\dfrac{\pi}{2}$。

# 6.2　平面简谐波的波动方程

　　一般来说,波动中各质点的振动是复杂的,在均匀、无吸收的介质中,当波源作简谐振动时,介质中各质点跟随波源作简谐振动所形成的波称为简谐波。前进中的波动,一般称为行波。波面为平面的简谐波称为平面简谐波。平面简谐波是最简单、最基本的波,由于任何复杂的振动都可以分解为许多不同频率、不同振幅的简谐振动的叠加,因此,任何一种复杂的波也可以分解为许多不同频率、不同振幅的简谐波的叠加。所以,研究平面简谐波

具有特别重要的意义。

## 6.2.1 平面简谐波的波动方程

波在介质中传播时,介质中各质点均作振动,用以描述介质中各质点的振动位移是如何随时间变化的数学函数表达式,称为波函数,也常称为波动方程。平面简谐波是最简单、最基本的波,下面我们以平面简谐波为例研究波动的传播规律和平面简谐波的波动方程。

如图 6-2 所示,设一平面简谐波在无吸收、均匀、无限大的介质中传播,取任一波线为 $x$ 轴,波线上某一点 $O$ 点为坐标原点,波沿 $x$ 轴正方向传播。为了不使符号混淆,介质中各质点在波线上的平衡位置我们用 $x$ 表示,各质点离开其平衡位置的位移我们用 $y$ 表示,波速用 $u$ 表示。设坐标原点 $O$ 处的质点在作简谐振动,则其振动方程为

$$y_0 = A\cos(\omega t + \varphi_0)$$

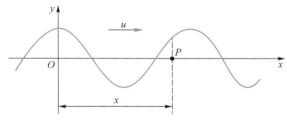

图 6-2　波动方程推导用图

为了分析方便,设其初相位为零,则振动方程改写为

$$y_0 = A\cos \omega t$$

式中 $A$ 是振幅,$\omega$ 是角频率,$y_0$ 是 $O$ 点处质点在任意时刻 $t$ 离开其平衡位置的位移。

为了找出 $x$ 轴上所有质点在任一时刻 $t$ 离开各自平衡位置的位移,即求出波动方程,可设 $P$ 点为 $x$ 轴正方向上的任意一点,其坐标为 $x$。当振动由原点 $O$ 传播到 $P$ 点时,$P$ 点也以振幅 $A$、角频率 $\omega$ 作简谐振动。因为原点 $O$ 的振动状态传到 $P$ 点所需要的时间为 $\Delta t = \dfrac{x}{u}$,因此 $P$ 点在 $t$ 时刻将重复原点在 $t - \dfrac{x}{u}$ 时刻的振动状态,$P$ 点在 $t$ 时刻的振动方程为

$$y = A\cos \omega\left(t - \frac{x}{u}\right) \tag{6-4}$$

微课视频：
平面简谐波的波函数

由于 $P$ 点是任意的，式(6-4)就是沿 $x$ 轴正方向传播的平面简谐波的波函数，也称为平面简谐波的波动方程。由此可以看出，$P$ 点的振动相对于原点延迟了 $\Delta t = \dfrac{x}{u}$。

利用关系式 $\omega = \dfrac{2\pi}{T} = 2\pi\nu$ 和 $u = \lambda\nu = \dfrac{\lambda}{T}$，可以将平面简谐波波动方程式(6-4)改写为

$$y = A\cos 2\pi\left(\frac{t}{T} - \frac{x}{\lambda}\right) \tag{6-5}$$

式(6-5)是平面简谐波波动方程的另一种形式。由式(6-4)可以看出，$P$ 点振动的相位相对于原点的相位延迟了 $\Delta\varphi = 2\pi\dfrac{\Delta x}{\lambda}$。

如果是沿 $x$ 轴负方向传播的平面简谐波，那么，$P$ 点的振动开始时间早于 $O$ 点，$P$ 点的振动相位比 $O$ 点处质点的振动相位超前，式(6-4)、式(6-5)可改写为

$$y = A\cos \omega\left(t + \frac{x}{u}\right) \tag{6-6}$$

$$y = A\cos 2\pi\left(\frac{t}{T} + \frac{x}{\lambda}\right) \tag{6-7}$$

现假设波沿 $x$ 轴正方向传播，坐标原点 $O$ 处质点作简谐振动时初相位为 $\varphi_0$，则平面简谐波的波动方程式(6-4)、式(6-5)分别改写为

$$y = A\cos\left[\omega\left(t - \frac{x}{u}\right) + \varphi_0\right] \tag{6-8}$$

$$y = A\cos\left[2\pi\left(\frac{t}{T} - \frac{x}{\lambda}\right) + \varphi_0\right] \tag{6-9}$$

推广到一般情况，若波沿 $x$ 轴正方向传播，已知与 $O$ 点距离为 $x_0$ 处质点 $Q$ 的振动方程为

$$y = A\cos(\omega t + \varphi_{Q0})$$

则相应的平面简谐波的波动方程式(6-4)、式(6-5)分别改写为

$$y = A\cos\left[\omega\left(t - \frac{x - x_0}{u}\right) + \varphi_{Q0}\right] \tag{6-10}$$

$$y = A\cos\left[2\pi\left(\frac{t}{T} - \frac{x - x_0}{\lambda}\right) + \varphi_{Q0}\right] \tag{6-11}$$

关于波沿 $x$ 轴负方向传播时，已知原点振动方程且初相位不为零和已知 $x_0$ 点振动方程时的波动方程，读者可自行讨论。

## 6.2.2 波动方程（波函数）的物理意义

为了便于对波动方程的理解，下面我们来讨论波动方程（波函数）的物理意义。显然波动方程是含有 $x, t$ 两个自变量的二元函数，具有丰富的物理意义。

**1. 任意确定一点 $x = x_0$ 的振动方程和曲线描述**

在式（6-4）中，当 $x$ 一定时（$x = x_0$），$y$ 就只是时间 $t$ 的周期函数，波动方程则为

$$y = A\cos \omega\left(t - \frac{x_0}{u}\right) = A\cos\left(\omega t - \omega \frac{x_0}{u}\right) \qquad (6-12)$$

式（6-12）中 $\omega \frac{x_0}{u}$ 表示波线上 $x_0$ 处质点的振动初相位，式（6-12）表示波线上 $x_0$ 处质点在不同时刻离开其平衡位置的振动位移，即 $x_0$ 处质点作简谐振动的振动方程。图 6-3 所示是波线上 $x = x_0 = \frac{\lambda}{4}$ 处质点的振动曲线。

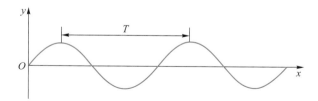

图 6-3　$x = \lambda/4$ 处质点作简谐振动的位移-时间曲线图

**2. 任意确定时刻 $t = t_0$ 的波形方程和波形曲线描述**

在波动方程式（6-4）中，当 $t$ 一定（$t = t_0$）时，则 $y$ 就只是波线上各质点坐标 $x$ 的周期函数，则波动方程为

$$y = A\cos\left(\omega t_0 - \omega \frac{x}{u}\right) = A\cos\left(\omega t_0 - \frac{2\pi}{\lambda}x\right) \qquad (6-13)$$

式（6-13）中令 $k = \frac{2\pi}{\lambda}$ 称为波数，表示 $2\pi$ 长度内所包含的完整波形的个数。式（6-13）表示波线上 $x$ 处质点在 $t_0$ 时刻离开各自平衡位置的振动位移，即 $t_0$ 时刻的波形方程。图 6-4 所示是表示 $t = t_0 = \frac{T}{4}$ 时刻波线上各质点位移的波形曲线。在给定 $t_0$ 时刻的

波形图上,给出的是该时刻各质点离开各自平衡位置的分布情况,是静态的分布图形。

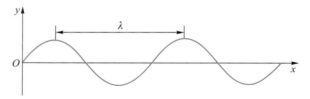

图 6-4　$t = T/4$ 时刻波线上各质点的位移曲线图

3. 行波的波动方程和不同时刻 $t$ 的波形曲线描述

在波动方程式(6-4)中,如果 $x,t$ 都是变化的,则此方程表示波线上各个质点在不同时刻所发生的位移,即体现了不同时刻的波形,反映了波形不断向前推进的波动传播过程,是波线上所有质点振动位移随时间变化的整体情况。

由波动方程式(6-4)可得 $t_1$ 时刻的波形曲线如图 6-5 中的实线所示,其波形方程为

$$y = A \cos \omega \left( t_1 - \frac{x}{u} \right) \tag{6-14}$$

由于波以速度 $u$ 沿 $x$ 轴的正方向传播,所以经过 $\Delta t$ 时间到达 $t_2 = t_1 + \Delta t$ 时刻,整个波形曲线沿 $x$ 轴的正方向平移了 $ut$ 的距离,此时的波形曲线如图 6-5 中的虚线所示。

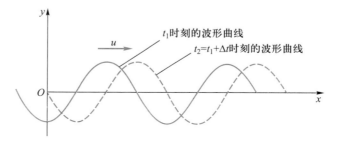

图 6-5　$t,x$ 均发生变化时的行波曲线图

若 $t_1$ 时刻,波线上位于 $x_1$ 处质点的位移为

$$y_1(x_1, t_1) = A \cos \omega \left( t_1 - \frac{x_1}{u} \right)$$

经过 $\Delta t$ 时间波到达 $t_2 = t_1 + \Delta t$ 时刻,波线上位于 $x_2 = x_1 + \Delta x$ 处质点的位移为

$$y_2(x_2, t_2) = A \cos \omega \left( t_2 - \frac{x_2}{u} \right) = A \cos \omega \left( t_1 + \Delta t - \frac{x_1 + \Delta x}{u} \right)$$

波以波速 $u$ 传播,$\Delta x = u \Delta t$,则

$$y_2(x_2,t_2)=A\cos\omega\left(t_1+\Delta t-\frac{x_1+u\Delta t}{u}\right)$$

$$=A\cos\omega\left(t_1-\frac{x_1}{u}\right)=y_1(x_1,t_1)\qquad(6\text{-}15)$$

式(6-15)表示 $t_1$ 时刻,$x_1$ 处质点的振动位移和振动相位,在 $t_2$ 时刻波已经传播到 $x_2$ 处,所以在 $t_2$ 时刻 $x_2$ 处的质点的振动位移和振动相位与 $t_1$ 时刻 $x_1$ 处质点的振动位移和振动相位相同。

---

**例 6.3**

有一平面简谐波以 $u=2$ m/s 的波速沿 $x$ 轴正方向传播,已知振幅 $A=1.0$ m,周期 $T=2.0$ s。在 $t=0$ 时,坐标原点处的质点位于平衡位置且沿 $y$ 轴正方向运动。求:

(1)波动方程;

(2)$t=1.0$ s 时各质点的位移分布,并画出该时刻的波形图;

(3)$x=0.5$ m 处质点的振动规律,并画出该质点的位移与时间的关系曲线。

---

**解** (1)根据题目所给条件,设波动方程一般表达式为

$$y=A\cos\left[\omega\left(t-\frac{x}{u}\right)+\varphi\right]$$

式中 $\omega=\dfrac{2\pi}{T}=\pi$,$\varphi$ 为坐标原点的初相位,$\varphi=-\dfrac{\pi}{2}$,则得到波动方程为

$$y=1.0\cos\left[\pi\left(t-\frac{x}{2}\right)-\frac{\pi}{2}\right]\text{(SI 单位)}$$

(2)将 $t=1.0$ s 代入上述波动方程,可得此时刻各质点的位移分布(波形方程)为

$$y=1.0\cos\left[\pi\left(1.0-\frac{x}{2}\right)-\frac{\pi}{2}\right]$$

$$=1.0\cos\left(\frac{\pi}{2}-\frac{\pi x}{2}\right)$$

$$=1.0\sin\left(\frac{\pi x}{2}\right)\text{(SI 单位)}$$

按照波形方程,可画出 $t=1.0$ s 时的波形图,如图 6-6 所示。

(3)将 $x=0.5$ m 代入上述波动方程,

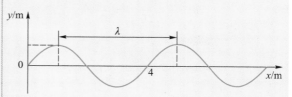

图 6-6 $t=1.0$ s 时刻的波形图

可得该处质点的振动方程为

$$y=1.0\cos\left[\pi\left(t-\frac{0.5}{2}\right)-\frac{\pi}{2}\right]$$

$$=1.0\cos\left(\pi t-\frac{3\pi}{4}\right)\text{(SI 单位)}$$

由上式可知,该质点振动的初相位为 $-\dfrac{3\pi}{4}$,并可作出 $y\text{-}t$ 关系曲线,如图 6-7 所示。

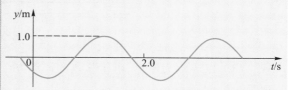

图 6-7 $x=0.5$ m 处质点的振动曲线

例 6.4

一条长线用水平力拉紧并抖动,使其上产生一列简谐横波向 $x$ 轴正方向传播,波速为 20 m/s。在 $t=0$ 时它的波形曲线如图 6-8 所示。求:

(1)波的振幅、波长和波的周期;(2)此列波的波动方程。

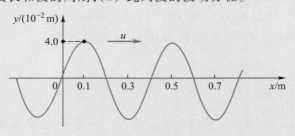

图 6-8 例 6.4 图

解 (1)由波形曲线可直接看出 $A = 4.0 \times 10^{-2}$ m,$\lambda = 0.4$ m。由波长、周期和波速的关系,可得

$$T = \frac{\lambda}{u} = \frac{0.4}{20} \text{ s} = \frac{1}{50} \text{ s}$$

(2)设波函数为

$$y = A\cos\left[2\pi\left(\frac{t}{T} - \frac{x}{\lambda}\right) - \varphi\right]$$

因波向右传播,波形向左平移,由波形图可得原点处质点振动的初相位为 $-\frac{\pi}{2}$,再将上面的 $A$,$T$,$\lambda$ 值代入,可得波动方程为

$$y = 4.0 \times 10^{-2}\cos\left[2\pi\left(\frac{t}{1/50} - \frac{x}{0.4}\right) - \frac{\pi}{2}\right]$$

$$= 4.0 \times 10^{-2}\cos\left(100\pi t - 5\pi x - \frac{\pi}{2}\right) \text{(SI 单位)}$$

例 6.5

一平面简谐波以速度 20 m/s 沿 $x$ 轴负方向传播如图 6-9 所示,已知传播路径上的某点 $A$ 的振动方程为 $y = 3 \times 10^{-2}\cos\left(4\pi t - \frac{\pi}{3}\right)$ (SI 单位)。

(1)以 $A$ 点为坐标原点写出波动方程;

(2)以 $B$ 点为坐标原点写出波动方程;

(3)以 $B$ 点为坐标原点时,分别写出 $C$ 点、$D$ 点的简谐振动方程。

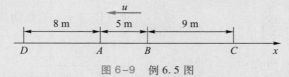

图 6-9 例 6.5 图

解 (1)以 $A$ 点为原点,由于 $A$ 点的振动方程为

$$y = 3 \times 10^{-2}\cos\left(4\pi t - \frac{\pi}{3}\right) \text{(SI 单位)}$$

所以以 $A$ 为原点的波动方程为

$$y = 3 \times 10^{-2}\cos\left[4\pi\left(t + \frac{x}{u}\right) - \frac{\pi}{3}\right]$$

$$= 3 \times 10^{-2}\left(4\pi t + \frac{\pi x}{5} - \frac{\pi}{3}\right) \text{(SI 单位)}$$

（2）由于波沿 $x$ 轴负方向传播，故 $B$ 点的相位比 $A$ 点的超前，其简谐振动方程为

$$y_B = 3 \times 10^{-2} \left[ 4\pi \left( t + \frac{5}{20} \right) - \frac{\pi}{3} \right]$$

$$= 3 \times 10^{-2} \cos \left( 4\pi t + \frac{2\pi}{3} \right) \text{（SI 单位）}$$

故以 $B$ 点为坐标原点时，波动方程为

$$y = 3 \times 10^{-2} \cos \left[ 4\pi \left( t + \frac{x}{u} \right) + \frac{2\pi}{3} \right]$$

$$= 3 \times 10^{-2} \cos \left( 4\pi t + \frac{\pi x}{5} + \frac{2\pi}{3} \right) \text{（SI 单位）}$$

（3）由于 $C$ 点的相位比 $B$ 点超前，故

$$y_C = 3 \times 10^{-2} \cos \left[ 4\pi \left( t + \frac{BC}{u} \right) + \frac{2\pi}{3} \right]$$

$$= 3 \times 10^{-2} \cos \left[ 4\pi \left( t + \frac{9}{20} \right) + \frac{2\pi}{3} \right]$$

$$= 3 \times 10^{-2} \cos \left( 4\pi t + \frac{37\pi}{15} \right) \text{（SI 单位）}$$

而 $D$ 点的相位比 $B$ 点落后，故

$$y_D = 3 \times 10^{-2} \cos \left[ 4\pi \left( t + \frac{BD}{u} \right) + \frac{2\pi}{3} \right]$$

$$= 3 \times 10^{-2} \cos \left[ 4\pi \left( t + \frac{-13}{20} \right) + \frac{2\pi}{3} \right]$$

$$= 3 \times 10^{-2} \cos \left( 4\pi t - \frac{29\pi}{15} \right) \text{（SI 单位）}$$

# 6.3 波的能量 能流密度

## 6.3.1 波的能量和能量密度

1. 波的能量

在波动过程中，波源的振动通过弹性介质由近及远地传播出去，引起传播路径上各质点依次在各自平衡位置附近振动。质点振动时具有动能，同时弹性介质发生形变，还具有弹性势能。所以波动过程也是能量传播的过程。

设有一简谐平面波在体密度为 $\rho$ 的均匀弹性细长棒中传播，在细长棒上任取坐标为 $x$ 处的一个体积元 $\mathrm{d}V$，其质量为 $\mathrm{d}m = \rho \mathrm{d}V$，当波传播到该体积元时，在 $t$ 时刻该体积元的位移为

$$y = A\cos \left[ \omega \left( t - \frac{x}{u} \right) + \varphi \right]$$

其振动的速度为

$$v = \frac{\partial y}{\partial t} = -\omega A \sin \left[ \omega \left( t - \frac{x}{u} \right) + \varphi \right]$$

则该体积元的动能为

$$\mathrm{d}E_k = \frac{1}{2} (\mathrm{d}m) v^2 = \frac{1}{2} \rho \mathrm{d}V A^2 \omega^2 \sin^2 \left[ \omega \left( t - \frac{x}{u} \right) + \varphi \right] \quad (6-16)$$

该体积元因形变也同时具有弹性势能,可以证明体积元 $\mathrm{d}V$ 的弹性势能与动能相等,即

$$\mathrm{d}E_p = \mathrm{d}E_k = \frac{1}{2}\rho\,\mathrm{d}VA^2\omega^2\sin^2\left[\omega\left(t-\frac{x}{u}\right)+\varphi\right] \tag{6-17}$$

则该体积元 $\mathrm{d}V$ 内总的波动能量为

$$\mathrm{d}E = \mathrm{d}E_k + \mathrm{d}E_p = \rho\,\mathrm{d}VA^2\omega^2\sin^2\left[\omega\left(t-\frac{x}{u}\right)+\varphi\right] \tag{6-18}$$

式(6-17)表明在波传播过程中,体积元在任何时刻或任何状态下,动能和势能不仅相等而且同步变化,即动能达到最大值时其势能也达到最大值,动能为零时其势能也为零。式(6-18)表明波在弹性介质中传播时,弹性介质中任一体积元的总能量随时间作周期性变化,说明该体积元和相邻介质之间不断有能量交换。因此,在波动的传播过程中,每一体积元不断地从波源方向接收能量,同时也不断地向前传递能量,波动过程也就是能量传播的过程。

2. 能量密度

为了精确地描述波的能量分布情况,我们引入能量密度的概念。所谓能量密度是指单位体积介质中的波动能量,用 $w$ 表示,则

$$w = \frac{\mathrm{d}E}{\mathrm{d}V} = \rho A^2\omega^2\sin^2\left[\omega\left(t-\frac{x}{u}\right)+\varphi\right] \tag{6-19}$$

式(6-19)表明,介质中任何一点处波的能量密度是随时间 $t$ 变化的,而能量密度在一个周期内的平均值称为平均能量密度,用 $\bar{w}$ 表示。

$$\bar{w} = \frac{1}{T}\int_0^T \rho A^2\omega^2\sin^2\left[\omega\left(t-\frac{x}{u}\right)+\varphi\right]\mathrm{d}t$$

$$\bar{w} = \frac{1}{2}\rho A^2\omega^2 \tag{6-20}$$

式(6-20)表明,波的平均能量密度与振幅的平方成正比,与频率的平方成正比。

## 6.3.2 能流和能流密度

式(6-18)表明波的能量以能量波的形式在弹性介质中以波速 $u$ 输送,那么能量随波的前进在介质中传播,就好像能量在介质中流动一样,为了描述波动能量的特性,我们需要引入能流和能流密度的概念。

### 1. 能流

所谓能流是指单位时间内通过介质中某一截面的能量,用 $P$ 表示。如图 6-10 所示,假设在弹性介质内取垂直于波速的截面,其截面面积为 $S$,则在单位时间内通过该截面 $S$ 的波动能量,即通过 $S$ 面的能流为

$$P = wuS \tag{6-21}$$

式(6-21)中能流 $P$ 是随时间作周期性变化的,取其时间平均值称为平均能流,用 $\bar{P}$ 表示,

$$\bar{P} = \bar{w}uS \tag{6-22}$$

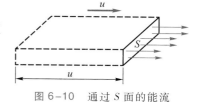

图 6-10　通过 $S$ 面的能流

式(6-22)中 $\bar{P}$ 为平均能流,$\bar{w}$ 为平均能量密度。在国际单位制中,能流的单位是瓦特(W),波的能流也称为波的功率。

### 2. 能流密度

将通过垂直于波的传播方向的截面上单位面积的能流称为瞬时能流密度(类似于电流密度的定义),通常简称为能流密度,用 $i$ 表示。能流密度也可表示为单位时间内,在垂直于波的传播方向上单位面积的波动能量,则能流密度 $i$ 为

$$i = \frac{P}{S} = wu$$

$$\boldsymbol{i} = w\boldsymbol{u} \tag{6-23}$$

式(6-23)表明瞬时能流密度 $\boldsymbol{i}$ 是一个矢量,其大小等于能量密度 $w$ 与能量传播速度 $u$ 的乘积,方向沿着能量传播的方向,即波速 $\boldsymbol{u}$ 的方向;由式(6-19)可知能量密度 $w$ 是随时间作周期性变化的,因此(瞬时)能流密度也是随时间作周期性的变化,不适合用于表示波传播能量的强弱。

能流密度在一个周期的时间平均值称为平均能流密度,也称为波的强度,在国际单位制中,波的强度的单位为 $W/m^2$。以平面简谐波为例,则波的强度(平均能流密度)$I$ 的大小为

$$I = \frac{1}{T}\int_0^T uw\,\mathrm{d}t = \frac{1}{T}\int_0^T u\rho A^2\omega^2\,\frac{(1-\cos 2\phi)}{2}\mathrm{d}t = \frac{1}{2}\rho uA^2\omega^2 \tag{6-24}$$

其中 $\phi = \omega\left(t - \dfrac{x}{u}\right) + \varphi$,式(6-24)也可以表示为

$$I = \frac{\bar{P}}{S} = \bar{w}u = \frac{1}{2}\rho uA^2\omega^2 \tag{6-25}$$

式(6-25)中,$Z = \rho u$ 是表征介质特性的常量,称为介质的特性阻抗。该式同时表明波的强度与传播介质的阻抗成正比,与振幅的平方成正比,还与角频率的平方成正比。

例 6.6

一波源以 35 kW 的平均功率发射球面波,已知波的传播速度为 $3.0 \times 10^8$ m/s,若在空间某点处测得的其波的平均能流密度为 $8.8 \times 10^{-15}$ J/m³。设介质不吸收波的能量,求测量点与波源的距离。

解 以波源为球心,以波源到测量点的距离 $r$ 为半径作球面 $S$,通过球面的平均能流与波源发射的平均功率相等,由平均能流密度的定义

$$I = \frac{\overline{P}}{S} = \overline{w}u$$

可知

$$I = \overline{w}u$$

$$\overline{P} = I \cdot S, \overline{P} = I \cdot 4\pi r^2 = \overline{w}u \cdot 4\pi r^2$$

则波源到测量点的距离为

$$r = \sqrt{\frac{\overline{P}}{4\pi \overline{w}u}} = \sqrt{\frac{35\ 000}{4\pi \times 8.8 \times 10^{-15} \times 3 \times 10^8}}\ \text{m}$$

$$= 3.25 \times 10^4\ \text{m}$$

例 6.7

一空气简谐波,沿直径为 14 cm 的圆柱形管传播,波的强度为 $12.0 \times 10^{-3}$ W/m²,频率为 300 Hz,波速为 300 m/s。求:

(1) 波的平均能量密度和最大能量密度;

(2) 相邻两个同相面之间所具有的波的能量。

解 (1) 由于波的强度为 $I = \overline{w}u$,可得平均能量密度为

$$\overline{w} = \frac{I}{u} = \frac{12.0 \times 10^3}{300}\ \text{J/m}^3 = 4.0 \times 10^{-5}\ \text{J/m}^3$$

由平均能量密度的定义可得 $\overline{w} = \frac{1}{2}\rho A^2 \omega^2 = 4.0 \times 10^{-5}$ J/m³;而能量密度的表达式为

$$w = \rho A^2 \omega^2 \sin^2\left[\omega\left(t - \frac{x}{u}\right) + \varphi\right]$$

所以能量密度的最大值为

$$w_{max} = \rho A^2 \omega^2 = 2\overline{w} = 8.0 \times 10^{-5}\ \text{J/m}^3$$

(2) 相邻两同相面之间波的能量为

$$E = \overline{w}V = \overline{w} \cdot S\lambda = \overline{w} \cdot \pi\left(\frac{d}{2}\right)^2 \cdot \frac{u}{\nu}$$

$$= 4.0 \times 10^{-5} \times \pi \times \left(\frac{0.14}{2}\right)^2 \times \frac{300}{300}\ \text{J}$$

$$= 6.15 \times 10^{-7}\ \text{J}$$

例 6.8

一般正常人耳比较敏感的声波频率为 $\nu = 1\ 000$ Hz,听觉的最低声强为 $10^{-12}$ W/m²,若声波在密度为 $\rho = 1.29 \times 10^{-3}$ kg/m³ 的空气中的传播速度为 $u = 340$ m/s。试求声波在传播过程中空气分子振动的最小振幅。

解　由声强的定义 $I = \overline{w}u = \dfrac{1}{2}\rho u A^2 \omega^2$，可得

$$A = \frac{1}{\omega}\sqrt{\frac{2I}{\rho u}} = \frac{1}{2\pi\nu}\sqrt{\frac{2I}{\rho u}}$$

代入数值可得

$$A = 3.4 \times 10^{-11}\ \text{m}$$

# 6.4　惠更斯原理　波的干涉

## 6.4.1　惠更斯原理　波的衍射

**1. 波的衍射**

波的衍射是指波在传播过程中遇到障碍物时，其传播方向发生改变，能够绕过障碍物的边缘继续在障碍物的阴影区域向前传播的现象。例如我们常说隔墙有耳，就是因为声波可以绕过墙壁衍射的结果。再如，水波在水面传播遇到障碍物时，当障碍物小孔的大小与波长相近时，我们可以看到波穿过小孔，在孔后区域继续以小孔为中心的环形波传播。这说明小孔可以看成新的波源。

机械波、电磁波均会产生衍射现象，衍射是波动现象共同的重要特征之一。

**2. 惠更斯原理**

意大利数学家、物理学家格里马第于 17 世纪中叶首次观察到衍射现象。荷兰物理学家惠更斯在研究和总结大量衍射现象的基础上，于 17 世纪末提出了惠更斯原理。

在波传播过程中，波面（波前）上的每一点都可以视为发射子波的新波源，在其后的任一时刻，这些子波的包络面就成为新的波面，这就是惠更斯原理。

如果我们已知某一时刻的波面，应用惠更斯原理，用几何作图的方法就可以方便地确定下一时刻的波面。假设一列球面波（或平面波）在各向同性的均匀介质中传播，其中 $S_1$ 为某一时刻 $t_1$ 的波面，根据惠更斯原理，$S_1$ 上的各点均为发射子波的新波源。$S_1$ 上的每一点发出的球面子波，经过 $\Delta t$ 时间后形成以 $S_1$ 上各点为球心、以 $u\Delta t$ 为半径的半球形子波面，这些子波面的包络面 $S_2$

物理学家简介：
惠更斯

就是 $t+\Delta t$ 时刻的波面。如图 6-11 所示为用惠更斯原理描绘的球面波和平面波的传播过程。

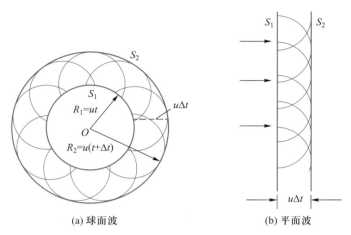

(a) 球面波 (b) 平面波

图 6-11 应用惠更斯原理求波面(波前)

我们用惠更斯原理可以解释波的衍射现象。如图 6-12 所示,当一列平面波到达一宽度与波长相近的狭缝时,缝处的各点成为子波源,它们发出的子波的包络面就是新的波面,从而使波的传播方向偏离原方向,波绕过障碍物继续向前传播。根据惠更斯原理还可以解释波的反射和折射现象。

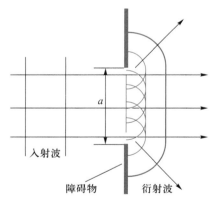

图 6-12 应用惠更斯原理解释波的衍射

## 6.4.2 波的叠加原理 波的干涉

### 1. 波的叠加原理

波的叠加原理包含波动的两个基本传播性质。一是波的独立传播性。当几列波同时在一种介质中传播时,它们将保持各自原有的特征(频率、波长、振动方向等)不变,继续向前独立传播、互不影响,就像没有遇到其他波一样。二是波的可叠加性。当几列波在介质中某点相遇时,该点处质点振动的位移等于各列波单独存在时在该点引起的振动位移的矢量和。

我们在日常生活中经常会察觉到符合波的叠加原理的实例。例如,水面上几列水波可以互不干扰地相互穿过,然后继续按各自原有的特征向前传播;我们能够在嘈杂的声音环境中分辨出熟人的声音,在乐队合奏的音乐中分辨出各种乐器的声音;收音机能够在空间许多无线电波中选择接收其中某一频率的电波信号。因此,机械波、电磁波等的传播都具有波的独立传播特性。

2. 波的干涉

一般来说,振幅、频率、相位和振动方向不同的几列波在相遇点叠加时,该点的振动是较为复杂的。现在我们只讨论一种最基本、最重要的情形,即两列频率相同、振动方向相同、相位相同或相位差恒定的波的叠加。满足这些条件的两列波,在它们相遇的区域内某些点处振动始终加强,而在另一些点处振动始终减弱或完全抵消,这种现象称为波的干涉现象。能产生干涉现象的波,即这种频率相同、振动方向相同、相位相同或相位差恒定的两列波称为相干波。激发相干波的波源称为相干波源。因此,波的干涉具有三个必要条件,它们分别是频率相同、振动方向相同、相位相同或相位差恒定。

下面我们进行波的干涉的讨论。如图6-13所示,$S_1$ 和 $S_2$ 为两个相干波源,它们的振动方程分别为

$$y_{10} = A_{10} \cos(\omega t + \varphi_1)$$

$$y_{20} = A_{20} \cos(\omega t + \varphi_2)$$

式中,$\omega$ 为两波源的角频率;$A_{10}$ 和 $A_{20}$ 分别为两波源的振幅;$\varphi_1$ 和 $\varphi_2$ 分别为两波源振动的初相位。若由波源 $S_1$ 和 $S_2$ 发出的两列波在介质中传播时,分别经过 $r_1$ 和 $r_2$ 的路程在 $P$ 点处相遇。那么这两列波在 $P$ 点处引起的两个分振动的方程分别为

$$y_1 = A_1 \cos\left(\omega t + \varphi_1 - \frac{2\pi}{\lambda} r_1\right)$$

$$y_2 = A_2 \cos\left(\omega t + \varphi_2 - \frac{2\pi}{\lambda} r_2\right)$$

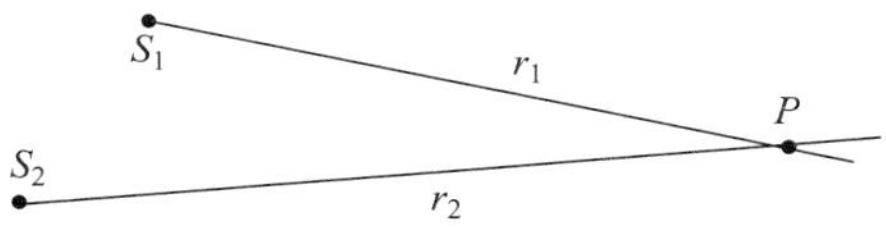

图 6-13 两列相干波的叠加

根据波的叠加原理和两个同方向、同频率简谐振动的合成公式,可知 $P$ 点的合振动也是简谐振动,其合振动方程为

$$y = y_1 + y_2 = A\cos(\omega t + \varphi) \tag{6-26}$$

$P$ 点的合振动振幅 $A$ 为

$$A = \sqrt{A_1^2 + A_2^2 + 2A_1 A_2 \cos \Delta\varphi} \tag{6-27}$$

初相位 $\varphi$ 满足

$$\tan \varphi = \frac{A_1 \sin\left(\varphi_1 - \dfrac{2\pi}{\lambda}r_1\right) + A_2 \sin\left(\varphi_2 - \dfrac{2\pi}{\lambda}r_2\right)}{A_1 \cos\left(\varphi_1 - \dfrac{2\pi}{\lambda}r_1\right) + A_2 \cos\left(\varphi_2 - \dfrac{2\pi}{\lambda}r_2\right)} \tag{6-28}$$

式(6-27)中 $\Delta\varphi$ 是 $P$ 点处两个分振动的相位差,即

$$\Delta\varphi = (\varphi_2 - \varphi_1) - \frac{2\pi}{\lambda}(r_2 - r_1) \tag{6-29}$$

其中 $\varphi_2 - \varphi_1$ 是两个相干波源的初相位之差,为一常量;$r_2 - r_1$ 是两列波自各自波源发出、传播到 $P$ 点的几何路程之差,称为波程差;$\dfrac{2\pi}{\lambda}(r_2 - r_1)$ 是两列波因波程差而产生的相位差。对于介质中任意确定的 $P$ 点,由于两波源和相遇点 $P$ 的位置确定,其波程差不变,则在 $P$ 点引起的两个分振动的相位差 $\Delta\varphi$ 恒定,所以 $P$ 点处合振动的振幅是确定的。但对于不同点,振幅一般不同。

当空间的点满足相位条件

$$\Delta\varphi = (\varphi_2 - \varphi_1) - \frac{2\pi}{\lambda}(r_2 - r_1) = \pm 2k\pi \quad (k = 0, 1, 2, 3, \cdots)$$

$$\tag{6-30}$$

时,$\cos \Delta\varphi = 1$,有 $A = A_1 + A_2 = A_{\max}$,这些点的合振幅 $A$ 最大,合振动始终加强,称为波的干涉加强或干涉相长。

当空间的点满足相位条件

$$\Delta\varphi = (\varphi_2 - \varphi_1) - \frac{2\pi}{\lambda}(r_2 - r_1) = \pm(2k+1)\pi \quad (k = 0, 1, 2, 3, \cdots)$$

$$\tag{6-31}$$

时,$\cos \Delta\varphi = -1$,有 $A = |A_1 - A_2| = A_{\min}$,这些点的合振幅 $A$ 最小,合振动始终减弱,称为波的干涉减弱或干涉相消。

当两波源 $S_1$ 和 $S_2$ 满足条件 $\varphi_1 = \varphi_2$,即波源振动的初相位相同时,$P$ 点处两个分振动的相位差 $\Delta\varphi$ 可改写为 $\Delta\varphi = \dfrac{2\pi}{\lambda}(r_1 - r_2)$,则相位差是由于波程差而引起的,干涉加强或减弱的条件可以简化。

由式(6-30)和式(6-31)可知,当满足波程差条件

$$r_2 - r_1 = \pm k\lambda \quad (k = 0, 1, 2, 3, \cdots, \text{干涉相长}) \tag{6-32}$$

$$r_2 - r_1 = \pm(2k+1)\frac{\lambda}{2} \quad (k = 0, 1, 2, 3, \cdots, \text{干涉相消}) \tag{6-33}$$

且两个相干波源的初相位相同时,式(6-32)说明在波程差等于零或波长整数倍的空间各点处,出现干涉相长,其合振幅最大;式(6-33)说明在波程差等于半波长奇数倍的空间各点处,出现干涉相消,其合振幅最小。

**例 6.9**

如图 6-14 所示,$S_1$ 和 $S_2$ 为两个相干波源,其振幅均为 5 cm,频率为 100 Hz,波速为10 m/s,波源 $S_1$ 的振动初相位为零,当 $S_1$ 点为波峰时,$S_2$ 点为正好为波谷。当这两列波在 $P$ 点处相遇时:

(1) 试写出两波源在 $P$ 点处产生的分振动方程;

(2) 求 $P$ 点处的干涉结果。

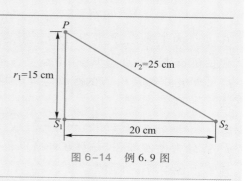

图 6-14　例 6.9 图

**解**　本题中各量均采用 SI 单位。

(1) 根据题意,$\varphi_1 = 0$,$\Delta\varphi = \varphi_2 - \varphi_1 = \pi$,$\omega = 2\pi\nu = 200\pi$ rad/s,由图可知 $PS_1 = 0.15$ m,则 $PS_2 = \sqrt{PS_1^2 + S_1 S_2^2} = 0.25$ m。那么,$S_1$ 和 $S_2$ 在 $P$ 点引起的分振动方程为

$$y_1 = A\cos\left[\omega\left(t - \frac{PS_1}{u}\right) + \varphi_1\right]$$
$$= 5\times10^{-2}\cos 200\pi\left(t - \frac{0.15}{10}\right)$$
$$= 5\times10^{-2}\cos(200\pi t - 3\pi)$$

$$y_2 = A\cos\left[\omega\left(t - \frac{PS_2}{u}\right) + \varphi_2\right]$$
$$= 5\times10^{-2}\cos\left[200\pi\left(t - \frac{0.25}{10}\right) + \pi\right]$$
$$= 5\times10^{-2}\cos(200\pi t - 4\pi)$$

(2) 方法一

直接应用 $P$ 点的两个分振动方程,有

$$\Delta\varphi = (200\pi t - 4\pi) - (200\pi t - 3\pi) = -\pi$$

因满足 $\Delta\varphi = \pm(2k+1)\pi$,所以 $P$ 点的干涉结果应该是干涉相消,即静止不动。

方法二

利用波的干涉相位差条件,由于该波的波长为 $\lambda = uT = \dfrac{u}{\nu} = 0.1$ m,则有

$$\Delta\varphi = (\varphi_2 - \varphi_1) - \frac{2\pi}{\lambda}(r_2 - r_1)$$
$$= \pi - \frac{2\pi}{0.1}(0.25 - 0.15)$$
$$= -\pi$$

所以 $P$ 点的干涉结果应该是干涉相消。

**例 6.10**

假设有两个连接在同一功率放大器上的音箱,发出振幅相同、波长为 $\lambda$ 的声波。

(1) 当两个音箱相距 $\lambda/2$ 时,求在两音箱连线的延长线上任意一确定的 $P_1$ 点的干涉情况及中垂线上任意一确定的 $P_2$ 点的干涉情况;(2) 当两个音箱相距 $\lambda$ 时,再求 $P_1$、$P_2$ 点的干涉情况。

解　（1）因两音箱接在同一功率放大器上，所以其频率相同、振动方向相同、初相位相同。如图 6-15 所示，两波源到达 $P_1$ 点的距离分别为 $r_1, r_2$，则其波程差为

$$\Delta r = r_2 - r_1 = \frac{\lambda}{2}$$

$P_1$ 点处为干涉相消，并且在两音箱连线两侧的延长线上各点均干涉相消。

两波源到达 $P_2$ 点的距离均为 $r$，则其波程差为

$$\Delta r' = r_2 - r_1 = 0$$

$P_2$ 点处为干涉加强，并且在两音箱连线中垂线上各点均干涉加强。

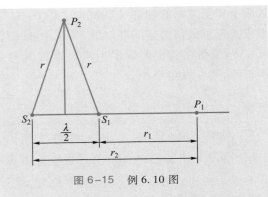

图 6-15　例 6.10 图

（2）当两音箱之间距离为 $\lambda$ 时，到达 $P_1$ 点处波程差为 $\Delta r = r_2 - r_1 = \lambda$；到达 $P_2$ 点处波程差仍然为零。所以延长线上、中垂线上各点均干涉加强。

通过该例题，我们可以考虑会议室音箱的安放位置与音响效果情况。

例 6.11

如图 6-16 所示为声波干涉仪。声波从入口 E 处进入仪器，分 B、C 两路在管中传播，然后到喇叭口 A 会合后传出。弯管 C 可以伸缩，当它渐渐伸长时，喇叭口发出的声音将周期性地增强或减弱。设 C 管每伸长 8 cm，由 A 发出的声音就减弱一次，求此声波的频率（空气中声速为 340 m/s）。

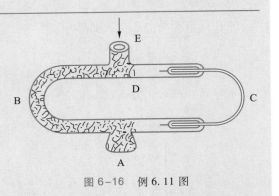

图 6-16　例 6.11 图

解　由于是同一列声波进入仪器后被分割为两列，通过不同路径传播，所以这两列波为相干波。它们在出口处相遇干涉相消时的波程差为

$$\Delta r = L_{DCA} - L_{DBA} = (2k+1)\frac{\lambda}{2}$$

当 C 管伸长 $x = 8$ cm 时，再一次出现干涉相消，即此时的波程差应满足条件

$$\Delta r' = \Delta r + 2x = \left[ 2(k+1) + 1 \right]\frac{\lambda}{2}$$

比较 $\Delta r'$ 和 $\Delta r$ 可得

$$\Delta r' - \Delta r = 2x = \lambda$$

所以有声波的频率为

$$\nu = \frac{u}{\lambda} = \frac{u}{2x} = 2\ 125\ \text{Hz}$$

# 6.5 驻波

## 6.5.1 驻波的产生

两列振幅相同的相干波沿相反方向传播时叠加所形成的波，称为驻波。它是一种特殊情形的干涉现象。

常用的驻波演示装置如图6-17所示。将弦线的一端系于电动音叉一臂A，弦线的另一端系一砝码，通过定滑轮使弦线拉紧，劈尖B的位置可以调节，以改变A、B间的距离。当音叉振动时，在弦上产生自左向右传播的横波，此波传播到劈尖B点处被反射，形成向左传播的反射波。这样入射波、反射波在弦的A、B间相遇，产生干涉。调节劈尖B的位置，可改变A、B间的距离，使A、B间的弦上形成稳定的干涉状态，有些点始终静止（振幅为零），另一些点振动最强（振幅最大），这就形成了驻波。

图6-17 两端固定的弦的驻波

## 6.5.2 驻波方程

设有两列振幅相同的相干波，具有相同的波速 $u$，一列沿 $x$ 轴正向传播，另一列沿 $x$ 轴的负向传播。在 $t=0$ 时，两列波均使坐标原点 $O$ 处质点位于正向最大位移处，则此时沿 $x$ 轴正向传播的入射波方程为

$$y_1 = A\cos 2\pi\left(\nu t - \frac{x}{\lambda}\right) \tag{6-34}$$

而沿 $x$ 轴负向传播的反射波方程为

$$y_2 = A\cos 2\pi\left(\nu t + \frac{x}{\lambda}\right) \tag{6-35}$$

式（6-34）和式（6-35）中两列波的合成波为

$$y = y_1 + y_2 = A\cos 2\pi\left(\nu t - \frac{x}{\lambda}\right) + A\cos 2\pi\left(\nu t + \frac{x}{\lambda}\right)$$

利用三角函数的和差化积公式可得

$$y = 2A\cos\frac{2\pi x}{\lambda}\cos 2\pi\nu t \qquad\qquad (6-36)$$

式(6-36)即为驻波方程。其中 $\cos 2\pi\nu t$ 表示相干区域内各质点作同频率的简谐振动，$\left|2A\cos\dfrac{2\pi x}{\lambda}\right|$ 是相干区域中各质点的振幅，说明驻波各质点的振幅与质点位置 $x$ 有关。图 6-18 形象地描述了驻波的形成过程。

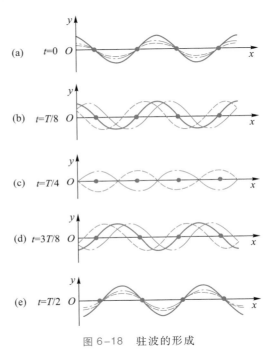

图 6-18　驻波的形成

## 6.5.3 驻波的特点

在 $x$ 轴上，满足振幅 $\left|2A\cos\dfrac{2\pi x}{\lambda}\right|$ 为零条件的质点始终静止，振幅最小，这些点称为波节。要使振幅为零，那么 $\cos\dfrac{2\pi x}{\lambda} = 0$，即

$$\frac{2\pi x}{\lambda} = \pm(2k+1)\frac{\pi}{2} \qquad (k = 0,1,2,\cdots)$$

$$x = \pm(2k+1)\frac{\lambda}{4} \quad (k=0,1,2,\cdots) \qquad (6-37)$$

波节的位置是驻波中振幅最小的质点所处的位置,相邻两个波节之间的距离为

$$\Delta x = x_{k+1} - x_k = \frac{\lambda}{2} \qquad (6-38)$$

在 $x$ 轴上,满足振幅 $\left|2A\cos\dfrac{2\pi x}{\lambda}\right| = 1$ 条件的点振动最强,振幅最大,这些点称为波腹。要使振幅最大,那么 $\left|\cos\dfrac{2\pi x}{\lambda}\right| = 1$,即

$$\frac{2\pi x}{\lambda} = \pm k\pi \quad (k=0,1,2,\cdots)$$

$$x = \pm k\frac{\lambda}{2} \quad (k=0,1,2,\cdots) \qquad (6-39)$$

波腹的位置是驻波中振幅最大的质点所处的位置,同理,相邻两个波腹之间的距离为

$$\Delta x = x_{k+1} - x_k = \frac{\lambda}{2} \qquad (6-40)$$

驻波中各振动质点的相位与 $\cos\dfrac{2\pi x}{\lambda}$ 的正负有关。在波节两边的各点 $\cos\dfrac{2\pi x}{\lambda}$ 符号相反,因此波节两边的各质点振动相位反相;在相邻两个波节之间的各点符号 $\cos\dfrac{2\pi x}{\lambda}$ 相同,因此各质点振动相位同相。相邻两个波节之间的各质点也可称为一个分段,即同一段上各质点同时达到最大值,同时通过平衡位置;而波节两侧各质点则沿相反方向同时达到正(或负)向的最大值,沿相反方向同时通过平衡位置。在两列波的叠加区域不存在振动状态或相位的传播,只有波节两侧段与段之间的相位突变,这是驻波与行波振动状态或相位传播的重要区别之一。

## *6.5.4 驻波的能量

驻波振动中既没有相位的传播,也没有能量的传播。例如在一段固定的弦振动形成的驻波中,当两波节之间的各质点振动达到最大位移时,其振动速度为零,即振动动能为零,此时两节点间的弦线由于形变具有最大总势能。由于同一段弦线各点处形变程度不同,越靠近波节处形变程度越大,此时波节附近形变最大,波腹附近形变最小,因此驻波势能基本集中于波节附近。当两波

节之间的各质点自同一方向同时回到各自平衡位置时,该段弦线各点处形变消失,总势能为零,此时两节点间的各质点由于振动速度最大具有最大总动能。由于波腹处振动速度最大,因此驻波动能基本集中于波腹附近。至于其他时刻,动能与势能同时存在。

因此在驻波振动中,同一个波段内动能和势能不断相互转化,形成了能量由波腹附近到波节附近,再由波节附近到波腹附近,交替重复进行而不向外传播,这也说明驻波的能量并非定向传播,即驻波不传递能量,这也是驻波与行波的又一重要区别。

## 6.5.5 半波损失

微课视频:
半波损失

在如图 6-17 所示的用音叉演示的驻波实验中,由于劈尖 B 的作用,弦线在反射点 B 处是固定不动的,因而在 B 点处只能形成波节。这说明入射波与反射波在 B 点处相位相反,则反射波在该点处产生 π 的相位突变。由于这个 π 的相位跃变相当于半个波长的波程变化,所以这种入射波在反射时发生反相的现象称为半波损失。如果波在自由端发射,则不产生相位突变,因此自由端反射时则形成波腹。

波在介质中传播时,介质密度 $\rho$ 与波速 $u$ 的乘积 $\rho u$ 相对较大的介质称为波密介质,$\rho u$ 相对较小的介质称为波疏介质。当波从波疏介质垂直入射到波疏介质与波密介质的分界面时,存在半波损失,入射波与反射波在反射处形成波节;反之不存在半波损失,反射处出现波腹。

## *6.5.6 简正模式

通常对于吉他、竖琴、古筝等采用弦振动发声原理的乐器,当拨动琴弦时,波经两端固定点反射,在弦上形成反向传播的入射波与反射波,叠加形成驻波。

对于两端固定的琴弦,形成驻波时,弦线两端固定点为波节,要形成稳定的驻波,弦线长度 $l$ 则必须是半波长的整数倍,即

$$l = n\frac{\lambda_n}{2} \quad (n = 1, 2, 3, \cdots) \tag{6-41}$$

式(6-41)可知,当弦线长度 $l$ 固定时,则波长 $\lambda$ 不能是任意值,需满足

$$\lambda_n = \frac{2l}{n} \quad (n=1,2,3,\cdots)$$

由于波速 $u = \lambda\nu$，因此波的频率也不是任意的，只能满足以下条件：

$$\nu_n = n\frac{u}{2l} \quad (n=1,2,3,\cdots) \tag{6-42}$$

式（6-42）中，$u = \sqrt{\dfrac{F}{\rho_l}}$ 为弦线中的波速，频率 $\nu_n$ 称为弦振动的本征频率，每一种频率对应一种振动方式。各种允许频率所对应的振动方式，称为弦振动的简正模式。当 $n=1$ 时的频率为基频，$n=2,3,\cdots$ 时，其频率均为基频的整数倍，称为谐频，即二次、三次……谐频，其对应的波称为谐波。两端固定的弦振动简正模式如图 6-19 所示。

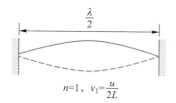 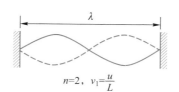 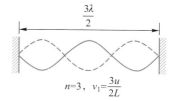

$n=1$，$\nu_1 = \dfrac{u}{2L}$     $n=2$，$\nu_1 = \dfrac{u}{L}$     $n=3$，$\nu_1 = \dfrac{3u}{2L}$

图 6-19　两端固定的弦振动的简正模式

## 例 6.12

一把二胡的千斤（弦的上方固定点）和码子（弦的下方固定点）之间的距离是 $L=0.3$ m，如图 6-20 所示。其上一根弦的质量线密度为 $\rho_l = 3.8 \times 10^{-4}$ kg/m，拉紧它的张力 $F = 9.4$ N。已知弦上波的传播速度为 $u = \sqrt{\dfrac{F}{\rho_l}}$，请问：此弦发出的声音的基频是多少？此弦的三次谐频振动的波节点在何处？

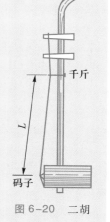

图 6-20　二胡

**解**　由于弦振动的简正模式为

$$\nu_n = n\frac{u}{2L}$$

则 $n=1$ 时，此弦中产生的驻波的基频为

$$\nu_1 = \frac{u}{2L} = \frac{1}{2L}\sqrt{\frac{F}{\rho_l}} = \frac{1}{2\times0.3}\sqrt{\frac{9.4}{3.8\times10^{-4}}} \text{ Hz}$$
$$= 262 \text{ Hz}$$

弦发出的声波的基频为 262 Hz，是"C"调。三次谐频振动时，整个弦长为 $L = n\dfrac{\lambda}{2}$，$n=3$。因此，从千斤算起，波节节点应在 0 cm，10 cm，20 cm，30 cm 处。

# 6.6　多普勒效应

物理学家简介：
多普勒

在前面的讨论中，我们假定了波源和观测者相对于介质是静止的，观察者测得波在介质中传播的频率和波源的频率相同。如果波源或观测者相对于介质运动，则观测者测得波的频率与波源的振动频率不同。例如，当高速行驶的列车鸣笛而来时，我们听到的汽笛声调变高；当火车自站台鸣笛高速离去时，声调变低。这种由于波源或观测者相对于介质运动，观测者测得的频率与波源振动频率不同的现象，称为多普勒效应，也称为多普勒频移。

为了讨论简单，我们假定波源和观测者在同一直线上运动。设定波源相对于介质的运动速度用 $v_S$ 表示，观测者相对于介质的运动速度用 $v_R$ 表示，波在介质中传播的速度用 $u$ 表示。波源的频率 $\nu_S$ 为波源在单位时间内振动的次数，或单位时间发出的完整波数；观测者接收到的频率 $\nu_R$ 为观测者在单位时间内接收到振动的次数或完整波数；波的频率 $\nu$ 是介质中的质点在单位时间内振动次数，或单位时间内通过的完整波数。下面根据波源或观测者运动的不同分情况讨论。

## 6.6.1　波源不动，观测者相对于介质运动

若波源 S 相对于介质静止不动，以波速 $u$ 发出球面波如图 6-21 所示。如果观测者也相对于介质静止不动，波单位时间传播的距离为 $u$，则观测者接收到的波数为 $\dfrac{u}{\lambda}$。而现在观测者以速度 $v_R$ 向着波源运动，单位时间内移动的距离为 $v_R$，从而观测者在单位时间内额外接收到的波数为 $\dfrac{v_R}{\lambda}$。观测者在单位时间内接收的完整波数，即频率为

$$\nu_R = \frac{u + v_R}{\lambda}$$

由于波源静止 $\nu = \nu_S$，且 $u = \lambda\nu$，则有

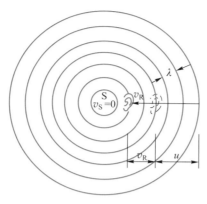

图 6-21 波源静止时的多普勒效应

$$\nu_R = \frac{u+v_R}{u}\nu_S = \left(1+\frac{v_R}{u}\right)\nu_S \qquad (6-43)$$

式(6-43)表明观测者向着静止的波源运动时,观测到的频率为波源频率的 $1+\dfrac{v_R}{u}$ 倍,大于波源的频率。

当观测者远离静止的波源运动时,则观测到的频率低于波源的频率,其频率为

$$\nu_R = \frac{u-v_R}{u}\nu_S = \left(1-\frac{v_R}{u}\right)\nu_S$$

## 6.6.2 观测者静止不动,波源相对于介质运动

波源运动时,波的频率不再等于波源的频率。假设波源 S 以 $v_S$ 向着观测者运动,波在介质中的传播速度 $u$ 仅仅取决于介质特征,与波源运动与否无关,所以波源 S 的振动在一个周期内向前传播的距离为 $\lambda = uT$,即一个波长;但由于波源向着观测者以速度 $v_S$ 运动,所以在一个周期 $T$ 内波源在波的传播方向上移动了 $v_S T$ 的距离而达到 S′点,则 S′点到前方最近的同相位点之间的距离为现在的一个波长 $\lambda' = \lambda - v_S T = uT - v_S T = (u-v_S)T$,可形象地描述为在介质内一个完整的波被挤压在 S′与 O 之间,使波长减小,如图 6-22 所示。此时波的频率为

$$\nu = \frac{u}{\lambda'} = \frac{u}{(u-v_S)T_S} = \frac{u}{u-v_S}\nu_S$$

观测者相对于介质静止,在单位时间内接收到的完整波数等于波的频率,$\nu_R = \nu$,即观测者接收到的频率为

$$\nu_R = \frac{u}{u - v_S} \nu_S \qquad (6-44)$$

式(6-44)表明观测者静止,而波源向着观测者运动时,观测到的频率为波源频率的$\frac{u}{u-v_S}$倍,大于波源的频率。

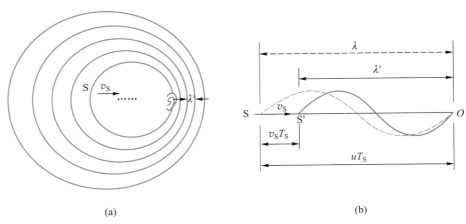

(a)          (b)

图6-22 波源运动时的多普勒效应

当波源远离静止观测者的运动时,则观测到的频率低于波源的频率,其频率为

$$\nu_R = \frac{u}{u + v_S} \nu_S \qquad (6-45)$$

## 6.6.3 观测者和波源同时相对于介质运动

综合上面两种情况讨论可知,观测者和波源相向运动时,观测者接收到的频率为

$$\nu_R = \frac{u + v_R}{u - v_S} \nu_S \qquad (6-46)$$

当观测者和波源相背运动时,观测者接收到的频率为

$$\nu_R = \frac{u - v_R}{u + v_S} \nu_S \qquad (6-47)$$

考虑其一般情况,表达式可以综合写成

$$\nu_R = \frac{u \pm v_R}{u \mp v_S} \nu_S \qquad (6-48)$$

式(6-48)中,当观测者向着波源运动时$v_R$取正号,远离波源时取负号;当波源向着观测者运动时$v_S$取负号,远离波源时取正号。

**例 6.13**

在晴朗无风的天气,设空气中声波声速为 $u=330$ m/s。若有一警车以 20 m/s 的速度在平直的公路上行驶,其警笛发射的声波频率为 1 500 Hz;一人骑车以 6 m/s 的速度跟随其后。

(1) 求骑行人听到的警笛声的频率;

(2) 警笛在空气中形成的声波的波长。

**解** (1) 由于观测者向着波源运动,$v_R$ 取正号;又由于波源远离观测者,$v_S$ 取正号,则人听到警笛声的频率为

$$\nu_R = \frac{u+v_R}{u+v_S}\nu_S = \frac{330+6}{330+22}\times 1\ 500\ \text{Hz} = 1\ 432\ \text{Hz}$$

(2) 警笛声在空气中的频率,即假设人

静止时听到的频率为

$$\nu = \frac{u}{u+v_S}\nu_S = \frac{330}{330+22}\times 1\ 500\ \text{Hz} = 1\ 406\ \text{Hz}$$

则空气中警笛声的波长为

$$\lambda = \frac{u}{\nu} = \frac{u+v_S}{\nu_S} = \frac{330+22}{1\ 500}\ \text{m} = 0.23\ \text{m}$$

**结论**:在多普勒效应中,不论波源还是观测者运动,或两者均发生运动,当波源和观察者相互接近时,观测者接收到的频率总是大于波源振动频率;当波源和观测者相互远离时,观测者接收到的频率总是小于波源振动频率。

# 6.7 声波

在弹性介质中传播的机械纵波,其频率在 20 ~ 20 000 Hz 范围内,能够引起人的听觉,称为声波。频率低于 20 Hz,称为次声波;频率高于 20 000 Hz,称为超声波。为了说明声波在介质中各点处的强弱,我们常采用声压和声强两个物理量来描述。

阅读材料:
超声波、次声波和噪声

## 6.7.1 声压

介质中有声波传播时的压强与无声波传播时的静压强之差称为声压。声波是疏密波,显然,在稀疏区域声压为负值,实际压强小于其静压强;在稠密区域声压为正值,实际压强大于静止压强。因为介质中各点的声振动是周期性变化的,所以其声压也是周期性变化的。对于平面简谐波,可以证明其声压的振幅为

$$p_m = \rho u A \omega \tag{6-49}$$

式 (6-49) 中,介质密度 $\rho$ 和声速 $u$ 的乘积称为声波阻抗或特性阻抗,用 $Z$ 表示,有

$$Z = \rho u \qquad (6-50)$$

特性阻抗是一个重要物理量。两种介质相比较,特性阻抗相对较大的介质称为波密介质,而特性阻抗较小的介质称为波疏介质。波在两种介质的分界面反射和折射时,其反射波和折射波的能量分配与特性阻抗有关;其反射波是否产生半波损失也与这两个介质的特性阻抗有关。

## 6.7.2 声强和声强级

1. 声强

根据波强的概念,声波的平均能流密度称为声波的强度,简称声强,用 $I$ 来表示:

$$I = \frac{1}{2}\rho u A^2 \omega^2 = \frac{1}{2}\frac{p_{\mathrm{m}}^2}{\rho u} \qquad (6-51)$$

式(6-51)表明,声强与频率的平方和振幅的平方成正比。在国际单位制中,声强的单位是瓦[特]每平方米,符号为 $\mathrm{W/m}^2$。

能够引起人听觉的声波,不仅频率要在一定的范围内,而且声波的强度也要在一定的范围内。对于一定频率的声波,引起声觉的声强有上、下两个限度,能够引起人听觉的声强范围一般为 $10^{-12} \sim 1$ W,低于下限的声强太小,不能引起听觉;高于上限的声强又太大,只能使人耳产生痛觉,也不能引起听觉。

2. 声强级

由于能引起听觉的声强的上、下限相差一万亿倍,数量级相差悬殊,因此直接用声强进行度量很不方便,通常用声强级来描述声波的强弱。一般规定以听觉下限 $I_0 = 10^{-12}$ W/m$^2$ 作为测定声强的基准,把声强 $I$ 与基准声强 $I_0$ 之比的常用对数称为声强 $I$ 的声强级,用 $L$ 表示为

$$L = \lg \frac{I}{I_0} \qquad (6-52)$$

式(6-52)中声强级 $L$ 的单位为贝(尔),符号为 B。在实际使用中,我们通常用分贝(dB)来表示声强级的单位,1 B = 10 dB。式(6-52)中声强级 $L$ 可表示为

$$L = 10\lg \frac{I}{I_0} \ \mathrm{dB} \qquad (6-53)$$

声音响度是人对声音强弱的主观感觉,它与声强级有关,声强级越大人感觉声音越响。表6-2给出了几种声音的声强和声强级。

表 6-2　几种声音的声强和声强级

| 声源 | 声强/W·m⁻² | 声强级/dB |
|---|---|---|
| 听觉阈值 | $10^{-12}$ | 0 |
| 树叶沙沙声 | $10^{-11}$ | 10 |
| 低声耳语 | $10^{-10}$ | 20 |
| 正常谈话 | $10^{-6}$ | 60 |
| 闹市车声 | $10^{-5}$ | 70 |
| 地铁车内 | $10^{-3}$ | 90 |
| 响雷 | $10^{-1}$ | 110 |
| 炮声 | 1 | 120 |
| 痛觉阈值 | 1 | 120 |

### 例 6.14

《三国演义》中张飞喝断当阳桥。若大将张飞大喝一声的声强级为 140 dB，频率为 420 Hz，一个士兵大喝一声的声强级为 90 dB。则张飞大喝一声相当于多少士兵同时大喝一声？

**解**　假设张飞大喝一声的声强为 $I$，一个士兵大喝一声的声强为 $I_1$。由声强级的公式可得，张飞大喝一声的声强为

$$I = I_0 \times 10^{14} = 10^{-12} \times 10^{14} \text{ W/m}^2 = 100 \text{ W/m}^2$$

同理，一个士兵大喝一声的声强为

$$I_1 = I_0 \times 10^9 = 10^{-12} \times 10^9 \text{ W/m}^2 = 10^{-3} \text{ W/m}^2$$

因为

$$\frac{I}{I_1} = \frac{100}{10^{-3}} = 10^5$$

所以张飞大喝一声相当于 10 万士兵同时大喝一声。

### 习题

6.1　设在一个安静的扬声器前有一粒灰尘，如图 6-23 所示。打开扬声器开关，发出一固定频率的音调。当打开扬声器后灰尘可能的运动模式是（　　）。

A. 灰尘将上下运动

B. 灰尘将被推开

C. 灰尘将左右移动

D. 灰尘将作圆周运动

扬声器　　灰尘

图 6-23　习题 6.1 图

6.2　设水面上有一浮块，如图 6-24 所示。若该水面波的频率和振幅恒定，水面波的传播方向向右，则浮块可能的运动模式是（　　）。

A. 浮块上下运动　　B. 浮块随水波向右运动

C. 浮块左右移动　　D. 浮块作近似圆周运动

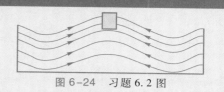

图 6-24　习题 6.2 图

6.3　下述说法中哪些是正确的:（　　）。

A. 波只能分为横波和纵波

B. 波动质点按波速向前运动

C. 波动中传播的只是运动状态和能量

D. 波在不同介质中传播时波长不变

6.4　下列叙述中正确的是（　　）。

A. 机械振动一定能产生机械波

B. 波动方程中的坐标原点一定要设在波源上

C. 波动传播的是运动状态和能量

D. 振动的速度与波的传播速度大小相等

6.5　在同一介质中两列相干的平面简谐波强度之比为 $I_1 : I_2 = 1 : 9$ 时,两列波的振幅之比 $A_1 : A_2$ 为（　　　）。

A. $1 : 2$　　B. $1 : 3$　　C. $1 : 4$　　D. $1 : 5$

6.6　简谐波传播过程中,沿传播方向相距 $\dfrac{\lambda}{2}$（$\lambda$ 为波长）的两点的振动速度必定（　　　）。

A. 大小相同,而方向相反

B. 大小和方向均相同

C. 大小不同,方向相同

D. 大小不同,而方向相反

6.7　平面简谐波的波动方程为 $y = A\cos\left(\omega t - \dfrac{\omega x}{u}\right)$,式中 $-\dfrac{\omega x}{u}$ 表示（　　　）。

A. 波源的振动相位

B. 波源的振动初相位

C. $x$ 处质点的振动相位

D. $x$ 处质点的振动初相位

6.8　两列频率不同的声波在空气中传播,已知频率 $\nu_1 = 500$ Hz 的声波在波线上相距为 $L$ 的两点振动相位差为 $\pi$,那么频率 $\nu_2 = 1\,000$ Hz 的声波在波线上相距 $L/2$ 的两点相位差为（　　　）。

A. $\pi/2$　　B. $3\pi/4$　　C. $\pi$　　　D. $3\pi/2$

6.9　一质点沿 $y$ 方向振动,振幅为 $A$,周期为 $T$,$t = 0$ s 时,位于平衡位置 $y = 0$ 处,且向 $y$ 轴正向运动。由该质点引起的平面简谐波的波长为 $\lambda$,沿 $x$ 轴正向传播。若该质点位于 $x = 0$ 处,则波动方程为（　　　）。

A. $y = A\cos\left(2\pi\,\dfrac{t}{T} - \dfrac{\pi}{2} - \dfrac{2\pi x}{\lambda}\right)$

B. $y = A\cos\left(2\pi\,\dfrac{t}{T} + \dfrac{\pi}{2} - \dfrac{2\pi x}{\lambda}\right)$

C. $y = A\cos\left(2\pi\,\dfrac{t}{T} - \dfrac{\pi}{2} + \dfrac{2\pi x}{\lambda}\right)$

D. $y = A\left(2\pi\,\dfrac{t}{T} + \dfrac{\pi}{2} + \dfrac{2\pi x}{\lambda}\right)$

6.10　根据惠更斯-菲涅耳原理,若已知波在某时刻的波面为 $S$,则 $S$ 的前方某点 $P$ 的强度取决于波阵面 $S$ 上所有子波源发出的子波各自到 $P$ 点的（　　　）。

A. 振动振幅之和

B. 光强之和

C. 振动振幅平方之和

D. 振动的相干叠加

6.11　一简谐波,振幅增为原来的两倍,而周期减为原来的一半,则后者波的强度 $I$ 与原来波的强度 $I_0$ 之比为（　　　）。

A. $1 : 1$　　B. $2 : 1$　　C. $4 : 1$　　D. $16 : 1$

6.12　一简谐波,振幅增加为原来的三倍,而周期减少为原来的一半,则后者的强度 $I$ 与原来波的强度 $I_0$ 的比值为（　　　）。

A. 36　　　B. 18　　　C. 12　　　D. 6

6.13　如图 6-25 所示,两列波长为 $\lambda$ 的相干波在 $P$ 点相遇。波在 $B$ 点振动的初相位是 $\varphi_1$,$B$ 到 $P$ 点的距离是 $r_1$。波在 $C$ 点的初相位是 $\varphi_2$,$C$ 点到 $P$ 点的距离是 $r_2$,以 $k$ 代表零或正、负整数,则 $P$ 点所在处是干涉极大的条件为（　　　）。

A. $r_2 - r_1 = k\pi$

B. $\varphi_2 - \varphi_1 = 2k\pi$

C. $\varphi_2 - \varphi_1 + 2\pi(r_1 - r_2)/\lambda = 2k\pi$

D. $\varphi_2 - \varphi_1 + 2\pi(r_2 - r_1)/\lambda = 2k\pi$

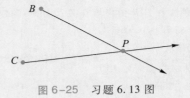

图 6-25　习题 6.13 图

6.14　在波长为 $\lambda$ 的驻波中,两个相邻波腹之间的距离为（　　　）。

A. $\lambda/4$　　B. $\lambda/2$　　C. $3\lambda/4$　　D. $\lambda$

6.15　产生机械波的必要条件是 _____ 和 _____。

6.16 已知平面简谐波方程为 $y = A\cos(bt - cx + \varphi)$，式中 $A, b, c, \varphi$ 均为常量，则平面简谐波的频率为_____，波速为_____。

6.17 波线上 $A, B$ 两点相距 0.5 m，$B$ 点相位比 $A$ 点相位滞后 $\pi/6$，波的频率为 50 Hz，则波速为_____。

6.18 已知波动方程为 $y = 0.20\cos\left(200\pi t - 2x - \dfrac{2}{3}\pi\right)$（SI 单位），其波长 $\lambda =$_____，频率 $\nu =$_____，波速 $u =$_____，初相位 $\varphi =$_____。

6.19 一列机械波沿 $x$ 轴正向传播，$t = 0$ 时的波形如图 6–26 所示，已知波速为 10 m/s，波长为 2 m，则波动方程为_____。

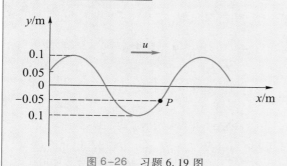

图 6–26 习题 6.19 图

6.20 如图 6–27 所示，一平面简谐波以速度 $u = 20$ m/s 沿直线传播，波线上 $A$ 点的简谐振动方程为 $y_A = 3 \times 10^{-2}\cos(4\pi t)$（SI 单位），$A, B$ 两点相距 5 m，则该简谐波的波长 $\lambda$ 为_____，$A, B$ 两点的相位差 $\varphi_B - \varphi_A$ 为_____。

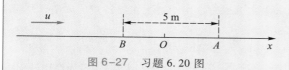

图 6–27 习题 6.20 图

6.21 惠更斯认为：在波的传播过程中，波面上的每一点，都可视为发射子波的_____，在其后任一时刻，这些子波的包络就成为新的_____。

6.22 两列相干波能发生相长干涉的条件是相位差 $\Delta\varphi =$_____，发生相消干涉的条件是相位差 $\Delta\varphi =$_____。

6.23 两列相干波在空间叠加时，干涉加强的区域，其相位差 $\Delta\varphi =$_____。

6.24 驻波中两个相邻的波节间各质点的振动振幅_____，相位_____。

6.25 在波长为 $\lambda$ 的驻波中，相邻两个波节间距离为_____，相邻两个波腹间距离为_____。

6.26 波动方程 $y = A\cos\omega\left(t - \dfrac{x}{u}\right)$ 中的 $\dfrac{x}{u}$ 表示什么？$y = A\cos\left(\omega t - \dfrac{\omega x}{u}\right)$ 中的 $\dfrac{\omega x}{u}$ 又表示什么？

6.27 一机械波在传播时，其波长、频率、周期和波速四个量中：

（1）在同一介质中，哪些量是不变的？

（2）当波从一种介质进入另一种介质中时，哪些量是不变的？

6.28 一横波沿绳子传播时的波动方程 $y = 0.05\cos(10\pi t - 4\pi x)$（SI 单位）。试求：

（1）绳上各点振动时的最大速度和最大加速度；

（2）$x = 0.2$ m 处质点的振动方程式。

6.29 有一平面简谐波沿 $x$ 轴正向传播，已知振幅 $A = 1.0$ m，周期 $T = 2.0$ s，波长 $\lambda = 2.0$ m，在 $t = 0$ 时，坐标原点处的质点位于平衡位置，沿 $y$ 轴的正向运动，求：

（1）波动方程；

（2）$t = 1.0$ s 的波形方程并画出该时刻的波形图。

6.30 一平面简谐波沿 $x$ 轴正方向传播，已知振幅 $A = 0.1$ m，$T = 0.2$ s，$\lambda = 2.0$ m。在 $t = 0$ 时坐标原点处的质点在平衡位置处沿 $y$ 轴正向运动。求：

（1）波动方程；

（2）$x = 0.5$ m 处质点的振动规律。

6.31 波源作简谐运动，其运动学方程为 $y = 4.0 \times 10^{-3}\cos(240\pi t)$，式中 $y$ 的单位为 m，$t$ 的单位为 s，它

所形成的波以速度 30 m/s 沿 $x$ 轴正向传播。

（1）求波的周期及波长；

（2）写出波动方程。

6.32 如图 6-28 所示为平面简谐波在 $t=0$ 时刻的波形图，设此简谐波的频率为 250 Hz，且此时图中 $P$ 点的运动方向向下。求：

（1）该波的波动方程；

（2）在距原点为 75 m 处质点的运动学方程及 $t=0$ 时该点的振动速度。

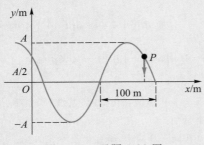

图 6-28 习题 6.32 图

6.33 如图 6-29 所示，一平面简谐波以波速 $u=0.2$ m/s 沿 $x$ 轴正向传播，已知波线上与 $D$ 点相距 0.05 m 的 $C$ 点，其振动方程为 $y=0.03\cos 4\pi t$（SI 单位），试写出以 $D$ 点为坐标原点的波函数。

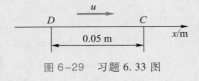

图 6-29 习题 6.33 图

6.34 有一平面简谐波在介质中传播，波速 $u=100$ m/s，波线上右侧与波源 $O$（坐标原点）距离为 75.0 m 处的一点 $P$ 的运动学方程为 $y=0.30\cos(2\pi t+\pi/2)$（SI 单位），求：

（1）波向 $x$ 轴正向传播时的波动方程；

（2）波向 $x$ 轴负向传播时的波动方程。

6.35 一平面余弦波，沿直径为 14 cm 的圆柱形管传播，波的强度为 $18.0\times10^{-3}$ J/(m²·s)，频率为 300 Hz，波速为 300 m/s，求波的平均能量密度和最大能量密度。

6.36 一平面简谐波的频率为 500 Hz，在空气（$\rho=1.3$ kg/m³）中以 340 m/s 的速度传播，达到人耳时的振幅为 $1.0\times10^{-6}$ m。试求波在人耳中的平均能量密度和声强.

6.37 一正弦空气波，沿直径为 0.14 m 的圆柱形管传播，波的平均强度为 $9\times10^{-3}$ J/(m²·s)，频率为 300 Hz，波速为 300 m/s。问：

（1）波中的平均能量密度和最大的能量密度各是多少？

（2）每两个相邻同相面间的波段中含有多少能量？

6.38 两波在一很长的弦线上传播，其波动方程分别为

$$y_1=4.00\times10^{-2}\cos\frac{1}{3}\pi(4x-24t)\quad\text{（SI 单位）}$$

$$y_2=4.00\times10^{-2}\cos\frac{1}{3}\pi(4x+24t)\quad\text{（SI 单位）}$$

求：

（1）两波的频率、波长、波速；

（2）两波叠加后的节点位置；

（3）叠加后振幅最大的那些点的位置。

6.39 若在同一介质中传播的频率分别为 1 200 Hz 和 400 Hz 的两列声波有相同的振幅，求：

（1）它们的强度之比；

（2）两列声波的声强级差。

6.40 火车以 $u=30$ m/s 的速度行驶，汽笛的频率为 $\nu_0=650$ Hz。在铁路近旁的公路上坐在汽车里的人在下列情况下听到的火车鸣笛声的频率分别是多少？

（1）汽车静止；

（2）汽车以 $v=45$ km/h 的速度与火车同向行驶。

（设空气中声速为 $v_0=340$ m/s。）

本章习题答案

# 第三篇 热　　学

　　热学是物理学的一个重要组成部分,也是自然科学中的一门基础学科,它研究的是物质的热运动以及热运动与其他运动形式之间的转化规律。热运动表现出来的宏观现象称为热现象。由于对热现象研究方法的不同,形成了热学的两种理论:宏观理论和微观理论,亦即热力学和统计物理学。

　　热力学理论的出发点是由大量观察和实验总结出来的热力学基本定律,具有高度的可靠性。在此基础上人们再用严密的逻辑推理方法和实验数据来研究宏观物体的热学性质,所得结果一般是精确且可靠的。但热力学理论并不考虑物质的微观结构,只是回答"是什么""什么样",没有从根本上回答"为什么",因而无法解释宏观平衡时由微观粒子运动所引起的局部和暂时的涨落现象,具有一定的局限性。

　　统计物理学从物质的微观结构出发,即从组成物质的分子、原子的运动及其相互作用出发,提出微观模型,然后依据每个粒子所遵循的力学规律,用统计的方法研究宏观物体的热学性质,揭示热现象的微观本质,将粒子的微观运动和物质的宏观现象紧密地联系起来,从而弥补了热力学的缺陷。但由于统计方法需要从特定的微观模型出发讨论问题,而这种模型往往是高度简化的,因此得出的结果一般是近似的。在研究热现象时,热力学和统计物理学各有所长和不足,但是两者相结合,正好各取所长,互为补充,相辅相成,从而构成热现象的完整理论。

　　人们对自然界的认识总是由宏观到微观,先现象后本质,先经验再理论,热学发展的历史也是这样。本篇将按照这一发展规律,先介绍热学现象的微观规律,再介绍热学现象的宏观规律。

# 第七章 气体动理论

气体动理论是统计物理学最简单、最基本的内容。本章介绍热学中的系统、平衡态、压强和温度等概念,从物质的微观结构出发,阐明平衡状态下的宏观参量压强和温度的微观本质,并导出理想气体的内能公式,最后讨论理想气体分子在平衡状态下的几个统计规律。

## 7.1 热力学系统 平衡态 理想气体物态方程

### 7.1.1 热力学系统

热学的研究对象是大量微观粒子(分子、原子等)组成的宏观物体,通常称研究对象为热力学系统,简称系统。研究对象以外的物体称为系统的外界(或环境)。例如,研究气缸内气体的体积、压强等变化时,气缸内的气体就是系统,而气缸壁、活塞、发动机的其他部分以及大气等都是外界。一般情况下,系统与外界之间既有能量交换(如做功、传递热量),又有物质交换(如蒸发、凝结、扩散、泄漏),根据系统与外界交换的特点,我们通常把系统分为三种:

(1)孤立系统:与外界既无能量交换,又无物质交换的理想系统;

(2)封闭系统:与外界只有能量交换,但无物质交换的系统;

(3)开放系统:与外界既有能量交换,又有物质交换的系统。

### 7.1.2 平衡态

当热力学系统不受外界影响时,不论其初始状态如何,经过足够长的时间后,必将达到一个宏观性质不再随时间变化的稳定状态,这样的状态称为热平衡态,简称平衡态;反之,就称为非平衡态。对于气体系统,平衡态表现为气体的各部分密度均匀、温度和压强处处相同。

系统处于平衡态时,必须同时满足两个条件:一是系统与外界在宏观上无能量和物质的交换;二是系统的宏观性质不随时间变化。

实际上,不受外界影响、永远保持状态不变的系统是不存在的。平衡态只是一种理想状态,当实际系统处于相对稳定的情形时,我们就可以近似认为该系统处于平衡态。应当明确的是,气体系统处于平衡态时,虽然它的宏观性质不随时间变化,但分子的无规则热运动并没有停止,因为容器内各气体分子之间、气体分子和容器壁之间,仍在不断地碰撞和交换能量,呈现一种纷繁复杂的分子热运动图像。因此,热力学中的平衡态实质上是一种动态的平衡状态。

## 7.1.3 物态参量

为了研究气体系统的宏观状态,对一定量的气体,我们可用气体的体积 $V$、压强 $p$ 和热力学温度 $T$ 来描述。气体的体积、压强和温度这三个物理量称为气体的物态参量。它们都是可以直接测量的宏观量。而组成气体的分子都具有各自的质量、速度、动量、能量等,这些描述个别分子的物理量称为微观量。微观量一般只能间接测量。微观量和宏观量之间存在内在联系。宏观物体所发生的各种现象都是它所包含的大量微观粒子运动的集体体现,因此宏观量总是一些微观量的统计平均值。气体动理论的任务之一就是要揭示气体宏观量的微观本质,即建立宏观量与微观量统计平均值之间的联系。

气体的体积是指气体所能达到的空间。在国际单位制中,体积的单位名称是立方米,符号是 $m^3$,有时也用立方分米,即升,符号是 L。$1\ L = 1\ dm^3 = 10^{-3}\ m^3$。

气体的压强是作用于容器壁单位面积上的正压力,即 $p = F/S$。在国际单位制中,压强的单位名称是帕斯卡,符号为 Pa,$1\ Pa = 1\ N/m^2$。通常,人们把 45°纬度海平面处测得的 0 ℃时的大气压值 $1.013 \times 10^5\ Pa$ 称为标准大气压。

温度是表征物体冷热程度的物理量。冷热是人们对自然界的一种体验,是对物质世界的直接感觉。但是单凭人的感觉,只能认为热的系统温度高,冷的系统温度低,这不但不能定量表示出系统的温度,有时甚至会得出错误的结论。因此,要定量表示出系统的温度,必须给温度一个严格而科学的定义。

温度概念的建立是以热力学第零定律为基础的。设不受外界影响的 A,B 两个系统,各自处在一定的平衡态。如果使 A,B 两系统相互接触,让两系统之间发生热传递,一般地,两系统的状态都会发生变化。经过一段时间后,两个相互接触的系统的冷热程度变得一致,状态也不再随时间变化,这时两系统就处在一个新的共同的平衡态,则称两系统彼此处于热平衡。再考虑用 A,B,C 表示的三个系统,A,B 两系统分别与 C 系统接触,经过一段时间后,A 与 C 处于热平衡,B 与 C 也处于热平衡,最后将 A,B 两系统与 C 系统隔开,让 A 和 B 热接触,实验表明,A,B 两系统的平衡态不会发生变化,彼此也处于热平衡。

实验结果表明:如果两个系统分别与第三个系统的同一平衡态达到热平衡,那么,这两个系统彼此也处于热平衡,这个结论称为热力学第零定律。

热力学第零定律说明,相互之间处于热平衡状态的系统必定拥有某一个共同的宏观物理性质。若两个系统的这一共同性质相同,当两个系统热接触时,系统之间不会有热传递,彼此处于热平衡状态。若两个系统的这一共同性质不相同,两个系统热接触时就会有热传递,彼此的热平衡状态会发生变化。决定系统热平衡的这一共同的宏观性质称为系统的温度。也就是说,温度是决定一系统是否相对其他系统处于热平衡的宏观性质。A,B 两系统热接触时,如果彼此处于热平衡状态,则说明两系统温度相同;如果发生 A 到 B 的热传导,则说明 A 的温度比 B 的温度高。一切互为热平衡的系统具有相同的温度。

热力学第零定律不仅给出了温度的概念,也指出了比较和测量温度的方法。由于一切彼此处于热平衡的系统具有相同的温度,因此,我们可以选定一种合适的物质(称为测温物质)来作为系统,通过这个系统与温度有关的特性来测量其他系统的温度。这个合适的系统就成为一个温度计。实验表明,物质的许多性质都随温度的改变而发生变化,一般选定测温物质的某种随温度变化,且作单调、显著变化的性质作为测温特性来表示温度,如金属丝的电阻、定压下气体的体积等随温度变化的特性。若要温度计定量表示和测量温度,还要选定温度的标准点,并把一定间隔的冷热程度分为若干度,这样就可读取温度的数值标度,即温标。

根据 1987 年第 18 届国际计量大会对国际实用温标的决议,

阅读材料:
温度计的发明

热力学温标为最基本的温标,一切温度的测量最终都应以热力学温标为准。在国际单位制中,热力学温度是 7 个基本量之一。热力学温度的符号为 $T$,它的单位名称是开尔文,单位符号是 K。在工程上和日常生活中,目前常使用摄尔修斯温标,简称摄氏温标。在摄氏温标中温度的符号为 $t$,单位符号是℃。摄氏温度与热力学温度之间的关系为

$$T/K = 273.15 + t/℃$$

## 7.1.4　理想气体物态方程

实验表明,当系统处于平衡态时,描述该状态的各个物态参量之间存在一定的函数关系,我们把平衡态下,各个物态参量之间的关系式称为系统的物态方程。物态方程的具体形式是由实验来确定的。一般来说,这个方程的形式是很复杂的。这里我们只讨论理想气体物态方程。

由实验可知,在压强不太大(与大气压强相比)、温度不太低(与室温相比)的条件下,各种气体都遵守三大实验定律:玻意耳定律,查理定律,盖吕萨克定律。在任何情况下都能严格遵从上述三个实验定律的气体称为理想气体。所以一般气体在温度不太低、压强不太大时,都可近似视为理想气体。因此,研究理想气体各物态参量之间的关系即理想气体物态方程,仍有重要意义。

由气体的三个实验定律得到的一定质量的理想气体物态方程为

$$pV = \nu RT \tag{7-1}$$

式中 $p, V, T$ 为理想气体在某一平衡态下的三个物态参量;$\nu$ 为物质的量;$R$ 为摩尔气体常量,在国际单位制中 $R = 8.31 \ \text{J}/(\text{mol} \cdot \text{K})$。

若气体的质量为 $m'$,摩尔质量为 $M$,则理想气体物态方程可变为

$$pV = \frac{m'}{M}RT$$

也可改写为如下形式:

$$pV = \frac{N}{N_A}RT$$

$$p = \frac{N}{VN_A}RT = \frac{N}{V}\frac{R}{N_A}T$$

其中 $N$ 是体积 $V$ 中的气体分子数;$N_A = 6.02 \times 10^{23} \ \text{mol}^{-1}$ 为阿伏伽德罗常量。

物理学家简介:
玻耳兹曼

令 $k = \dfrac{R}{N_A} = 1.38 \times 10^{-23}$ J/K，$k$ 为玻耳兹曼常量。于是理想气体物态方程可变为

$$p = \frac{N}{V}kT = nkT \tag{7-2}$$

式（7-2）中 $n$ 的数值等于单位体积内的分子数，称为气体的分子数密度。

平衡态除了由一组物态参量 $(p, V, T)$ 来表述之外，还常用物态图中的一个点来表示，比如对给定的理想气体，其一个平衡态可由 $p$-$V$ 图中对应的一个点（或 $p$-$T$ 图、或 $V$-$T$ 图中的一个点）来表示，如图 7-1 所示，不同的平衡态对应于不同的点。

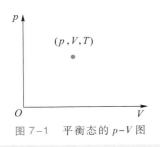

图 7-1　平衡态的 $p$-$V$ 图

---

**例 7.1**

一容器内的气体，压强为 $p = 1.013 \times 10^5$ Pa，温度为 $t = 27$ ℃，问在 1 m³ 中有多少气体分子？

解　根据公式 $p = \dfrac{N}{V}kT = nkT$，热力学温度为 $T = 27$ K $+ 273$ K $= 300$ K，分子数密度为

$$n = \frac{p}{kT} = \frac{1.013 \times 10^5}{1.38 \times 10^{-23} \times 300} \text{ m}^{-3} = 2.42 \times 10^{25} \text{ m}^{-3}$$

---

# 7.2　理想气体的压强公式和温度公式

热力学系统是由大量分子、原子等无规则运动的微观粒子组成的，那么系统的宏观物态参量（如温度、压强等）与这些微观粒子的运动有什么关系呢？为了解二者之间的关系，我们首先应明确平衡态下理想气体分子的微观模型和性质。

## 7.2.1　理想气体的微观模型

从分子运动和分子相互作用来看，理想气体的分子模型可从下面几点来理解。

（1）分子可以视为质点。

分子本身的大小与分子间平均距离相比可以忽略不计，分子

可以视为质点。

（2）除碰撞外,分子力可以略去不计。

由于气体分子间距很大,除碰撞瞬间有力的作用外,分子间的相互作用可以忽略,分子可以视为自由质点。

（3）分子之间的碰撞是完全弹性碰撞。

气体分子之间的碰撞以及气体分子与器壁间的碰撞可视为完全弹性碰撞,分子可以视为弹性质点。

综上所述:理想气体可视为由自由的、作无规律运动的弹性小球组成。

## 7.2.2 理想气体的统计假设

含有大量分子的气体中,分子在热运动中相互间的碰撞极其频繁,个别分子的运动具有偶然性、无序性,是极为复杂和难以预测的,然而大量分子的整体却呈现确定的规律性,这是统计平均的效果。平衡态时,理想气体分子的统计假设如下:

（1）当忽略重力影响时,平衡态时气体分子均匀地分布于容器中,即在容器中气体的分子数密度处处相等。

（2）气体处于平衡态时,分子在任何一个方向的运动都不能比其他方向占有优势,分子在各个方向运动的概率是相等的,即

$$\overline{v}_x = \overline{v}_y = \overline{v}_z$$

因为 $\overline{v^2} = \overline{v_x^2} + \overline{v_y^2} + \overline{v_z^2}$,所以有

$$\overline{v_x^2} = \overline{v_y^2} = \overline{v_z^2} = \frac{1}{3}\overline{v^2}$$

## 7.2.3 理想气体的压强公式

气体的压强是大量气体分子对器壁不断碰撞的结果。每个分子与器壁碰撞时,都对器壁施加一个冲力。这种冲力有大有小,而且是不连续的。但是由于分子的数量很大,器壁受到的作用力则表现为一个持续稳定的均匀压力,犹如密集的雨点打在伞上而使我们感受到一个持续向下的压力一样。由此可见,压强这一物理量只具有统计意义,只有大量分子碰撞器壁时,在宏观上才能产生均匀稳定的压强。

我们现在来讨论一下理想气体作用在器壁上的压强表达式。

推导压强公式的基本思路是:按力学规律计算一个分子与器壁碰撞一次对器壁的作用,再乘以在单位时间内一个分子与器壁碰撞的次数,即在单位时间内一个分子对器壁的作用 $\overline{F}_i$,然后计算所有分子在单位时间内对器壁的平均作用力 $\overline{F} = \sum_i \overline{F}_i$,最后得到器壁所受的压强 $p = \dfrac{\overline{F}}{S}$ 公式的统计表示。

设气体分子质量为 $m$,则理想气体的压强公式(具体推导过程见本节末)为

$$p = \frac{1}{3}nm\,\overline{v^2}$$

或

$$p = \frac{2}{3}n\left(\frac{1}{2}m\,\overline{v^2}\right)$$

引入分子的平均平动动能,以 $\overline{\varepsilon}_{kt}$ 表示,

$$\overline{\varepsilon}_{kt} = \frac{1}{2}m\,\overline{v^2} \tag{7-3}$$

则该公式可化为

$$p = \frac{2}{3}n\,\overline{\varepsilon}_{kt} \tag{7-4}$$

上式称为理想气体的压强公式。其中下标"k"表示动能,"t"表示平动。由式(7-4)可见,气体作用于器壁的压强正比于分子的数密度 $n$ 和分子的平均平动动能 $\overline{\varepsilon}_{kt}$。压强是对大量分子的分子数密度和分子平均平动动能的统计平均结果。这就是宏观量 $p$ 与微观量的统计平均值之间的关系。它表明压强是统计量。由于单个分子对器壁的碰撞是不连续的,产生的压力起伏不定,所以只有在气体分子数足够大时,器壁所受到的压力才有确定的统计平均值。因此若容器中只有少量几个分子,压强就失去了意义。

## 7.2.4 温度的微观解释

由理想气体物态方程和压强公式可以得到气体的温度与分子的平均平动动能之间的关系,从而说明温度这一宏观量的微观本质。

将理想气体物态方程

$$p = nkT$$

与理想气体压强公式

$$p = \frac{2}{3} n \left( \frac{1}{2} m \overline{v^2} \right)$$

相比较,可得

$$\overline{\varepsilon}_{kt} = \frac{1}{2} m \overline{v^2} = \frac{3}{2} kT \qquad (7-5)$$

上式称为理想气体的温度公式。该式给出了宏观量 $T$ 和微观量的统计平均值之间的关系,揭示了温度的微观本质,即温度是气体分子平均平动动能的量度。分子的平均平动动能越大,也就是分子热运动的程度越激烈,气体的温度越高。温度的高低反映了物体内部大量分子无规则热运动的剧烈程度。它表明,与压强一样,温度也是一个统计量。对个别分子来说,它的温度是没有意义的。

根据气体分子平均平动动能与温度的关系式(7-5),我们可求出给定气体在一定温度下,分子运动速率平方的平均值,如果把该平方的平均值开方,就可得出气体分子运动速率的一种平均值,称为气体分子的方均根速率。

由 $\overline{\varepsilon}_{kt} = \frac{1}{2} m \overline{v^2} = \frac{3}{2} kT$,得

$$v_{rms} = \sqrt{\overline{v^2}} = \sqrt{\frac{3kT}{m}} = \sqrt{\frac{3RT}{M}} \qquad (7-6)$$

由式(7-6)可知方均根速率和气体的温度的平方根成正比,与气体的摩尔质量的平方根成反比。对于同一种气体,温度越高,方均根速率越大。在同一温度下,气体分子质量或摩尔质量越大,方均根速率就越小。在零摄氏度时,氢分子的方均根速率为 1 830 m/s,氮分子的方均根速率为 491 m/s,空气分子的方均根速率为 485 m/s,氧分子的方均根速率为 461 m/s。

---

例 7.2

一瓶氦气和一瓶氮气密度相同,分子平均平动动能相同,而且都处于平衡态,则它们( )。

A. 温度相同、压强相同

B. 温度、压强都不同

C. 温度相同,氦气压强大于氮气压强

D. 温度相同,氦气压强小于氮气压强

解 根据温度公式 $\overline{\varepsilon}_{kt} = \frac{1}{2} m \overline{v^2} = \frac{3}{2} kT$ 可知: 因为分子的平均平动动能相同,所以两种气体温度相同。

$$p = nkT = \frac{N}{V}kT = \frac{N}{V} \cdot m \cdot \frac{k}{m}T$$

$$= \frac{m'}{V} \cdot \frac{k}{m}T = \rho \frac{k}{m}T$$

式中 $m'$ 为气体质量。由上式可知,两种气体温度相同,密度也相同,压强与分子质量成反比,因此氦气压强大于氮气压强,故选 C。

理想气体压强公式的推导:

为计算方便,选定内有 $N$ 个同类气体分子的长方形容器($L_1$,$L_2$,$L_3$)为研究对象,每个分子质量为 $m$,重力不计,如图 7-2 所示。平衡状态下,容器各处的压强相同,而且压强的产生是分子与器壁不断碰撞的结果。因此任选容器的一个面,例如,选择与 $x$ 轴垂直的 $A_1$ 面,计算其所受压强。

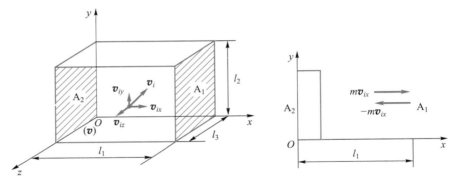

图 7-2　气体压强公式的推导

1. 一个分子一次碰撞对 $A_1$ 面产生的冲量

将分子的速度分解为 $v_x, v_y, v_z$,设每碰撞一次在 $x$ 方向产生的动量增量:

$$\Delta p = -mv_x - mv_x = -2mv_x$$

由动量定理可知,分子受到的 $A_1$ 面给它的作用力的冲量等于它的动量的增量,又由牛顿第三定律可知,分子在每次碰撞时对器壁的冲量为 $2mv_x$。

2. 在单位时间内一个分子对器壁的平均作用力

（1）连续碰撞 $A_1$ 面两次间隔时间(从 $A_1$ 面弹回、飞向 $A_2$ 面,碰撞 $A_2$ 面后,再回到 $A_1$ 面)。

$$\Delta t = 2L_1/v_x$$

（2）单位时间内一个分子碰撞次数(频率)。

$$Z = 1/\Delta t = v_x/2L_1$$

（3）单位时间内一个分子动量的增量。

$$\Delta p = Z(-2mv_x) = (-mv_x^2)/L_1$$

（4）单位时间内一个分子对 $A_1$ 面产生的平均冲力。

$$\overline{F} = m v_x^2 / L_1$$

3. 同理推广到 $N$ 个分子对 $A_1$ 面产生的平均冲力

$A_1$ 面所受的平均力的大小应该等于单位时间内所有分子与 $A_1$ 面碰撞的平均冲力总和,即

$$\overline{F} = \sum_i \overline{F_i} = \sum_i m v_{ix}^2 / L_1 = \frac{m}{L_1} \sum_i v_{ix}^2$$

其中,$v_{ix}$ 是第 $i$ 个分子在 $x$ 方向上的速度分量。

4. $N$ 个分子作用在 $A_1$ 面的压强

由压强的定义知 $A_1$ 面所受的压强

$$p = \frac{\overline{F}}{S} = \frac{\frac{m}{L_1} \sum_i v_{ix}^2}{L_2 L_3} = \frac{m}{L_1 L_2 L_3} \sum_i v_{ix}^2$$

$$= \frac{mN}{L_1 L_2 L_3} \left( \frac{v_{1x}^2 + v_{2x}^2 + v_{3x}^2 + \cdots + v_{Nx}^2}{N} \right) = m n \, \overline{v_x^2}$$

其中,$n = N / (L_1 L_2 L_3)$ 为分子数密度。

又因为 $\overline{v_x^2} = \overline{v_y^2} = \overline{v_z^2}$,且 $\overline{v_x^2} + \overline{v_y^2} + \overline{v_z^2} = \overline{v^2}$

$$\overline{v_x^2} = \frac{1}{3} \overline{v^2}$$

所以

$$p = \frac{1}{3} m n \, \overline{v^2}$$

其中,$\overline{v^2} = \dfrac{v_1^2 + v_2^2 + \cdots + v_N^2}{N}$,表示 $N$ 个分子速度平方的平均值。同理,其他各面所受的压强都一样。

# 7.3  能量均分定理  理想气体内能

## 7.3.1  自由度

对单原子分子(如 He、Ne 等)来说,分子本身大小可以略去不计,故单原子分子可视为质点,只需考虑其平移运动(平动)动能,而可略去其转动和振动能量。因此单原子分子的平均能量 $\overline{\varepsilon}$ 为

$$\overline{\varepsilon} = \overline{\varepsilon}_{kt} = \frac{1}{2}m\,\overline{v^2} = \frac{1}{2}m\,\overline{v_x^2} + \frac{1}{2}m\,\overline{v_y^2} + \frac{1}{2}m\,\overline{v_z^2}$$

由上式可见,单原子分子的平均能量 $\overline{\varepsilon}$ 共有三个速度的二次方项,三项都属于平均平动动能。

双原子分子的运动不仅有平移运动(平动),还可能有转动和振动。因此双原子分子又分两类:刚性双原子分子和非刚性双原子分子。如图 7-3(a)所示,若两原子 $m_1$ 和 $m_2$ 之间的距离在运动过程中可视为不变,这就好像两原子 $m_1$ 和 $m_2$ 之间由一根质量不计的刚性细杆相连。这种双原子分子称为刚性双原子分子,反之为非刚性双原子分子。

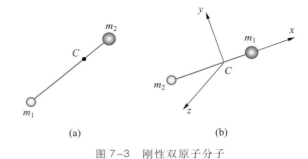

图 7-3　刚性双原子分子

设 $C$ 点为双原子分子的质心,并选如图 7-3(b)所示的坐标轴。于是,刚性双原子分子的运动可视为质心 $C$ 的平动,以及通过 $C$ 点绕 $y$ 轴和 $z$ 轴的转动。因此,刚性双原子分子的平均能量 $\overline{\varepsilon}$ 应为质心 $C$ 的平均平动动能 $\overline{\varepsilon}_{kt}$ 和绕 $y$ 轴和 $z$ 轴的平均转动动能 $\overline{\varepsilon}_{kr}$ 之和,下标"r"表示转动。

刚性双原子分子的平均能量为

$$\overline{\varepsilon} = \overline{\varepsilon}_{kt} + \overline{\varepsilon}_{kr}$$

质心 $C$ 的平均平动动能为

$$\overline{\varepsilon}_{kt} = \frac{1}{2}m\,\overline{v^2} = \frac{1}{2}m\,\overline{v_{Cx}^2} + \frac{1}{2}m\,\overline{v_{Cy}^2} + \frac{1}{2}m\,\overline{v_{Cz}^2}$$

分子的平均转动动能为

$$\overline{\varepsilon}_{kr} = \frac{1}{2}J\,\overline{\omega_y^2} + \frac{1}{2}J\,\overline{\omega_z^2}$$

由此可见,刚性双原子分子的平均能量共有五个速度的二次方项,其中三项属于平均平动动能,两项属于平均转动动能。

刚性多原子分子,只要各原子不排列在一条线上,那么其分子的平均能量为质心 $C$ 的平均平动动能 $\overline{\varepsilon}_{kt}$ 和绕 $x$ 轴、$y$ 轴和 $z$ 轴

的平均转动动能 $\overline{\varepsilon}_{kr}$ 之和。这说明平均转动动能有三个速度的二次方项,因此刚性多原子分子的平均能量共有六个速度的二次方项。

对非刚性分子而言,因为分子中的原子间的距离是变化的,非刚性分子内的原子间有微小的振动,所以非刚性分子还具有振动。但当研究常温下气体的性质时,对大多数气体分子,一般不用考虑分子的振动。

在气体动理论中,人们把分子能量中速度二次方项的数目,称为分子能量自由度,简称自由度,用符号 $i$ 表示。气体分子的自由度如表 7-1 所示。

表 7-1　气体分子的自由度

| 分子种类 | 平动自由度 $t$ | 转动自由度 $r$ | 总自由度 $i$ |
|---|---|---|---|
| 单原子分子 | 3 | 0 | 3 |
| 刚性双原子分子 | 3 | 2 | 5 |
| 刚性多原子分子 | 3 | 3 | 6 |

## 7.3.2　能量均分定理

上一节指出,温度为 $T$ 的理想气体处于热平衡态时,气体分子的平均平动动能与温度的关系为

$$\overline{\varepsilon}_{kt} = \frac{1}{2}m\,\overline{v^2} = \frac{1}{2}m\,\overline{v_x^2} + \frac{1}{2}m\,\overline{v_y^2} + \frac{1}{2}m\,\overline{v_z^2} = \frac{3}{2}kT$$

此外,气体处于平衡态时,分子在任何一个方向的运动都不能比其他方向占有优势,分子在各个方向运动的概率是相等的,即

$$\overline{v_x^2} = \overline{v_y^2} = \overline{v_z^2} = \frac{1}{3}\overline{v^2}$$

故

$$\frac{1}{2}m\,\overline{v_x^2} = \frac{1}{2}m\,\overline{v_y^2} = \frac{1}{2}m\,\overline{v_z^2} = \frac{1}{2}kT \tag{7-7}$$

式(7-7)表明,分子的平均平动动能 $\frac{3}{2}kT$ 均匀分配给每个平动自由度,每个自由度的能量都是 $\frac{1}{2}kT$。这个结论可以推广到分子的转动和振动。

在温度为 $T$ 的平衡态下,分子的每一个自由度都具有相同的平均动能,其大小都等于 $\frac{1}{2}kT$。这就是能量均分定理。由能量均

分定理,可以方便地求解自由度为 $i$ 的分子的平均能量

$$\bar{\varepsilon} = \frac{i}{2}kT \qquad (7-8)$$

所以,在常温下,单原子分子、刚性双原子分子、刚性多原子分子的平均能量或平均动能分别为 $\frac{3}{2}kT$,$\frac{5}{2}kT$ 和 $\frac{6}{2}kT$。

## 7.3.3 理想气体内能

气体的内能是气体分子的能量与分子之间相互作用的势能的总和。对于理想气体,分子间的相互作用可略去不计。若该气体分子的自由度为 $i$,那么,1 mol 理想气体的内能 $E$ 为

$$E = N_A \bar{\varepsilon} = N_A \frac{i}{2}kT$$

由于 $N_A k = R$,所以 1 mol 理想气体的内能也可写成

$$E = \frac{i}{2}RT \qquad (7-9)$$

而物质的量为 $m'/M$ 的理想气体的内能应为

$$E = \frac{m'}{M}\frac{i}{2}RT \qquad (7-10)$$

式中 $m'$ 为气体的质量,$M$ 为气体的摩尔质量。由式(7-10)可知,对给定的理想气体而言,其内能仅与温度有关,且是温度的单值函数,而与体积、压强无关。

---

**例 7.3**

1 mol 氧气,其温度为 27 ℃,求:

(1)一个氧分子的平均平动动能、平均转动动能和平均总动能;

(2)1 mol 氧气的内能、平动动能和转动动能。

解　氧分子是双原子分子,$i = 5$,$t = 3$,$r = 2$。热力学温度 $T = (273 + 27)$ K = 300 K,$k = 1.38 \times 10^{-23}$ J/K。

(1)一个氧分子的平均平动动能、平均转动动能和平均总动能分别为

$$\bar{\varepsilon}_{kt} = \frac{3}{2}kT = \frac{3}{2} \times 1.38 \times 10^{-23} \times 300 \text{ J} = 6.21 \times 10^{-21} \text{ J}$$

$$\bar{\varepsilon}_{kr} = kT = 1.38 \times 10^{-23} \times 300 \text{ J} = 4.14 \times 10^{-21} \text{ J}$$

$$\bar{\varepsilon}_k = \frac{5}{2}kT = \frac{5}{2} \times 1.38 \times 10^{-23} \times 300 \text{ J} = 1.04 \times 10^{-20} \text{ J}$$

(2)1 mol 氧气的内能、平动动能和转动动能分别为

$$E = \frac{5}{2}RT = \frac{5}{2} \times 8.31 \times 300 \text{ J} = 6.2 \times 10^3 \text{ J}$$

$$E_{kt} = \frac{3}{2}RT = \frac{3}{2} \times 8.31 \times 300 \text{ J} = 3.7 \times 10^3 \text{ J}$$

$$E_{kr} = RT = 8.31 \times 300 \text{ J} = 2.5 \times 10^3 \text{ J}$$

例 7.4

已知某种理想气体,在 $p = 1.013 \times 10^5$ Pa,$V = 44.8$ L 时,内能 $E = 6\,807$ J,问它是单原子、刚性双原子或刚性多原子分子理想气体中的哪一种?

解 由 $E = \nu \dfrac{i}{2} RT$,$pV = \nu RT$,可将理想气体的内能改写为

$$E = \frac{i}{2} pV$$

所以

$$i = \frac{2E}{pV} = \frac{2 \times 6\,807}{1.013 \times 10^5 \times 44.8 \times 10^{-3}} \approx 3$$

容易看出它是单原子分子理想气体。

# 7.4 麦克斯韦速率分布律

热力学系统是由大量分子组成的。而气体分子一直在作无规则的热运动,也就是布朗运动。分子之间将会发生频繁的碰撞,分子的速率也在不断地变化,所以不可能逐个对分子的速率加以描述。那么在平衡态下,理想气体分子的速率分布是否具有规律性呢? 前面我们得到一个结论,在平衡态下温度为 $T$ 的理想气体,分子的平均平动动能 $\dfrac{1}{2} m \overline{v^2} = \dfrac{3}{2} kT$,可以看出速率平方的平均值是常量。因此单个分子的运动,虽然是偶然的,但是大量分子的运动整体上面体现出它的统计规律。本节中我们的主要任务就是了解分子速率分布规律。

微课视频:
麦克斯韦速率分布律

阅读材料:
麦克斯韦速率分布律的建立

## 7.4.1 速率分布函数

当气体处于热平衡态时,容器中的大量气体分子以不同的速率沿各个方向运动,有的分子速率较大,有的较小。由于分子间的频繁碰撞,对个别分子来说,速度的大小和方向随机变化不可预知;但就大量分子整体来看,在平衡态下分子的速率遵循确定的统计分布规律。研究这个规律,对于进一步理解分子运动的性质是很重要的,其中有关的概念和方法,在科学技术中经常遇到,具有普遍意义,这里只作初步介绍。

设分子的总数为 $N$,如果我们将气体分子在平衡态下所有可能的运动速率(在经典物理中为 $0 \to \infty$)按照从小到大的顺序,分

成一系列相等的速率区间,宽度为 $\Delta v$,例如 $0 \sim 100$ m/s,$100 \sim 200$ m/s,$200 \sim 300$ m/,$\cdots$。

　　研究分子速率的分布情况就是要得出气体分子在平衡态下,分布在各个速率区间(宽度为 $\Delta v$)之内的分子数 $\Delta N$、各占总分子数的百分比 $\dfrac{\Delta N}{N}$ 以及大部分分子分布在哪一个速率区间之内等问题。例如,表 7-2 所列数据为实验测定值。

表 7-2　在零摄氏度时氧气分子的速率分布情况

| 速率区间/(m · s⁻¹) | 分子数占比($\Delta N/N$)/% |
|---|---|
| $0 \sim 100$ | 1. 4 |
| $>100 \sim 200$ | 8. 1 |
| $>200 \sim 300$ | 16. 5 |
| $>300 \sim 400$ | 21. 4 |
| $>400 \sim 500$ | 20. 6 |
| $>500 \sim 600$ | 15. 1 |
| $>600 \sim 700$ | 9. 2 |
| $>700 \sim 800$ | 4. 8 |
| $>800 \sim 900$ | 2. 0 |
| $>900$ | 0. 9 |

　　它表示在零摄氏度时氧气分子的速率分布情况,从表中可以看出低速或高速运动的分子数目较少,分子速率在 $300 \sim 400$ m/s 之间的分子数最多,占总数的 21.4%,比这一速率大或小的相应的分子数都依次递减。在大量分子的热运动中,像上述这样低速或高速运动的分子较少,而多数分子以中等速率运动的分布情况,对于任何温度下的气体来说,大体上都是如此。这就是气体分子速率分布的规律性。

　　若以速率为横坐标,$\dfrac{\Delta N}{N\Delta v}$ 为纵坐标,由实验中测得的数据可以画出气体分子速率分布曲线,如图 7-4(a)所示。其中,$\Delta N$ 为各速率区间内的分子数,$N$ 为分子总数,$\Delta v$ 为区间间隔也就是区间宽度。

　　当区间间隔越小时,得到的速率分布就会越准确。当 $\Delta v$ 趋于零时,分子速率区间为 $\mathrm{d}v$,相应分子数为 $\mathrm{d}N$。

$$f(v) = \lim_{\Delta v \to 0} \frac{\Delta N}{N\Delta v} = \frac{\mathrm{d}N}{N\mathrm{d}v} \tag{7-11}$$

式(7-11)中 $f(v)$ 称为分子的速率分布函数。当区间宽度取较小值时,由直方图得到一条平滑的曲线,即气体分子的速率分布曲线,如图 7-4(b)所示,这条曲线所对应的函数就是速率分

布函数 $f(v)$。

速率分布函数 $f(v)$ 的物理意义:在温度为 $T$ 的平衡态下,速率在 $v$ 附近单位速率区间内的分子数占总分子数的百分比,即分子速率在 $v$ 附近单位速率区间内的概率。速率分布在 $v$ 附近的单位速率区间内的分子数占总分子数的百分比,它描述气体分子按速率分布的规律。如图 7-4(c) 所示速率分布曲线下面带斜线的小长方形的面积 $dS = f(v)dv$。

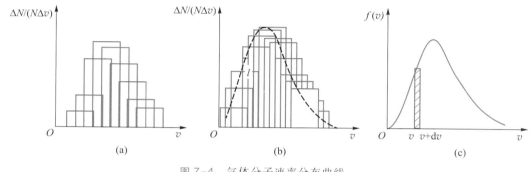

图 7-4　气体分子速率分布曲线

由式(7-11)可知,$dS = f(v)dv = \dfrac{dN}{N}$ 表示速率分布在 $v \to v+dv$ 区间内的分子数 $dN$ 占总分子数 $N$ 的百分比,也是速率出现在 $v \to v+dv$ 区间内的概率。$\int_{v_1}^{v_2} f(v)dv$ 表示速率介于 $v_1$ 和 $v_2$ 之间的分子数占总分子数的百分比。如上所述将速率分布函数对整个速率区间进行积分,得到所有分子数占总分子数百分比的总和,显然等于 1,即

$$\int_0^{\infty} f(v)dv = 1 \qquad (7-12)$$

这是速率分布函数必须满足的条件,称为归一化条件。

## 7.4.2　理想气体分子的麦克斯韦速率分布律

麦克斯韦首先从理论上导出了在平衡态下且无外力场作用时,理想气体分子的速率分布函数 $f(v)$ 的数学表达式:

$$f(v) = 4\pi \left(\frac{m}{2\pi kT}\right)^{\frac{3}{2}} e^{-\frac{mv^2}{2kT}} v^2 \qquad (7-13)$$

式中 $T$ 为气体的热力学温度,$m$ 为一个分子的质量,$k$ 为玻耳兹

曼常量。上式确定的理想气体分子按速率分布的统计规律,称为麦克斯韦速率分布律。

### 7.4.3 三种速率

从速率分布曲线可以看出,气体分子的速率可以取自零到无限大之间的任一数值,但速率很大和很小的分子,其分子数占比或概率都很小,而具有中等速率的分子,其分子数占比或概率却很大。利用麦克斯韦速率分布函数 $f(v)$,可以导出具有代表性的三种速率的统计平均值。

1. 最概然速率 $v_p$

速率分布函数 $f(v)$ 的极大值对应的分子速率称为最概然速率,记作 $v_p$,如图 7-5 所示。

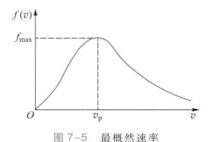

图 7-5　最概然速率

应该注意 $v_p$ 并不是分子的最大速率,而是单位速率区间内分子数占总分子数百分比最大的位置。由极值条件 $\dfrac{\mathrm{d}f(v)}{\mathrm{d}v}\bigg|_{v=v_p}=0$,可求得平衡态下气体分子的最概然速率 $v_p$ 为

$$v_p=\sqrt{\frac{2kT}{m}}=\sqrt{\frac{2RT}{M}}\approx 1.41\sqrt{\frac{RT}{M}} \tag{7-14}$$

2. 平均速率 $\bar{v}$

平均速率 $\bar{v}$ 是大量分子速率的统计平均值。在 $v$ 到 $v+\mathrm{d}v$ 内分子数 $\mathrm{d}N$ 为 $\mathrm{d}N=Nf(v)\mathrm{d}v$,因为 $\mathrm{d}v$ 很小,所以可认为这 $\mathrm{d}N$ 个分子的速率相同,且均为 $v$,这样,在 $v$ 到 $v+\mathrm{d}v$ 内的 $\mathrm{d}N$ 个分子的速率和为

$$v\mathrm{d}N=vNf(v)\mathrm{d}v$$

所有分子速率的总和为

$$\int_0^N v\mathrm{d}N=\int_0^\infty Nvf(v)\mathrm{d}v=N\int_0^\infty vf(v)\mathrm{d}v$$

因此 $N$ 个分子的平均速率为

$$\overline{v} = \frac{\int_0^N v \, dN}{N}$$

可算得平均速率

$$\overline{v} = \sqrt{\frac{8kT}{\pi m}} = \sqrt{\frac{8RT}{\pi M}} \approx 1.60 \sqrt{\frac{RT}{M}} \tag{7-15}$$

平均速率从平均值的角度反映了气体分子运动的快慢,可以用来计算分子之间的平均碰撞频率以及在两次碰撞之间的平均的自由运动的路程。

3. 方均根速率 $v_{rms}$

根据与上面类似的推导,可得 $N$ 个分子速率平方的平均值为

$$\overline{v^2} = \frac{\int_0^N v^2 \, dN}{N}$$

所以分子的方均根速率为

$$v_{rms} = \sqrt{\overline{v^2}} = \sqrt{\frac{3kT}{m}} = \sqrt{\frac{3RT}{M}} \approx 1.73 \sqrt{\frac{RT}{M}} \tag{7-16}$$

由此得到分子的平均平动动能为 $\overline{\varepsilon}_{kt} = \frac{1}{2} m \overline{v^2} = \frac{3}{2} kT$,与能量均分定理的结果完全一致。

由以上讨论可知这三种速率都与热力学温度 $T$ 的平方根成正比,而与分子质量 $m$ 或气体的摩尔质量 $M$ 的平方根成反比。但是它们的大小不同,满足关系 $v_p < \overline{v} < v_{rms}$,见图 7-6 所示。

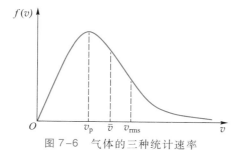

图 7-6 气体的三种统计速率

## 7.4.4 麦克斯韦速率分布的实验验证

麦克斯韦从理论上导出气体分子速率分布律后,由于当时未能获得足够高的真空,所以直到 20 世纪 20 年代后该分布律才获得实验验证。20 世纪 20 年代,施特恩最早测定了分子速率。20 世纪 30 年代,我国物理学家葛正权对施特恩的实验方法作了改

进,设计了测定分子速率的装置,下面对这一实验作简单介绍。

1. 实验装置

测定分子速率分布的实验装置如图7-7所示,A为分子源,用来产生一定温度的分子流。分子流经两道狭缝以形成一束很细的分子束,通过狭缝S进入圆筒并黏附在弯曲状玻璃板上,取下玻璃板,用自动记录的测微光度计测定玻璃板上变黑的程度,就可确定到达玻璃板任一部分的分子束。

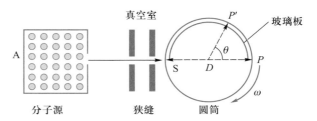

图7-7　测量分子速率分布的实验装置

2. 实验原理

此实验是在圆筒旋转(顺时针)的情况下进行的。不旋转时,分子束打在$P$点,旋转时这些分子穿越圆筒直径时,射在玻璃板的$P'$点处。设分子速率为$v$,$\widehat{PP'}$弧长为$L$,圆筒直径为$D$,则分子穿越直径的时间为$\Delta t = \dfrac{D}{v}$,又因为

$$\omega \Delta t = \Delta\theta = \frac{L}{D/2}$$

所以有

$$v = \frac{\omega D^2}{2L} \quad (\omega \text{ 是角速度})$$

此式表明速率不同,则$L$不同,即根据撞击点情况就可以了解速率分布情况。

---

例7.5

求温度为300.0 K的氢分子的平均速率、方均根速率及最概然速率。(氢气的摩尔质量$M_{\mathrm{H_2}} = 2\times10^{-3}$ kg/mol。)

解　平均速率

$$\overline{v} = \sqrt{\frac{8RT}{\pi M}} = 1.78\times10^3 \text{ m/s}$$

方均根速率

$$v_{\mathrm{rms}} = \sqrt{\overline{v^2}} = \sqrt{\frac{3RT}{M}} = 1.93\times10^3 \text{ m/s}$$

最概然速率

$$v_{\mathrm{p}} = \sqrt{\frac{2RT}{M}} = 1.58\times10^3 \text{ m/s}$$

# 7.5 平均碰撞频率和平均自由程

## 7.5.1 分子间碰撞

从上节讨论可知,气体分子运动速率的平均值很大,如在 0 ℃时,$O_2$ 分子中大多数分子的速率都在 200~600 m/s,即在 1 s 内气体分子要走几百米,但如果我们在几米远处打开香水瓶,却要经过数秒甚至数分钟才能闻到香水的气味。这是什么原因呢? 原因在于气体分子从一处运动到另一处时,要不断地与其他分子碰撞,由于频繁的碰撞,分子的运动轨迹不是直线而是一条复杂的折线,其平均速度的数值远远小于其平均速率(单个分子长时间的平均速度或气体所有分子的平均速度均为零)。碰撞是气体分子之间相互作用的一种形象的描述,在理想的气体微观模型中,虽然碰撞不改变分子的平均能量,亦即不影响系统的内能,但是影响着分子的分布,使气体得以从非平衡态向平衡态演化。

## 7.5.2 平均碰撞频率和平均自由程

平均自由程是指分子连续两次碰撞之间所走过的平均路程,用 $\bar{\lambda}$ 表示。一个分子在单位时间内与其他分子碰撞的平均次数称为平均碰撞频率,用 $\bar{Z}$ 表示。由此可见,$\bar{\lambda}$ 从空间角度反映了分子之间碰撞的频繁程度,$\bar{\lambda}$ 越小,分子之间碰撞的频率越高;而 $\bar{Z}$ 则从时间角度反映了分子之间碰撞的频繁程度。

为了便于计算 $\bar{\lambda}$ 和 $\bar{Z}$,如图 7-8 所示,我们假设:
(1) 所有分子都是直径为 $d$ 的完全弹性的刚性球;
(2) 只有一个 A 分子以速率 $v$ 运动,而其他分子不动。

在上述假设下,分子 A 在运动中与其他分子碰撞后,将沿图 7-8 中所示的折线运动。在单位时间内,A 走过的路程为 $s=v$。由图可知,在运动过程中,凡是与 A 的中心距离小于或等于 $d$ 的

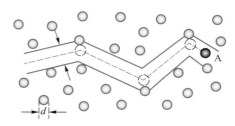

图 7-8　气体分子碰撞示意图

那些分子,都会与分子 A 相碰。以单位时间内分子运动的轨迹为轴作一个半径为 $d$ 的曲折圆柱,圆柱的截面积为 $\sigma = \pi d^2$,该截面称为分子的碰撞截面,曲折圆柱的体积为 $\sigma = \pi d^2 v$,由于中心在这个柱体内的分子都将与 A 发生碰撞,因此有

$$\bar{Z} = \pi d^2 v n$$

其中 $n$ 为气体的分子数密度。在以上推导中,假定只有分子 A 运动,其他分子不动,但是事实上,其他分子也在运动,因此上式中的速度 $v$ 应该理解为相对速度,由麦克斯韦速率分布律可以算出相对速度的平均值为 $\sqrt{2}\,\bar{v}$,因此

$$\bar{Z} = \sqrt{2}\,\pi d^2 \bar{v} n \qquad (7-17)$$

由于分子在单位时间内通过的平均路程为 $\bar{v}$,而在这段时间内该分子的平均碰撞次数由上式给出,因此两次碰撞之间分子通过的平均路程,即平均自由程为

$$\bar{\lambda} = \frac{\bar{v}}{\bar{Z}} = \frac{1}{\sqrt{2}\,\pi d^2 n} \qquad (7-18)$$

又因为 $p = nkT$,故式(7-18)又可写为

$$\bar{\lambda} = \frac{kT}{\sqrt{2}\,\pi d^2 p} \qquad (7-19)$$

必须注意 $\bar{\lambda}, \bar{Z}$ 是对大量分子的统计平均的结果,是统计平均量。上式表明当温度和压强一定的时候,平均自由程与 $d^2$ 成反比,这里 $d$ 不是分子的真实直径,而是由分子之间相互作用确定的有效直径。

---

例 7.6

　　计算空气分子在标准状态($0\ ^\circ\text{C}$,$1.013\times10^5$ Pa)下的平均自由程和碰撞频率。取分子的有效直径为 $d = 3.5\times10^{-10}$ m。已知空气的平均摩尔质量为 $29\times10^{-3}$ kg/mol。

解　已知 $T = 273$ K,$p = 1.013\times10^5$ Pa,$d =$　　 $3.5\times10^{-10}$ m。代入公式(7-19),得到

$$\overline{\lambda} = \frac{kT}{\sqrt{2}\,\pi d^2 p}$$

$$= \frac{1.38 \times 10^{-23} \times 273}{1.41 \times 3.14 \times (3.5 \times 10^{-10})^2 \times 1.013 \times 10^5} \text{ m}$$

$$= 6.9 \times 10^{-8} \text{ m}$$

空气的平均摩尔质量为 $29 \times 10^{-3}$ kg/mol,空气分子在标准状态下的平均速率为

$$\overline{v} = \sqrt{\frac{8RT}{\pi M}} = 448 \text{ m/s}$$

所以

$$\overline{Z} = \frac{\overline{v}}{\overline{\lambda}} = \frac{448}{6.9 \times 10^{-8}} \text{ s}^{-1} = 6.5 \times 10^9 \text{ s}^{-1}$$

即 1 s 内每个空气分子平均要和其他分子碰撞 60 多亿次。

## 习题

**7.1** 容器中储有一定量的理想气体,气体分子的质量为 $m$,当温度为 $T$ 时,根据理想气体的分子模型和统计假设,分子速度在 $x$ 方向的分量平方的平均值是(  )。

A. $\overline{v_x^2} = \frac{1}{3}\sqrt{\frac{3kT}{m}}$     B. $\overline{v_x^2} = \sqrt{\frac{3kT}{m}}$

C. $\overline{v_x^2} = \frac{3kT}{m}$     D. $\overline{v_x^2} = \frac{kT}{m}$

**7.2** 已知氢气与氧气的温度相同,则下列说法中正确的是(  )。

A. 氧分子的质量比氢分子的大,所以氧气的压强一定大于氢气的压强

B. 氧分子的质量比氢分子的大,所以氧气的密度一定大于氢气的密度

C. 氧分子的质量比氢分子的大,所以氢分子的速率一定比氧分子的速率大

D. 以上都不对

**7.3** 关于温度的微观意义,下列几种说法中不正确的是(  )。

A. 气体的温度是分子平均平动动能的量度

B. 气体的温度是大量气体分子热运动的集体表现,具有统计意义

C. 温度的高低反映物质内部分子运动剧烈程度的不同

D. 从微观上看,气体的温度表示每个气体分子的冷热程度

**7.4** 在常温下,压强为 $p$、体积为 $V$ 的氧气的内能大约为(  )。

A. $5pV/2$     B. $3pV/2$     C. $pV$     D. 以上都不对

**7.5** 两容器内分别盛有氢气和氦气,若它们的温度和质量分别相等,则(  )。

A. 两种气体分子的平均平动动能相等

B. 两种气体分子的平均动能相等

C. 两种气体分子的平均速率相等

D. 以上都不对

**7.6** 一容积不变的封闭容器内理想气体分子的平均速率若提高为原来的 2 倍,则(  )。

A. 温度和压强都提高为原来的 2 倍

B. 温度为原来的 4 倍,压强为原来的 4 倍

C. 温度为原来的 4 倍,压强为原来的 2 倍

D. 以上都不对

**7.7** 两种不同的理想气体,若它们的最概然速率相等,则它们的(  )。

A. 平均速率相等,方均根速率相等

B. 平均速率相等,方均根速率不相等

C. 平均速率不相等,方均根速率相等

D. 以上都不对

**7.8** 速率分布函数 $f(v)$ 的物理意义为(  )。

A. 具有速率 $v$ 的分子占总分子数的百分比

B. 速率分布在 $v$ 附近的单位速率区间中的分子数占总分子数的百分比

C. 具有速率 $v$ 的分子数

D. 速率分布在 $v$ 附近的单位速率区间中的分子数

7.9 在压强不变时,气体分子的平均碰撞频率 ( )。

A. $\bar{Z}$ 与 $T$ 无关　　B. $\bar{Z}$ 与 $\sqrt{T}$ 成正比

C. $\bar{Z}$ 与 $\sqrt{T}$ 成反比　　D. 以上都不对

7.10 何谓微观量?何谓宏观量?它们之间有什么联系?

7.11 对一定量的气体来说,当温度不变时,气体的压强随体积的减小而增大;当体积不变时,压强随温度的升高而增大。从宏观来看,这两种变化同样使压强增大;从微观来看,它们是否有区别?

7.12 容器内有质量为 $m$、摩尔质量为 $M$ 的理想气体,设容器以速度 $v$ 作定向运动,今使容器突然停止,试问气体定向运动的机械能将转化为什么形式的能量?

7.13 阐述下列各式的物理意义。

(1) $\frac{1}{2}kT$;(2) $\frac{3}{2}kT$;(3) $\frac{i}{2}kT$;(4) $\frac{i}{2}RT$;

(5) $\frac{m}{M}\frac{i}{2}RT$;(6) $\frac{m}{M}\frac{i}{2}R(T_2-T_1)$。

7.14 有 $2\times10^{-3}$ m³ 刚性双原子分子理想气体,其内能为 $6.75\times10^2$ J。

(1) 试求气体的压强;

(2) 设分子总数为 $5.4\times10^{22}$ 个,求分子的平均平动动能及气体的温度。

7.15 若氢气分子的平均平动动能为 $\bar{\varepsilon}_{kt}=6.21\times10^{-21}$ J。试求:

(1) 该氢气的温度;

(2) 同温度的氧气分子的平均平动动能和方均根速率。

7.16 容器内有 $m=2.66$ kg 的氧气,已知其气体分子的平动动能总和为 $E_k=4.14\times10^5$ J,求:

(1) 气体分子的平均平动动能;

(2) 气体温度。

7.17 一容器内储有氧气,测得其压强为 $1.013\times10^5$ Pa,温度为 300 K。求:

(1) 单位体积内的氧分子数;

(2) 氧的密度;

(3) 氧分子的质量;

(4) 氧分子的平均平动动能。

7.18 $N$ 个粒子的系统的速率分布函数为

$$f(v)=\frac{\mathrm{d}N}{N\mathrm{d}v}=\begin{cases}C, & v_0>v>0\\0, & v>v_0\end{cases}$$

$C$ 为常量。

(1) 根据归一化条件得出常量 $C$;

(2) 求粒子的平均速率和方均根速率。

7.19 图 7-9(a)所示是氢和氧在同一温度下的两条麦克斯韦速率分布曲线,哪一条代表氢?图 7-9(b)所示是某种气体在不同温度下的两条麦克斯韦速率分布曲线,哪一条的温度较高?

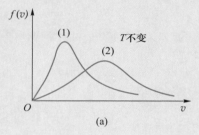

(a)

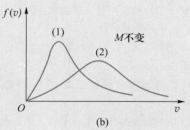

(b)

图 7-9 习题 7.19 图

本章习题答案

# 第八章　热力学基础

上一章我们从微观统计角度,研究了大量气体分子热运动的微观规律。本章将从能量角度,研究热现象的宏观基本规律及应用。

## 8.1　热力学第一定律

### 8.1.1　准静态过程

在热力学中我们把所要研究的宏观物体(如气体、液体、固体等)称为热力学系统,简称系统。系统以外的物体称为外界或者环境。当热力学系统从一个状态变换到另一个状态时,系统便经历了一个热力学过程。根据系统从某一平衡态变换到另一平衡态所经历的一系列中间状态,可以将热力学过程分为准静态过程和非静态过程。如果系统中间所经历的一系列中间状态都可以近似视为平衡态,那么这样的过程称为准静态过程。反之如果中间状态为非平衡态(系统无确定的 $p,V,T$ 值),这样的过程称为非静态过程。下面的例子可当作准静态过程。

如图 8-1 所示,带有活塞的容器内储存有一定量的气体。容器将气体与外界隔离。活塞的上方放有一堆砂粒。活塞可无摩擦地滑动。

如果将砂粒一粒一粒缓慢地拿走,气体将会发生非常缓慢平稳的膨胀。这时气体的状态始终近似处于平衡态,所以这样非常缓慢平稳的变化过程就可以近似视为准静态过程。但气体如此无限缓慢平稳地变化,实际当中是很难存在的,那是不是意味着实际过程就不能近似作为准静态过程呢? 如果气体的平衡态被破坏,出现非平衡态,又通过分子之间的碰撞经过一定时间后达到新的平衡态,我们把系统从一个平衡态变换到相邻平衡态所经

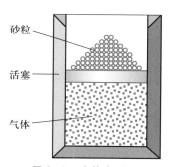

砂粒

活塞

气体

图 8-1　准静态过程

过的时间称为系统的弛豫时间。如果系统状态(如压强、体积或温度等)发生变化所经历的时间比系统的弛豫时间长得多,那么这样的过程可以视为准静态过程。例如,一个尺度为 $L=1$ m 的容器中盛有常温下的氢气,其弛豫时间近似为 $10^{-3}$ s,如果压缩气体过程耗时 1 s 的话,显然气体压缩过程所需时间将远远大于弛豫时间,则压缩过程可近似视为准静态过程。以后我们讨论的各种热力学过程,如不特别声明,都是指准静态过程。

由上一章可知 $p$-$V$ 图上的一点代表一个平衡态,因此一条连续曲线就代表了一个准静态过程。例如一气体系统从初态 $1(p_1, V_1)$ 变化到末态 $2(p_2, V_2)$,其状态变化的过程如图 8-2 所示。这样的连续曲线称为过程曲线,不同曲线表示不同过程,描述曲线的方程称为过程方程。非平衡态和非静态过程不能在 $p$-$V$ 图上表示。

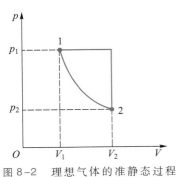

图 8-2 理想气体的准静态过程的过程曲线

## 8.1.2 功 热量 内能

### 1. 功

做功可以引起系统状态的变化,即改变系统的内能,完成能量的传递与转化,如"摩擦生热"就是典型的例子。这里"摩擦"是指克服摩擦力做功,"生热"是使物体的温度升高,即内能增加,也就是改变了系统的状态。做功可以将有规则的宏观运动转变成无规则的微观热运动。现在讨论系统在准静态过程中,由于体积变化所做的功。以气缸内气体的膨胀过程为例,如图 8-3 所示。设气缸中气体的压强为 $p$,活塞的面积为 $S$,活塞与气缸壁的摩擦不计。气体作用在活塞上的力是 $F=pS$,在推动活塞向外缓慢地移动一段微小距离 $\mathrm{d}l$ 的过程中,气体的体积增加了一微小量 $\mathrm{d}V=S\mathrm{d}l$,气体对外界所做的功为

$$\mathrm{d}W = F\mathrm{d}l = (pS)\mathrm{d}l = p\mathrm{d}V \tag{8-1}$$

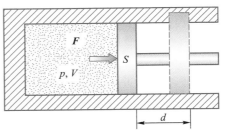

图 8-3 气体膨胀过程

当气体从初态 I 经过一个准静态过程变化到终态 II 时,气体的体积由 $V_1$ 变化到 $V_2$,如图 8-4 所示。则气体对外界所做的总功为

$$W = \int_1^{II} \mathrm{d}W = \int_{V_1}^{V_2} p \mathrm{d}V \qquad (8-2)$$

若知道过程中压强随体积变化的具体关系式,则由公式(8-2)可求出功的数值。

当气体体积膨胀时,$\mathrm{d}V > 0$,$\mathrm{d}W > 0$,系统对外界做功;当气体被压缩时,$\mathrm{d}V < 0$,$\mathrm{d}W < 0$,系统对外界做负功,或者说外界对系统做功。

系统在一个准静态过程中做的体积功,可以在 $p$-$V$ 图中用几何面积(即过程曲线与 $V$ 轴之间的面积)表示出来。如图 8-4 所示,I → II 的曲线表示系统的某一准静态过程,图中过程曲线下的阴影部分面积,在数值上等于在微小过程中对外所做的功 $\mathrm{d}W = p\mathrm{d}V$,过程曲线下的总面积在数值上等于在这一过程中系统对外所做的总功。

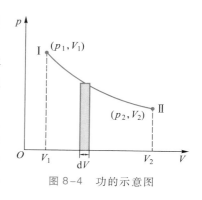

图 8-4　功的示意图

这里必须特别指出,系统从一个状态变化到另一个状态时,系统对外所做的功与所经历的过程有关,而不能仅由初态和末态所决定,也就是说,功不是状态量,而是一个与过程有关的量,即功是一个过程量。

例如,如图 8-5 所示,系统从初态 A 变化到末态 B,可以看出对应于不同过程,曲线下的面积并不相等,所以不同的过程系统对外所做的功不同,即功是过程量。

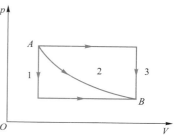

图 8-5　功的数值与过程有关

**例 8.1**

已知系统经历如图 8-6 所示的过程,求系统从 I 态到 II 态对外做的功。

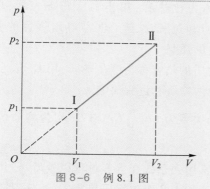

图 8-6　例 8.1 图

解　方法一

求 $p$-$V$ 图上过程曲线以下的面积,也

就是这个梯形的面积。

$$W = \frac{1}{2}(p_2 + p_1)(V_2 - V_1)$$

方法二

根据功的公式 $W = \int_{V_1}^{V_2} p\mathrm{d}V$ 来计算。先找出压强 $p$ 与体积 $V$ 满足的关系。气体的 $p$-$V$ 关系沿直线变化,可以确定直线的方程。$p$ 与 $V$ 的关系满足

$$\frac{p - p_1}{V - V_1} = \frac{p_2 - p_1}{V_2 - V_1}$$

可得

$$p = \frac{p_2 - p_1}{V_2 - V_1}(V - V_1) + p_1.$$

将上式代入功的公式中，

$$W = \int_{V_1}^{V_2} \left[ \frac{p_2 - p_1}{V_2 - V_1}(V - V_1) + p_1 \right] dV$$

$$= \frac{1}{2}(p_2 + p_1)(V_2 - V_1)$$

我们可以发现利用这两种方法计算气体对外所做的功的结果是一样的。以后求气体所做的功时，我们可以根据题目选择较为简单的方式来求解。

### 2. 热量

前面讲到，做功会使系统的状态发生变化。经验表明，热传递也能使系统的状态发生变化。系统与外界之间由于存在温度差而传递的能量称为热量。例如，温度不同的两个物体是通过分子无规则运动来完成能量（热量）的定向迁移的。把一杯冷水放在电炉上加热，高温电炉不断地把能量传递给低温的水，使水温相应地提高，水的状态就发生了改变，内能增加。热量常用 $Q$ 表示，在国际单位制中，热量 $Q$ 的单位与能量和功的单位相同，均为焦耳（J）。热量传递的方向用 $Q$ 的符号表示，规定 $Q > 0$ 表示系统从外界吸热，$Q < 0$ 表示系统向外界放热。

热量和功是伴随着系统和外界交换能量的过程出现的，它们都是过程量，而不是状态量。

准静态过程中热量的计算有两种方法。第一种是热容法。一系统在一过程中，温度升高 1 K 时所吸收的热量称为热容，用 $C$ 表示，热容的定义是

$$C = \lim_{\Delta T \to 0} \frac{\Delta Q}{\Delta T} = \frac{dQ}{dT} \tag{8-3}$$

其中 $dQ$ 和 $dT$ 分别是系统在某一微小过程中吸收的热量和温度变化量。在国际单位制中热容的单位为 J/K。

单位质量的热容称为比热容，用小写字母 $c$ 表示，单位是 J/(K·kg)，其值由物质和过程决定。热容与比热容的关系为 $C = cm'$，其中 $m'$ 为物质的质量。

摩尔热容：1 mol 物质的热容称为摩尔热容，用 $C_m$ 表示，单位是 J/(K·mol)，其值也由物质和过程决定。

热容与摩尔热容的关系为 $C = \frac{m'}{M} C_m$，其中 $m'$ 为物质的质量，$M$ 为物质的摩尔质量。

在实际问题中，经常用到系统在等容过程以及等压过程中的热容，称为摩尔定容热容 $C_{V,m}$ 和摩尔定压热容 $C_{p,m}$，分别定义为

$$C_{V,m} = \lim_{\Delta T \to 0} \left( \frac{\Delta Q}{\Delta T} \right)_V = \left( \frac{dQ}{dT} \right)_V \tag{8-4}$$

$$C_{p,m} = \lim_{\Delta T \to 0} \left(\frac{\Delta Q}{\Delta T}\right)_p = \left(\frac{dQ}{dT}\right)_p \qquad (8-5)$$

第二种计算热量的方法是通过热力学第一定律计算过程中的热量,这将在下一节中讨论。

3. 内能

实践表明,热传递和外界对系统做功可以改变一个热力学系统的状态,即改变其内能。在第七章中我们已得出理想气体的内能和内能的增量为

$$E = \nu \frac{i}{2}RT, \quad \Delta E = \nu \frac{i}{2}R(T_2 - T_1)$$

阅读材料:
激光冷却

显然,对给定的理想气体,其内能仅是温度的单值函数,即 $E = E(T)$;只有气体的温度发生变化,其内能才有所改变。对一般气体来说,气体的内能中还包括分子间的势能,该势能与气体体积有关,所以其内能则是气体的温度和体积的单值函数,即 $E = E(V, T)$。总之,气体的内能是气体状态的单值函数,也就是说,气体的状态一定时,其内能也是一定的;气体内能的变化量 $\Delta E$ 只由初状态和末状态决定,与过程无关。

## 8.1.3　热力学第一定律

综合以上所述,如果有一系统,外界向它传递的热量(系统吸热)为 $Q$,使系统内能从 $E_1$ 变为 $E_2$,同时系统对外做功 $W$,则有

$$Q = E_2 - E_1 + W = \Delta E + W \qquad (8-6)$$

上式表明,系统从外界吸收的热量,一部分使系统的内能增加,另一部分使系统对外界做功,这就是热力学第一定律的数学表达式。显然热力学第一定律就是包括热现象在内的能量守恒定律,适用于任何系统的任何过程。

阅读材料:
热力学第一定律的建立

为了方便地应用热力学第一定律式(8-6),人们作了如下规定:系统从外界吸收热量时,$Q$ 为正值,系统向外界放出热量时,$Q$ 为负值;系统对外做功时,$W$ 取正值,外界对系统做功时,$W$ 取负值;系统内能增加时,$\Delta E$ 为正值,系统内能减少时,$\Delta E$ 为负值。

当系统经历一个微小的变化过程时,热力学第一定律可表示为

$$dQ = dE + dW \qquad (8-7)$$

如果系统是通过体积变化来做功的,则式(8-6)与式(8-7)可以分别表示为

$$Q = E_2 - E_1 + \int_{V_1}^{V_2} p\, dV \qquad (8-8)$$

$$dQ = dE + pdV \qquad (8-9)$$

历史上，曾经有人希望制造一种机器，它不需要任何动力和燃料，却可以不断地对外做功，这种机器称为第一类永动机。虽然人们经过多次尝试，作了各种努力，但无一例外地归于失败。第一类永动机的实质是希望无中生有地创造能量，违反了能量守恒定律，所以这种机器是不可能实现的。反之，由第一类永动机的不可能制成，也可以推出能量守恒定律，因此热力学第一定律还可以表述为：第一类永动机是不可能制成的。

---

**例 8.2**

一系统由如图 8-7 所示的 $a$ 状态沿 $acb$ 到达 $b$ 状态，有 334 J 热量传入系统，系统做功 126 J。

（1）经 $adb$ 过程，系统做功 42 J，问有多少热量传入系统？

（2）当系统由 $b$ 状态沿曲线 $ba$ 返回 $a$ 状态时，外界对系统做功 84 J，试问系统是吸热还是放热？传递的热量是多少？

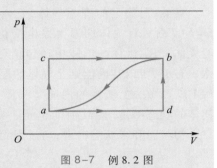

图 8-7　例 8.2 图

**解**　（1）由 $acb$ 过程可求出 $b$ 态和 $a$ 态的内能之差：

$$\Delta E = Q - W = 334\ \text{J} - 126\ \text{J} = 208\ \text{J}$$

$adb$ 过程，系统做的功为

$$W = 42\ \text{J}$$

则

$$Q = \Delta E + W = 208\ \text{J} + 42\ \text{J} = 250\ \text{J}$$

系统是吸热的。

（2）曲线的 $ba$ 过程中，外界对系统做功，所做的功为

$$W = -84\ \text{J}$$

则

$$Q = \Delta E + W = -208\ \text{J} - 84\ \text{J} = -292\ \text{J}$$

系统是放热的。

---

# 8.2　热力学第一定律在特殊过程中的应用

## 8.2.1　等容过程

等容过程即体积保持不变的过程，其特征为 $V =$ 常量或 $dV = 0$。

在 $p$-$V$ 图上,等容过程曲线是一条平行于 $p$ 轴的线,称为等容线,如图 8-8 所示。

将等容过程的特征 $V=$ 常量,代入理想气体物态方程,可以得到

$$\frac{p}{T}=常量 \quad 或 \quad \frac{p_1}{T_1}=\frac{p_2}{T_2}$$

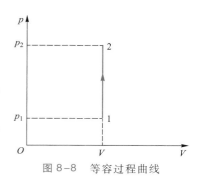

图 8-8 等容过程曲线

上式是在等容过程中理想气体初态与末态的物态参量的关系。显然等容过程的过程方程为 $pT^{-1}=$ 常量。

由于等容过程中气体的体积保持不变,$dV=0$,所以气体对外不做功,即 $pdV=0$,$W=0$,由热力学第一定律,得

$$Q_V=\Delta E=\nu\frac{i}{2}R(T_2-T_1) \tag{8-10}$$

式(8-10)中 $Q_V$ 的下标"$V$"表示体积不变。由此可见,在等容过程中,系统从外界吸收的热量全部用来增加系统的内能。

现在我们来讨论如何利用摩尔定容热容 $C_{V,m}$ 求等容过程中理想气体吸收的热量 $Q_V$。摩尔定容热容 $C_{V,m}$ 其意义是 1 mol 物质在等容过程中温度升高 1 K 时所吸收的热量。

在等容过程中,若 $C_{V,m}$ 不变,温度变化量为 $\Delta T=T_2-T_1$,则物质的量为 $\nu=\dfrac{m'}{M}$ 的理想气体所吸收的热量为

$$Q_V=\nu C_{V,m}(T_2-T_1) \tag{8-11}$$

式(8-11)代入式(8-10),我们得到理想气体内能表达式为

$$\Delta E=\nu C_{V,m}(T_2-T_1)=\nu\frac{i}{2}R(T_2-T_1) \tag{8-12}$$

综上所述,理想气体的内能只是温度的函数,公式(8-12)可用于理想气体在任意过程(如等压、等温和绝热过程等)的内能的计算。

由公式(8-12)可得,摩尔定容热容为

$$C_{V,m}=\frac{i}{2}R \tag{8-13}$$

## 8.2.2 等压过程

等压过程即压强保持不变的过程,其特征为 $p=$ 常量。在 $p$-$V$ 图上,等压过程曲线是一条垂直于 $p$ 轴的线,称为等压线,如图 8-9 所示。

将等压过程的特征 $p=$ 常量,代入理想气体物态方程,可以得到

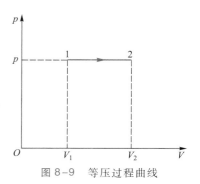

图 8-9 等压过程曲线

$$\frac{V}{T} = 常量 \quad 或 \quad \frac{V_1}{T_1} = \frac{V_2}{T_2}$$

上式是在等压过程中理想气体初态与末态的物态参量的关系。显然等压过程的过程方程为 $VT^{-1} = 常量$。

在等压过程中,系统对外做的功为

$$W = \int_{V_1}^{V_2} p \mathrm{d}V = p(V_2 - V_1) \tag{8-14}$$

利用理想气体物态方程 $pV = \nu RT$,可以进一步得出理想气体在等压过程中对外做的功的另一表达式:

$$W = \nu R(T_2 - T_1) \tag{8-15}$$

上面两式中 $V_1, T_1$ 和 $V_2, T_2$ 分别表示初态和末态的体积与温度。

由公式(8-12),等压过程中内能的增量为

$$\Delta E = \nu C_{V,m}(T_2 - T_1)$$

根据热力学第一定律,在等压过程中系统所吸收的热量为

$$\begin{aligned} Q_p &= \Delta E + W = \nu C_{V,m}(T_2 - T_1) + \nu R(T_2 - T_1) \\ &= \nu(C_{V,m} + R)(T_2 - T_1) \end{aligned} \tag{8-16}$$

式(8-16)中 $Q_p$ 的下标 $p$ 表示压强不变。由此可见,等压过程中系统所吸收的热量,一部分用来增加系统的内能,另一部分用来对外做功。

现在我们来讨论如何利用摩尔定压热容 $C_{p,m}$ 求等压过程中理想气体吸收的热量 $Q_p$。摩尔定压热容 $C_{p,m}$ 其意义是 1 mol 物质在等压过程中温度升高 1 K 时所吸收的热量。

在等压过程中,若 $C_{p,m}$ 不变,温度变化量为 $\Delta T = T_2 - T_1$,则物质的量为 $\nu = \dfrac{m'}{M}$ 的理想气体所吸收的热量为

$$Q_p = \nu C_{p,m}(T_2 - T_1) \tag{8-17}$$

式(8-16)和式(8-17)相比较,可得摩尔定压热容为

$$C_{p,m} = C_{V,m} + R = \frac{i+2}{2}R \tag{8-18}$$

式(8-18)称为迈耶公式。迈耶公式说明在等压过程中,温度升高 1 K 时,1 mol 理想气体比在等容过程中多吸取 8.31 J 的热量,它被转化为膨胀时对外所做的功。

摩尔定压热容 $C_{p,m}$ 和摩尔定容热容 $C_{V,m}$ 的比值称为摩尔热容比,用符号 $\gamma$ 表示,在工程上人们称它为绝热系数,即

$$\gamma = \frac{C_{p,m}}{C_{V,m}} \tag{8-19}$$

对于理想气体,$C_{V,m} = \dfrac{i}{2}R$,$C_{p,m} = \dfrac{i+2}{2}R$,可以得到

$$\gamma = \frac{i+2}{i} \tag{8-20}$$

由上式可知,摩尔热容比 $\gamma > 1$。

表 8-1 给出了气体在常温下的摩尔定容热容、摩尔定压热容以及摩尔热容比 $\gamma$ 的实验值和理论值。

表 8-1 气体的 $C_{V,m}$, $C_{p,m}$ 和 $\gamma$ 的实验值与理论值的比较(常温 $T = 300$ K)

| 气体 | $C_{V,m}$ J/(mol·k) | | $C_{p,m}$ J/(mol·k) | | $\gamma$ | |
|---|---|---|---|---|---|---|
| | 实验值 | 理论值 | 实验值 | 理论值 | 实验值 | 理论值 |
| He | 12.52 | $\frac{3}{2}R = 12.47$ | 20.79 | $\frac{5}{2}R = 20.78$ | 1.66 | $\frac{5}{3}$ |
| $H_2$ | 20.44 | $\frac{5}{2}R = 20.78$ | 28.82 | $\frac{7}{2}R = 29.09$ | 1.41 | $\frac{7}{5}$ |
| $CO_2$ | 28.17 | $3R = 24.93$ | 36.62 | $4R = 33.24$ | 1.30 | $\frac{4}{3}$ |

由表 8-1,我们可以得出如下结论:

（1）气体的 $C_{p,m} - C_{V,m}$ 的实验测量值都接近于 $R$,与理论值基本一致。

（2）在常温下,单原子分子及双原子分子气体的 $C_{V,m}$, $C_{p,m}$ 和 $\gamma$ 的实验值与理论值均相近。

上述两点表明在常温下,对于这两类气体,能量均分定理基本上反映了客观事实。

（3）对结构比较复杂的多原子分子气体,实验值和理论值符合得略差。这说明我们考虑分子的自由度时不够准确。

以能量均分定理为基础所得出的理想气体的热容是与温度无关的,然而实验测得的热容则随温度变化。这是因为经典理论只是近似理论,在高温时有缺陷,要用量子理论才能正确解决问题,在此不作深入讨论。

---

例 8.3

压强为 $1.0 \times 10^5$ Pa、体积为 $0.008\,2$ $m^3$ 的氮气,从初始温度 300 K 被加热到 400 K,如加热时（1）体积不变,（2）压强不变,问各需多少热量?哪一个过程所需热量多?为什么?

解 （1）由等容过程中理想气体吸收的热量 $Q_V = \nu C_{V,m}(T_2 - T_1)$,可得

$$Q_V = \frac{m'}{M} C_{V,m}(T_2 - T_1) = \frac{p_1 V_1}{RT_1} C_{V,m}(T_2 - T_1)$$

$$= p_1 V_1 \frac{C_{V,m}}{R}\left(\frac{T_2}{T_1} - 1\right)$$

$$= 1.0 \times 10^5 \times 0.008\,2 \times \frac{5}{2} \times \left(\frac{400}{300} - 1\right) \text{ J}$$

$$= 683 \text{ J}$$

（2）由等压过程中理想气体吸收的热量 $Q_p = \nu C_{p,m}(T_2 - T_1)$,可得

$$Q_p = \nu C_{p,m}(T_2 - T_1) = \frac{p_1 V_1}{R T_1} C_{p,m}(T_2 - T_1)$$

$$= p_1 V_1 \frac{C_{p,m}}{R}\left(\frac{T_2}{T_1} - 1\right)$$

$$= 1.0 \times 10^5 \times 0.008\ 2 \times \frac{7}{2} \times \left(\frac{400}{300} - 1\right)\ \text{J} = 956\ \text{J}$$

等压过程需要的热量多。因为等压过程除了使系统内能提高处还需要对外做功。

## 8.2.3 等温过程

微课视频：
理想气体的等温过程
和绝热过程

　　等温过程即系统温度始终保持不变的过程，其特征为 $T =$ 常量或 $dT = 0$。将其代入理想气体物态方程，可以得到过程方程为

$$pV = \text{常量} \quad \text{或} \quad p_1 V_1 = p_2 V_2$$

上式是在等温过程中理想气体初态与末态的物态参量的关系。在 $p\text{-}V$ 图上，等温过程对应的曲线称为等温线，由上式可知理想气体的等温线是双曲线，如图 8-10 所示。

　　在 $p\text{-}V$ 图上画出 1 mol 理想气体在温度分别为 200 K，300 K，400 K 和 500 K 时的等温线。对 1 mol 理想气体，在 $p\text{-}V$ 图上的等温线过程方程为 $p = RT/V$，在国际单位制中，摩尔气体常量 $R =$ 8.31 J/(mol·K)。我们可以描点作图，但是利用软件来作图更加方便，在不同温度下的等温线如图 8-11 所示。图 8-11 中的等温线从下往上对应的温度分别为 200 K，300 K，400 K 和 500 K。

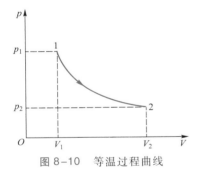

图 8-10　等温过程曲线

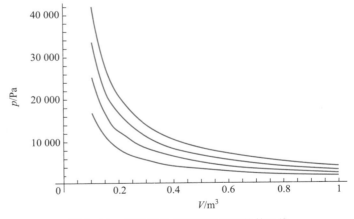

图 8-11　理想气体在不同温度下的等温线

　　由于理想气体的内能的变化量 $\Delta E = \nu \frac{i}{2} R \Delta T$，等温过程中温度保持不变，所以在此过程中，内能不变，即 $\Delta E = 0$。由热力学第

一定律,可得

$$Q_T = W \qquad (8-21)$$

上式中 $Q_T$ 的下标"$T$"表示温度不变。

设理想气体在等温膨胀过程中,其体积由 $V_1$ 改变为 $V_2$ 过程中气体所做的功为

$$W = \int_{V_1}^{V_2} p \, \mathrm{d}V \qquad (8-22)$$

由理想气体物态方程 $pV = \nu RT$,公式(8-22)可写为

$$W = \int_{V_1}^{V_2} \nu \frac{RT}{V} \mathrm{d}V$$

由于等温过程中温度是常量,所以

$$W = \nu RT \ln \frac{V_2}{V_1}$$

又根据过程方程 $p_1 V_1 = p_2 V_2$,上式也可写为

$$W = \nu RT \ln \frac{p_1}{p_2}$$

综合上述可得

$$Q_T = W = \nu RT \ln \frac{V_2}{V_1} = \nu RT \ln \frac{p_1}{p_2} \qquad (8-23)$$

由此可见,在等温过程中,当气体膨胀(即 $V_2 > V_1$)时,气体从外界吸收的热量全部用于对外做功;当气体被压缩(即 $V_2 < V_1$)时,外界对气体所做的功全部以热量形式释放。

## 8.2.4 绝热过程

绝热过程是系统和外界没有热量交换的过程,其特征为 $\mathrm{d}Q = 0$,$Q = 0$。所以根据热力学第一定律,可得

$$W_a + \Delta E = 0 \quad \text{或} \quad W_a = -\Delta E$$

由此可见,绝热过程中系统对外做功全部是以消耗系统内能为代价的。

在气体由初态(温度为 $T_1$)绝热膨胀到末态(温度为 $T_2$)的过程中,气体对外做的功为

$$W_a = -\Delta E = -\nu C_{V,m}(T_2 - T_1) \qquad (8-24)$$

式(8-24)说明气体在绝热膨胀过程中对外所做的功,是靠它的内能的减少来完成的,因而气体的温度降低,压强也减少。在绝热压缩过程中,外界对气体所做的功,完全用于使气体的内能增加,因而温度升高,压强也增加。上述结论在许多实际问题中得到了验证和应用。例如,用打气筒为轮胎打气时,筒壁会发热;若

储气钢筒内的高压二氧化碳气体由阀门放出而急剧膨胀时,则可使温度骤然下降到 195 K 以下,以致变成固态(干冰)。可见,在制冷技术中,特别是在低温技术中,绝热过程有着重要的应用。

对于理想气体的绝热过程中,$p$,$V$,$T$ 三个物态参量,任意两个量之间的关系为

$$pV^{\gamma} = 常量 \qquad (8-25)$$
$$TV^{\gamma-1} = 常量 \qquad (8-26)$$
$$p^{\gamma-1}T^{-\gamma} = 常量 \qquad (8-27)$$

这些方程均称为绝热过程方程,简称绝热方程。(具体推导过程见节末。)

在 $p-V$ 图上,绝热过程对应的曲线称为绝热线,根据绝热方程 $pV^{\gamma} = 常量$,我们可在 $p-V$ 图上作出绝热线,如图 8-12 所示。

我们可以发现绝热线和等温线比较相似。等温过程方程和绝热过程方程分别为 $pV = 常量$,$pV^{\gamma} = 常量$。因为 $\gamma > 1$,所以绝热线和等温线不会平行。两条过程曲线有一个交点,如图 8-13 所示。

在图 8-13 中的粗线表示一条绝热线,细线表示一条等温线,两线相交于 $A$ 点,可以看出绝热线比等温线陡。这是很容易理解的。我们可以分别求出等温线和绝热线在 $A$ 点上的斜率。对等温过程方程两边求微分可知等温线的斜率为

$$\left(\frac{\mathrm{d}p}{\mathrm{d}V}\right)_T = -\frac{p_A}{V_A}$$

同理,对绝热过程方程两边求微分,可得绝热线斜率为

$$\left(\frac{\mathrm{d}p}{\mathrm{d}V}\right)_a = -\gamma\frac{p_A}{V_A}$$

由于比热容比 $\gamma > 1$,所以绝热线比等温线陡。

我们再从物理意义上来区分等温线和绝热线。如图 8-13 所示,同一理想气体从交点 $A$ 开始分别经过等温过程和绝热过程使体积由 $V_1$ 膨胀到 $V_2$,我们可以看到在绝热过程中压强的降低要比等温过程中的多。根据理想气体的物态方程 $p = nRT$ 来分析,气体的压强不仅与温度有关,也与分子数密度有关。在等温膨胀过程中,温度不变,所以只有分子数密度 $n$ 的减小引起压强的降低。而在绝热膨胀过程中,气体的分子数密度发生同样程度的减小。此外气体对外做功,只能消耗自身的内能,气体的温度也会降低。所以由这两个因素引起的压强降低自然要多一些。因此绝热线会比等温线更陡。

### 绝热方程的推导

现在研究理想气体绝热过程中物态参量的变化关系。

当系统经历一个微小的变化过程,热力学第一定律可表示为

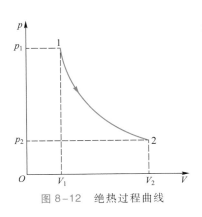

图 8-12 绝热过程曲线

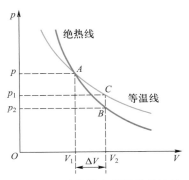

图 8-13 绝热线和等温线的比较

$\mathrm{d}Q = \mathrm{d}E + \mathrm{d}W$，绝热过程中 $\mathrm{d}Q = 0$，则

$$-\mathrm{d}W = \mathrm{d}E$$

又得

$$-p\mathrm{d}V = \nu C_{V,\mathrm{m}}\mathrm{d}T$$

利用理想气体的物态方程 $pV = \nu RT$，上式可以变化为

$$-\frac{\nu RT}{V}\mathrm{d}V = \nu C_{V,\mathrm{m}}\mathrm{d}T$$

化简后得到

$$\frac{R}{C_{V,\mathrm{m}}}\cdot\frac{\mathrm{d}V}{V} + \frac{\mathrm{d}T}{T} = 0$$

利用 $C_{p,\mathrm{m}} - C_{V,\mathrm{m}} = R$，上式成为

$$\frac{C_{p,\mathrm{m}} - C_{V,\mathrm{m}}}{C_{V,\mathrm{m}}}\cdot\frac{\mathrm{d}V}{V} + \frac{\mathrm{d}T}{T} = 0$$

根据比热容比 $\gamma = \dfrac{C_{p,\mathrm{m}}}{C_{V,\mathrm{m}}}$，可得

$$(\gamma - 1)\cdot\frac{\mathrm{d}V}{V} + \frac{\mathrm{d}T}{T} = 0$$

如果上式中的比热容比 $\gamma$ 为常量，通过积分我们立即得到用物态参量 $T$ 和 $V$ 表示的理想气体的绝热方程：

$$(\gamma - 1)\cdot\int\frac{\mathrm{d}V}{V} + \int\frac{\mathrm{d}T}{T} = 常量$$

$$(\gamma - 1)\cdot\ln V + \ln T = 常量，\ln TV^{\gamma-1} = 常量$$

$$TV^{\gamma-1} = 常量$$

再用物态方程 $pV = \nu RT$ 代入上式，分别消去 $p$ 或者 $V$ 可得

$$pV^{\gamma} = 常量$$

$$P^{\gamma-1}T^{-\gamma} = 常量$$

---

**例 8.4**

---

温度为 25 ℃、压强为 $1.013\times10^{5}$ Pa 的 1 mol 刚性双原子分子理想气体，经等温过程体积膨胀至原来的 3 倍。（$\ln 3 = 1.098\ 6$。）

（1）计算这个过程中气体对外做的功；

（2）假若气体经绝热过程体积膨胀为原来的 3 倍，那么气体对外做的功又是多少？

---

**解** （1）在等温过程气体对外做的功为

$$W = RT\ln\frac{V_2}{V_1} = 8.31\times(273 + 25)\ln 3 \text{ J}$$

$$= 8.31\times298\times1.098\ 6 \text{ J} = 2.72\times10^{3} \text{ J}$$

（2）在绝热过程中气体对外做的功为

$$W = -\Delta E = -C_{V,\mathrm{m}}\Delta T = -\frac{i}{2}R(T_2 - T_1)$$

$$= -\frac{5}{2}R(T_2 - T_1)$$

由绝热过程中温度和体积的关系 $V^{\gamma-1}T = C$，

考虑到 $\gamma = \dfrac{7}{5} = 1.4$，可得温度 $T_2$：

$$T_2 = \frac{T_1 V_1^{\gamma-1}}{V_2^{\gamma-1}} \Rightarrow T_2 = \frac{T_1}{3^{\gamma-1}}$$

$$\Rightarrow T_2 = 3^{-0.4} \times T_1 = 0.644\,4T_1$$

综合以上各式，得

$$W = -\frac{5}{2}R(T_2 - T_1)$$

$$= -\frac{5}{2} \times 8.31 \times (-0.355\,6) \times 298 \text{ J}$$

$$= 2.20 \times 10^3 \text{ J}$$

# 8.3　循环过程　卡诺循环

## 8.3.1　循环过程

在生产技术中，要想将热与功之间的转化持续不断地进行下去，靠单一过程是不行的。例如，等温膨胀过程虽然能把吸收的热量完全转化为对外做的功，但因为气缸的长度总是有限的，所以气体不可能无限膨胀做功，即使气缸很长，但当气体压强与外界压强相等时，做功也就停止了，因此无法实现持续对外界做功。这就需要利用循环过程。一个系统从某一状态开始，经过一系列变化，最后又回到原来状态的过程称为循环过程，简称为循环。循环工作的物质系统称为工作物质。工作物质经历一个循环过程后回到原来的状态，由于内能是状态的单值函数，内能不变，即 $\Delta E = 0$，这是循环过程的重要特征。

循环过程在 $p$-$V$ 图上可以用一条闭合曲线表示（如图 8-14

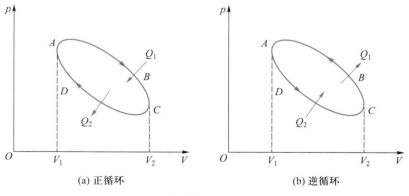

(a) 正循环　　　　　　　　(b) 逆循环

图 8-14　循环过程

所示),如果循环是顺时针方向进行的,称为正循环,反之称为逆循环。

对于如图 8-14(a)所示的正循环,在过程 ABC 中,系统对外界做正功,数值 $W_1$ 等于闭合曲线 $ABCV_2V_1A$ 所包围的面积;在过程 CDA 中,系统对外界做负功,即外界对系统做正功,外界做功的数值 $W_2$ 等于闭合曲线 $CDAV_1V_2C$ 所包围的面积。所以整个循环过程中系统对外界做的净功为 $W=W_1-W_2$,恰好等于闭合曲线 ABCDA 所包围的面积。在整个正循环过程中,有些阶段系统从外界吸热,吸收的热量总和用 $Q_1$ 表示,而另外一些阶段系统向外界放热,放出的热量总和用 $Q_2$ 表示。由热力学第一定律可知,在一个正循环中净功 $W=Q_1-Q_2$,而 $Q_1-Q_2$ 是系统从外界吸收的净热量。净功 $W$ 和净热量 $Q$ 都是正值。由此可见,在正循环过程中,系统从高温热源吸收的热量,一部分用于对外做功,另一部分在低温热源处放出,系统最后又回到原来的状态。可见,正循环是一种通过工作物质使热量不断转化为功的循环。

## 8.3.2 热机 热机效率

热机就是指一种通过正循环过程,将热量不断地转化为功的装置,如蒸汽机、内燃机、汽轮机、喷气机等。现以蒸汽机为例来说明热机的工作过程。

图 8-15 表示蒸汽机的工作示意图。水从锅炉吸收热量,变成高温高压的蒸汽,然后通过管道进入气缸,推动活塞对外做功,当蒸汽对外做功后其温度和压强降低后变成废气,便进入冷凝器放热从而凝结为水,然后再用水泵打入锅炉开始下一个循环。

阅读材料:
蒸汽机的发明与应用

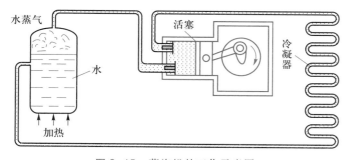

图 8-15 蒸汽机的工作示意图

从能量转化的角度来看,热机的基本原理是:工作物质(这里是热力学系统)在高温热源(锅炉)处吸收热量,用来增加其内能,然后所增加的内能一部分通过做功向外界提供机械能,另一部分内能在低温热源(冷凝器)处通过放热传向外界。图 8-16 给出了热机中的能量转化关系。根据热力学第一定律,$Q_2$,$Q_1$ 和净功 $W$ 三者满足式(8-28):

$$W = Q_1 - Q_2 \qquad (8-28)$$

效率是衡量一切过程的重要指标,一般来说,效率可以定义为所获得的收益与所付出的代价之比。热机进行正循环的目的是获得机械功,为此付出的代价是其在高温热源吸收的热量,因此可以定义热机效率 $\eta$ 为

$$\eta = \frac{W}{Q_1} = \frac{Q_1 - Q_2}{Q_1} = 1 - \frac{Q_2}{Q_1} \qquad (8-29)$$

式(8-29)中 $W$ 是净功,即循环过程中各分过程功的代数和,$Q_1$ 是各吸热过程吸收的热量之和,$Q_2$ 是各放热过程放出的热量之和的绝对值,即式中 $Q_1$,$Q_2$ 均为绝对值,所以在计算效率时,必须分清吸热与放热过程。

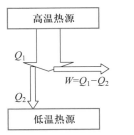

图 8-16 热机的能量转化示意图

目前蒸汽机主要用于发电厂中。热机除蒸汽机外,还有内燃机、汽轮机、喷气机等。虽然它们在工作方式、效率上各不相同,但工作原理却基本相同,都是不断地把热量转化为功。表 8-2 给出了几种装置的热机效率。

表 8-2 几种装置的热机效率

| 装置 | 液体燃料火箭 | 柴油机 | 汽油机 | 蒸汽机 |
|---|---|---|---|---|
| $\eta$ | 48% | 37% | 25% | 8% |

**例 8.5**

以理想气体为工作物质的热机循环,如图 8-17 所示。$A \rightarrow B$ 为绝热过程,$B \rightarrow C$ 为等压过程,$C \rightarrow A$ 为等容过程。试证明其效率为

$$\eta = 1 - \gamma \frac{\left(\dfrac{V_1}{V_2}\right) - 1}{\left(\dfrac{p_1}{p_2}\right) - 1}$$

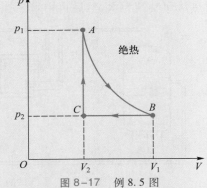

图 8-17 例 8.5 图

**证明** 因等容升压过程吸热,等压压缩过程放热,绝热过程与外界无热量交换,整个过程为正循环。因此有

等容过程 $C \rightarrow A$ 吸热,$Q_1 = \nu C_{V,m}(T_A - T_C)$

等压过程 $B \rightarrow C$ 放热,$Q_2 = \left| \nu C_{p,m}(T_B - T_C) \right|$

所以,循环效率为

$$\eta = 1 - \frac{Q_2}{Q_1} = 1 - \frac{\nu C_{p,m}(T_B - T_C)}{\nu C_{V,m}(T_A - T_C)}$$

$$= 1 - \gamma \frac{(T_B - T_C)}{(T_A - T_C)}$$

由理想气体物态方程有

$$T_B = \frac{p_2 V_1}{\nu R}, \quad T_C = \frac{p_2 V_2}{\nu R}, \quad T_A = \frac{p_1 V_2}{\nu R}$$

代入上式整理可得

$$\eta = 1 - \gamma \frac{\left(\dfrac{V_1}{V_2}\right) - 1}{\left(\dfrac{p_1}{p_2}\right) - 1}$$

## 8.3.3 制冷机　制冷系数

制冷机就是指一种通过逆循环过程,利用外界对工作物质做功,使从低温热源吸收的热量不断地传递给高温热源的装置。

家用电冰箱就是一种制冷机,它的工作物质称为制冷剂,常用的制冷剂有氨、氟利昂等。图 8-18 表示电冰箱的工作示意图。液态的制冷剂从冷冻室吸取电冰箱(低温热源)内的热量,发生气化,成为低温低压的气态制冷剂,压缩机将其压缩至 $1.013 \times 10^6$ Pa 的压强,温度升到高于室温,然后通过冷凝器向大气(高温热源)放热,发生液化后进入储液器,最后进入电冰箱内的冷冻室,接着进行下一个循环。

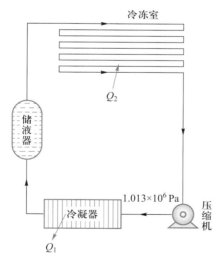

图 8-18　电冰箱的工作示意图

制冷机能量转化关系如图 8-19 所示。整个制冷过程就是:液态制冷剂从低温热源(冷冻室)吸热 $Q_2$、发生气化,经压缩机做功 $W$ 后向高温热源(电冰箱外大气)放出热量 $Q_1$,使制冷剂由气

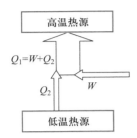

图 8-19 制冷机的能量
转化示意图

态再变成液态,这样周而复始循环来达到制冷降温的目的。由热力学第一定律可知,

$$Q_1 = Q_2 + W$$

这就是说,系统把从低温热源吸收的热量和外界对它做的功一并以热量的形式传给高温热源。在制冷循环中,我们的目的是要从低温热源吸收热量 $Q_2$,而外界对系统做的功 $W$ 则是必须为此付出的代价。因此制冷机的效率可以用 $Q_2/W$ 表示,这一比值称为制冷机的制冷系数,用 $e$ 表示,即

$$e = \frac{Q_2}{W} = \frac{Q_2}{Q_1 - Q_2} \qquad (8-30)$$

## 8.3.4 卡诺循环

物理学家简介:
卡诺

阅读材料:
卡诺的热机理论

    19 世纪初,蒸汽机在工业上的应用越来越广泛,但效率很低,只有 3% ~ 5%,大部分热量都没有得到利用,因此,为了提高热机效率,许多人进行了理论上的探索。法国青年工程师卡诺提出了一种理想循环,它体现了热机循环最基本的特征。该循环由两个准静态等温过程和两个准静态绝热过程组成,在循环过程中工作物质只与两个恒温热源交换热量。这种循环称为卡诺循环,按卡诺正循环工作的热机称为卡诺热机。

    下面讨论以理想气体为工作物质的卡诺正循环,并求出其热机效率。卡诺循环在 $p$-$V$ 图上是分别由温度为 $T_1$ 和 $T_2$ 的两条等温线和两条绝热线组成的封闭曲线,如图 8-20 所示。其各个分过程如下

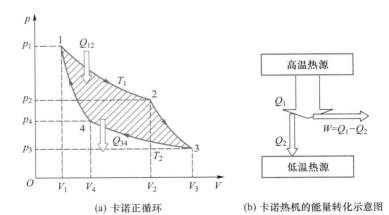

(a) 卡诺正循环      (b) 卡诺热机的能量转化示意图

图 8-20 卡诺正循环(卡诺热机)

1→2 阶段:气体与温度为 $T_1$ 的高温热源接触,作等温膨胀,体积由 $V_1$ 增大到 $V_2$,在这个过程中,气体从高温热源吸收的热量为

$$Q_{12} = \nu R T_1 \ln \frac{V_2}{V_1} > 0 \qquad (8-31)$$

2→3 阶段:气体脱离高温热源作绝热膨胀,体积由 $V_2$ 增大到 $V_3$,并继续对外做功,温度由 $T_1$ 降到 $T_2$。

3→4 阶段:气体与温度为 $T_2$ 的低温热源接触,等温压缩气体直到体积缩小为 $V_4$,而状态 4 和状态 1 在同一条绝热线上。在这个过程中,气体向低温热源放出的热量为

$$Q_{34} = \nu R T_2 \ln \frac{V_4}{V_3} < 0 \qquad (8-32)$$

上式的结果小于零,表明气体实际上是向低温热源放热。

4→1 阶段:气体脱离低温热源作绝热压缩,直到它回到起始状态 1 而完成一次循环。

因此,在一次循环中,气体从高温热源吸收的热量为

$$Q_1 = Q_{12} = \nu R T_1 \ln \frac{V_2}{V_1} \qquad (8-33)$$

气体向低温热源放出的热量为

$$Q_2 = -Q_{34} = -\nu R T_2 \ln \frac{V_4}{V_3} = \nu R T_2 \ln \frac{V_3}{V_4} \qquad (8-34)$$

根据热机效率的定义,上述理想气体卡诺循环的效率为

$$\eta = 1 - \frac{Q_2}{Q_1} = 1 - \frac{T_2 \ln(V_3/V_4)}{T_1 \ln(V_2/V_1)} \qquad (8-35)$$

考虑到 2→3 和 4→1 两个阶段系统经历的是绝热过程,物态参量满足绝热方程 $TV^{\gamma-1} =$ 常量,有

$$T_1 V_2^{\gamma-1} = T_2 V_3^{\gamma-1}, \qquad T_1 V_1^{\gamma-1} = T_2 V_4^{\gamma-1}$$

两式相比,可得

$$\frac{V_3}{V_4} = \frac{V_2}{V_1}$$

将此结果代入式(8-35)可得

$$\eta = 1 - \frac{T_2}{T_1} \qquad (8-36)$$

由式(8-36)可知:

(1)由于 $T_1 = \infty$ 和 $T_2 = 0$ 都不可能达到,因而卡诺热机的效率总是小于 1 的;

(2)卡诺热机的效率只与高、低温热源的温度有关,而与工作物质性质无关。提高效率的途径是提高高温热源的温度或降

低低温热源的温度。如果要获取低于室温的低温热源,就必须用制冷机,而制冷机要消耗外功,因此更加不经济。所以从实用角度,只有从提高高温热源温度着手。例如:蒸汽机锅炉温度约为320 ℃,内燃机汽油爆炸温度约为1 530 ℃。

(3)$\eta = \dfrac{W}{Q_1} = 1 - \dfrac{Q_2}{Q_1}$适用于一切热机,$\eta = 1 - \dfrac{T_2}{T_1}$仅适用于卡诺热机。

(4)要完成一次卡诺循环必须有一定温度的高温和低温两个热源。

对于以理想气体为工作物质的卡诺逆循环,即卡诺制冷机循环,其过程如图 8-21 所示,可以类似地算出制冷机的制冷系数为

$$e = \frac{T_2}{T_1 - T_2} \tag{8-37}$$

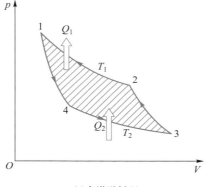
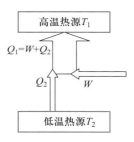

(a)卡诺逆循环　　　　　　　(b) 卡诺制冷机的能量转化示意图

图 8-21　卡诺逆循环(卡诺制冷机循环)

## 例 8.6

一卡诺热机(可逆),当高温热源的温度为 127 ℃、低温热源温度为 27 ℃时,其每次循环对外做净功 8 000 J。今维持低温热源的温度不变,提高高温热源温度,使其每次循环对外做净功 10 000 J。若两个卡诺循环都工作在相同的两条绝热线之间,试求:

(1)第二个循环的热机效率;

(2)第二个循环的高温热源的温度。

解　(1)对第一个循环,根据 $T_1 = 127$ K + 273 K = 400 K,$T_2 = 27$ K + 273 K = 300 K,$W = 8\ 000$ J,可知卡诺热机的效率为

有

$$\eta = \frac{W}{Q_1} = 1 - \frac{T_2}{T_1} = 1 - \frac{300 \text{ K}}{400 \text{ K}} = 0.25$$

$$Q_1 = \frac{W}{\eta} = \frac{8\,000}{0.25}\,\text{J} = 32\,000\,\text{J}$$

$$Q_1 = W + Q_2$$

所以

$$Q_2 = 24\,000\,\text{J}$$

由于这两个循环工作在同样的两条绝热线之间且低温热源的温度 $T_2$ 不变,所以这两个循环放出的热量也一定相同,即 $Q_2' = Q_2 = 24\,000\,\text{J}$,所以第二个热机的效率为

$$\eta' = \frac{W'}{Q_1'} = \frac{W'}{Q_2' + W'} = \frac{10\,000}{24\,000 + 10\,000} = 29.4\%$$

(2)考虑到人们是通过提高高温热源的温度达到提高第二循环的热机效率的,可利用

$$\eta' = 1 - \frac{T_2}{T_1'}$$

有

$$T_1' = \frac{T_2}{1 - \eta'} = \frac{300}{1 - 0.294}\,\text{K} = 425\,\text{K}$$

---

例 8.7

一卡诺制冷机从温度为 −13 ℃ 的冷库中吸取热量,释放到温度为 27 ℃ 的室外空气中,若制冷机耗费的功率是 2.0 kW,求:

(1)每分钟从冷库中吸取的热量;

(2)每分钟向室外空气中释放的热量。

解 (1)室温 $T_1 = 27\,\text{K} + 273\,\text{K} = 300\,\text{K}$,冷库温度 $T_2 = -13\,\text{K} + 273\,\text{K} = 260\,\text{K}$。根据卡诺制冷系数有

$$e = \frac{T_2}{T_1 - T_2} = \frac{260}{300 - 260} = 6.5$$

根据卡诺制冷系数 $e = \dfrac{Q_2}{W}$,所以每分钟

从冷库中吸取的热量为

$$Q_2 = eW = 6.5 \times 2.0 \times 10^3 \times 60\,\text{J} = 7.8 \times 10^5\,\text{J}$$

(2)每分钟释放到室外的热量为

$$Q_1 = Q_2 + W = 7.8 \times 10^5\,\text{J} + 2.0 \times 10^3 \times 60\,\text{J}$$
$$= 9 \times 10^5\,\text{J}$$

---

# 8.4 热力学第二定律 卡诺定理

热力学第二定律是在研究如何提高热机效率的实践需要推动下逐步发现的,是热力学中的又一个基本实验定律,它和热力学第一定律一起构成了热力学的主要理论基础。热力学第一定律指出了各种形式的能量在相互转化过程中其总量保持不变,热力学第二定律则进一步指出自然界中一切与热现象有关的实际宏观过程都是具有方向性的,指出在自发的情况下能量将向哪个方向转化。

## 8.4.1 热力学第二定律

19 世纪中期,人们在大量观察和实验的基础上,总结出了热力学第二定律。由于总结的角度不同,热力学第二定律的表述也不同,最典型的有下列两种表述:

1. 开尔文表述

热力学第一定律表明违背能量守恒定律的第一类永动机不可能制成。那么如何在不违背热力学第一定律的条件下,尽可能地提高热机效率呢?分析热机循环效率公式 $\eta = 1 - \dfrac{Q_2}{Q_1}$,显然,如果向低温热源放出的热量 $Q_2$ 越少,效率 $\eta$ 就越大,当 $Q_2 = 0$ 时,即不需要低温热源,只存在一个单一温度的热源,其效率就可以达到 100%。这就是说,如果在一个循环中,只从单一热源吸收热量使之全部变为功(这不违反能量守恒定律),循环效率就可达到 100%,这个结论是非常引人关注的。海洋中的水、地球周围的大气及地球本身等,都是储存着极大能量的热源,只要将它们中任何一个作为单一热源,人类就有几乎用之不尽的能源了,有人曾经估算过,如果这种单一热源热机可以实现,则只要使海水温度降低 0.01 K,就能使全世界所有机器工作 1 000 多年!

然而长期实践表明,循环效率达 100% 的热机虽然没有违反热力学第一定律,但是却不可能制造出来,这表示自然界有些过程虽然没有违背能量守恒定律,但是它仍然不可能实现。在这个基础上,开尔文在 1851 年提出了一条重要定律,称为热力学第二定律。该定律的表述为:不可能从单一热源吸热,使它完全变为有用功而不产生其他影响。这就是热力学第二定律的开尔文表述。

应当注意:理想气体作等温膨胀时,气体从恒温热源吸收的热量就可以全部用来对外做功。但显然该过程无法实现持续对外界做功,而且又产生了其他变化,如气体的压强和体积的变化。"单一热源"是指温度均匀并且恒定不变的热源。若热源温度不均匀,则工作物质就可以从热源中温度较高的部分吸热而向热源中温度较低的部分放热。这与放热为零的要求不符,且实际上就相当于两个以上热源了。

从单一热源吸热并全部变为功的热机通常称为第二类永动机,所以热力学第二定律亦可表述为:第二类永动机是不可能实现的。

物理学家简介:
开尔文

阅读材料:
热力学第二定律的建立

### 2. 克劳修斯表述

开尔文从正循环的热机效率极限问题出发,总结出热力学第二定律。我们还可以从逆循环制冷机角度分析制冷系数极限,从而导出热力学第二定律的另一等价表述。由制冷系数 $e = \dfrac{Q_2}{W}$ 可以看出,为了从低温热源搬运热量到高温热源,必须有外界做功,如果不需外界做功,即 $W = 0$,则制冷机的制冷系数趋向无穷大,即不需外界做功,热量自动地从低温热源迁移至高温热源,这是否可能呢?在热传递过程中,热量能自动地从高温物体流向低温物体,而相反的过程(虽然没有违背能量守恒定律)绝不会实现。这说明热传递的过程也有个进行方向的问题。1850 年德国物理学家克劳修斯在总结前人大量观察和实验的基础上提出:热量不可能自动地从低温物体传向高温物体,此即热力学第二定律的克劳修斯表述。在克劳修斯表述中"自动地"是一个关键词,意思是不需要消耗外界能量,热量可直接地从低温物体传向高温物体,但这是不可能的。如制冷机中是通过外力做功才迫使热量从低温物体传向高温物体的。

热力学第二定律的这两种表述的文字虽然不同,实质上是一致的,下面我们证明两种表述的等价性。

假设开尔文表述不正确[在图 8-22(a)中以 K×表示],则意味着存在一种热机,它可以从单一热源吸热,使它完全转化为有用功而不产生其他影响。我们把这种热机与一个制冷机并联,如图 8-22(a)所示,其总效果将如图 8-22(b)所示,即热量从低温物体传到高温物体而没有产生其他影响,这显然违背了热力学第二定律的克劳修斯表述。因此开尔文表述不正确导致了克劳修斯表述不正确。

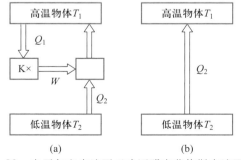

图 8-22 由开尔文表述不正确证明克劳修斯表述不正确

同理,如果克劳修斯表述不正确[图 8-23(a)中以 C×表示],则意味着存在一种不用外界做功的制冷机,我们把这种制冷机与

一个热机并联,并让热机传到低温热源的热量,自动流回到高温
热源,如图8-23(a)所示。其总效果将如图8-23(b)所示,即能
从单一热源吸热使它完全变为有用功而不产生其他影响。这显
然违背了热力学第二定律的开尔文表述。因此克劳修斯表述的
不正确就导致了开尔文表述的不正确。

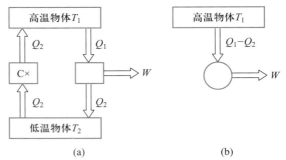

图8-23 由克劳修斯表述不正确证明开尔文表述不正确

由此我们就证明了这两种表述是完全等价的。

## 8.4.2 可逆过程与不可逆过程

为了进一步明确热力学第二定律的含义,研究热力学过程的
方向性问题,我们需要引入可逆过程的概念。

一个系统,由初态出发经过某一过程到达末态,如果存在另
一个过程,它能使系统和外界完全复原(即系统回到初态,同时消
除了原过程对外界产生的一切影响),则原来的过程称为可逆过
程;反之,如果物体不能恢复到初态或当物体恢复到初态却无法
消除原过程对外界的影响,则原来的过程称为不可逆过程。例如
一个单摆,如果不受空气阻力及其他摩擦力,当它离开某一位置
后,经过一个周期又回到原来的位置而周围一切都无变化,这时
单摆的运动就可以认为是一个可逆过程。

可逆过程只是理想化的过程,它只有在准静态和无摩擦的条
件下才可能实现,无摩擦的准静态过程是可逆过程。由于实际过
程无法做到严格的准静态和无摩擦,因而,都是不可逆的。热力
学第二定律的克劳修斯表述在实质上就是说明热传导过程是不
可逆的,而开尔文表述实质上是说明热变功的过程是不可逆的。

在这里我们必须强调:不可逆过程不是不能逆向进行,而是
说当过程逆向进行时,逆过程不能将原过程在外界留下的痕迹完
全消除。

另一方面,在无外界影响的条件下,热量总是自动地由高温

物体传向低温物体,从而使两物体温度相同,达到热平衡,从未发现自动使两物体温差增大的逆过程。说明热传导过程是具有方向性的。类似地,在无外界影响的条件下,物体所具有的机械能总是由于摩擦而变成热量,从未发现物体由于温度较高,热量自动变成机械能的逆过程。例如,单摆在摆动过程中,由于空气阻力及悬点处摩擦力的作用,振幅逐渐减小,直到静止,过程中功转化为热量,机械能全部转化为内能,功变热是自动地进行的。但热变功却不会自动发生,虽然逆向转化不违反热力学第一定律,说明功热转化的过程也是有方向性的。

这表明自然界中的自发过程具有单向性,相反方向的过程不可能自动发生。当然,在外界的影响下,上述自发过程的逆过程也可以发生,但是根据热力学第二定律,必然会引起其他结果。

因此热力学第二定律的意义在于:它指出了一切与热现象有关的实际宏观过程都是不可逆的,在无外界作用的情况下具有确定的方向性。

## 8.4.3 卡诺定理

18 世纪第一次工业革命后,蒸汽机获得了广泛的应用,但是最突出的问题就是其效率极其低下,还不超过 5%。由于当时人们对蒸汽机的理论了解甚少,仅仅凭着运气和经验来提高其效率,因此收效不大。早在热力学第一定律和热力学第二定律提出之前,卡诺就在 1824 年提出了有关热机效率的重要定理——卡诺定理。其主要内容为:

(1) 在相同的高温热源($T_1$)和相同的低温热源($T_2$)之间工作的一切可逆热机,其效率都相等,与工作物质无关,且

$$\eta_{可逆} = 1 - \frac{T_2}{T_1}$$

(2) 在相同的高温热源($T_1$)和相同的低温热源($T_2$)之间工作的一切不可逆热机,其效率都不可能大于(实际上小于)可逆热机的效率,即

$$\eta_{不可逆} \leqslant 1 - \frac{T_2}{T_1}$$

卡诺定理的意义在于指出热机效率的上限,即任何实际热机效率都不可能高于 $1 - \frac{T_2}{T_1}$,同时它也指出了提高热机效率的途径,其一是使热循环尽可能可逆,其二是提高温度差 $T_1 - T_2$,不过对

于低温热源的温度 $T_2$ 不能要求过低,否则要加用制冷机,这样成本就会加大,所以,有效的手段是提高高温热源的温度 $T_1$。

---

**例 8.8**

一热机每秒从高温热源($T_1 = 600$ K)吸取热量 $Q_1 = 3.34 \times 10^4$ J,做功后向低温热源($T_2 = 300$ K)放出热量 $Q_2 = 2.09 \times 10^4$ J。

(1)它的效率是多少?它是不是可逆热机?

(2)如果尽可能地提高热机的效率,每秒从高温热源吸热 $3.34 \times 10^4$ J,则每秒最多能做多少功?

**解**  (1)根据热机效率公式得

$$\eta = 1 - \frac{Q_2}{Q_1} = 1 - \frac{2.09 \times 10^4}{3.34 \times 10^4} = 37.4\%$$

由卡诺热机效率公式,得

$$\eta_卡 = 1 - \frac{T_2}{T_1} = 1 - \frac{300}{600} = 50\%$$

由于 $\eta < \eta_卡$,可见是不可逆热机。

(2)根据卡诺定理可知该热机效率的上限为可逆热机的效率,即 $\eta = \eta_卡 = 50\%$,则每秒最多能做的功为

$$W = Q_1 \eta = 3.34 \times 10^4 \times 50\% \text{ J} = 1.67 \times 10^4 \text{ J}$$

---

# 8.5  熵和熵增加原理

阅读材料:
信息熵

微课视频:
熵增加原理

前面我们介绍系统和外界交换热量时,采用了系统吸收多少热或放出多少热的说法。这一节我们统一用系统吸热来表示,放热可以说成吸收的热量为负。因此卡诺定理可以表示为

$$\eta = 1 + \frac{Q_2}{Q_1} \leqslant 1 - \frac{T_2}{T_1}$$

上式中 $Q_1$ 表示系统从热源 $T_1$ 吸取的热量,$Q_2$ 表示系统从热源 $T_2$ 吸取的热量。上式可改写为

$$\frac{Q_1}{T_1} + \frac{Q_2}{T_2} = \sum_{i=1}^{2} \frac{Q_i}{T_i} \leqslant 0$$

式中 $T_i$ 对于可逆过程是热源的温度也是系统的温度,对于不可逆过程是热源的温度。这一结果可以推广到一般情形,如图 8-24 所示,就是一个一般循环过程,可以把它分解成很多小的卡诺循环过程,于是有

$$\sum_{i=1}^{n} \frac{Q_i}{T_i} \leqslant 0 \qquad\qquad (8-38)$$

或

$$\oint \frac{\mathrm{d}Q}{T} \leqslant 0 \qquad (8-39)$$

这就是著名的克劳修斯不等式。

而对于可逆过程,则有

$$\oint \frac{\mathrm{d}Q}{T} = 0 \qquad (8-40)$$

图8-25表示一任意可逆循环过程,我们可以将其分为两个分过程 $1 \to a \to 2$ 和 $2 \to b \to 1$,有

$$\oint \frac{\mathrm{d}Q}{T} = \int_{1a2} \frac{\mathrm{d}Q}{T} + \int_{2b1} \frac{\mathrm{d}Q}{T} = 0$$

因为过程可逆,所以有

$$\int_{1a2} \frac{\mathrm{d}Q}{T} = -\int_{2b1} \frac{\mathrm{d}Q}{T} = \int_{1b2} \frac{\mathrm{d}Q}{T} \qquad (8-41)$$

式(8-41)说明,积分 $\int \mathrm{d}Q/T$ 的值与过程无关,只由初态和末态决定。在气体动理论中,我们引入一个新的态函数——内能 $E$,根据 $Q-E$ 与过程无关的事实,可知 $E_2 - E_1 = Q - W$。与此相似,我们也可以根据积分 $\int_1^2 \mathrm{d}Q/T$ 与过程无关的事实而引入另一个新的态函数,这个函数称为熵,用 $S$ 表示,定义式是

$$S_2 - S_1 = \int_1^2 \frac{\mathrm{d}Q}{T} \qquad (8-42)$$

式(8-42)中 $S_1$,$S_2$ 分别表示系统在初态和末态的熵。对于一个无限小的可逆过程,有

$$\mathrm{d}S = \frac{\mathrm{d}Q}{T} \qquad (8-43)$$

式(8-43)中 $\mathrm{d}S$ 是邻近两个态的熵变。

对于包含不可逆过程的循环,我们有

$$\oint \frac{\mathrm{d}Q}{T} < 0 \qquad (8-44)$$

假定图8-25表示一任意不可逆循环过程,其中分过程 $1 \to a \to 2$ 是不可逆的,而 $2 \to b \to 1$ 是可逆的。则式(8-44)可以写为

$$\oint \frac{\mathrm{d}Q}{T} = \int_{1a2} \frac{\mathrm{d}Q}{T} + \int_{2b1} \frac{\mathrm{d}Q}{T} < 0$$

由于 $2 \to b \to 1$ 是可逆过程,所以

$$\int_{1a2} \frac{\mathrm{d}Q}{T} - \int_{1b2} \frac{\mathrm{d}Q}{T} < 0$$

利用式(8-42),有

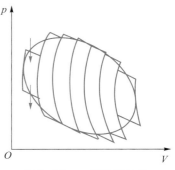

图8-24 一般循环过程

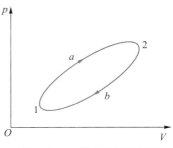

图8-25 任意可逆循环过程

$$\int_{1a2} \frac{\mathrm{d}Q}{T} - (S_2 - S_1) < 0,$$

$$S_2 - S_1 > \int_1^2 \frac{\mathrm{d}Q}{T} \tag{8-45}$$

对于孤立系统,系统与外界无热量交换,在任一微小过程中 $\mathrm{d}Q = 0$。根据公式(8-45)在不可逆过程中系统熵的变化为

$$S_2 - S_1 > 0 \tag{8-46}$$

式(8-46)表明孤立系统中的不可逆过程,系统熵要增加。

对于孤立系统的可逆过程中系统熵的变化为

$$S_2 - S_1 = 0 \tag{8-47}$$

结合上述两种情况,对于孤立系统中的任一热力学过程,可以得出一般公式

$$S_2 - S_1 \geqslant 0 \tag{8-48}$$

式(8-48)就是热力学第二定律的数学表达式,表明孤立系统中所发生的一切不可逆过程的熵总是增加的,可逆过程的熵不变,这就是熵增加原理。

因为自然界实际发生的过程都是不可逆的,故根据熵增加原理可知:孤立系统内发生的一切实际过程都会使系统的熵增加。这就是说,在孤立系统中,一切实际过程只能朝熵增加的方向进行,直到熵达到最大值为止。例如,若一个孤立系统开始时处于非平衡态(如温度不同、气体密度不同等),后来逐渐向平衡态过渡,因为孤立系统中物质由非平衡态向平衡态过渡的过程为不可逆过程,所以在此过程中熵要增加,最后当系统达到平衡时(如温度均匀、气体密度均匀等),系统的熵达到最大值。因此,用熵增加原理可判断过程进行的方向和限度。

阅读材料:
熵增加原理的提出

---

例 8.9

把温度为 0 ℃、质量为 0.5 kg 的冰块加热到它全部溶化成 0 ℃ 的水,问:

(1)水的熵变如何?

(2)若热源是温度为 200 ℃ 的庞大物体,那么热源的熵变为多少?

(3)水和热源的总熵变为多少?是增加还是减少?(水的熔化热 $L = 3.34 \times 10^5$ J/kg。)

解　冰熔化成同温度的水所需要吸收的热量为

$$Q = m'L = 0.5 \times 3.34 \times 10^5 \text{ J} = 1.67 \times 10^5 \text{ J}$$

(1)水的熵变

$$\Delta S_1 = \frac{Q}{T} = \frac{1.67 \times 10^5}{273} \text{ J/K} = 612 \text{ J/K}$$

(2)热源的熵变

$$\Delta S_2 = \frac{Q}{T} = \frac{-1.67 \times 10^5}{293} \text{ J/K} = -570 \text{ J/K}$$

(3)总熵变

$$\Delta S = \Delta S_1 + \Delta S_2 = 612 \text{ J/K} - 570 \text{ J/K} = 42 \text{ J/K}$$

因此熵增加。

## 习题

**8.1** 一定量理想气体,从同一状态开始把其体积由 $V_0$ 压缩到 $\frac{1}{2}V_0$,分别经历以下三种过程:

(1) 等压过程;(2) 等温过程;(3) 绝热过程。请问:什么过程中外界对气体做功最多?什么过程中气体内能增加最多?什么过程中气体放热最多?

**8.2** 如图 8-26 所示,一条等温线和一条绝热线有可能相交两次吗?为什么?

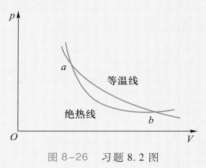

图 8-26 习题 8.2 图

**8.3** 炎热的夏天,你是否想过,打开冰箱会不会使房间温度下降?

**8.4** 气体在状态变化过程中,可以保持体积不变或保持压强不变,这两种过程( )。

A. 一定都是平衡过程

B. 不一定是平衡过程

C. 前者是平衡过程,后者不是平衡过程

D. 后者是平衡过程,前者不是平衡过程

**8.5** 一台工作于温度为 427 ℃ 和 127 ℃ 的高温和低温热源之间的卡诺热机,每经历一个循环吸热 2 800 J,则它对外做的功为( )。

A. 1 000 J   B. 1 200 J   C. 1 400 J   D. 800 J

**8.6** 一绝热容器被隔板分成两半,如图 8-27 所示,一半是真空,另一半是理想气体。若把隔板抽出,气体将进行自由膨胀,达到平衡后( )。

A. 温度不变,熵增加

B. 温度升高,熵增加

C. 温度降低,熵增加

D. 温度不变,熵不变

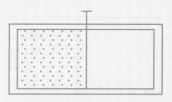

图 8-27 习题 8.6 图

**8.7** 用公式 $\Delta E = \nu C_{V,m} \Delta T$(式中,$C_{V,m}$ 为摩尔定容热容,视为常量;$\nu$ 为气体的物质的量)计算理想气体内能增量时,此式( )。

A. 只适用于准静态的等容过程

B. 只适用于一切等容过程

C. 只适用于一切准静态过程

D. 适用于一切始、末态为平衡态的过程

**8.8** 一定量的理想气体,经历某过程后温度升高了。则可以断定( )。

A. 该理想气体系统在此过程中吸热

B. 在此过程中外界对该理想气体系统做正功

C. 该理想气体系统的内能增加

D. 在此过程中理想气体系统既从外界吸热,又对外做正功

**8.9** 在下列过程中,哪些是可逆过程?( )

(1) 用活塞无摩擦地缓慢地压缩绝热容器中的理想气体;

(2) 用缓慢旋转的叶片使绝热容器中的水温上升;

(3) 一滴墨水在水杯中缓慢散开;

(4) 一个不受空气阻力及其他摩擦力作用的单摆的摆动。

A. (1)、(4)           B. (2)、(4)

C. (3)、(4)           D. (1)、(3)

**8.10** 一定量的理想气体,处在某一初始状态,现在要使它的温度经过一系列状态变化后回到初始状态的温度,可能实现的过程为( )。

A. 先保持压强不变而使它的体积膨胀,接着保持体积不变而增大压强

B. 先保持压强不变而使它的体积减小,接着保持体积不变而减小压强

C. 先保持体积不变而使它的压强增大,接着保持压强不变而使它体积膨胀

D. 先保持体积不变而使它的压强减小,接着保持压强不变而使它体积膨胀

8.11 根据热力学第二定律可知,( )。

A. 功可以全部转化为热,但热不能全部转化为功

B. 热可以从高温物体传到低温物体,但不能从低温物体传到高温物体

C. 不可逆过程就是不能向反方向进行的过程

D. 一切自发过程都是不可逆的

8.12 一气缸内储有 10 mol 的单原子理想气体,在压缩过程中,外力做功 200 J,气体温度升高 1 ℃,试计算:

(1) 气体内能的增量;

(2) 气体所吸收的热量;

(3) 气体在此过程中的摩尔热容。

8.13 1 mol 的氢气(刚性双原子分子理想气体),在压强为 $1.0 \times 10^5$ Pa、温度为 20 ℃ 的条件下,其体积为 $V_0$。现使它先保持体积不变,加热使其温度升高到 80 ℃,然后令它作等温膨胀,体积变为原体积的 2 倍。试计算以上过程中气体对外做的功、内能的增量和吸收的热量。

8.14 20 g 的氦气(视为理想气体),温度由 17 ℃ 升为 27 ℃。若在升温过程中,(1) 体积保持不变;(2) 压强保持不变。试分别求出内能的改变、吸收的热量和气体对外界所做的功。

8.15 (1) 用一卡诺循环的制冷机从 7 ℃ 的热源中提取 1 000 J 的热量传向 27 ℃ 的热源,需要外界对其做多少功? 若从 -173 ℃ 传向 27 ℃ 呢?

(2) 一可逆的卡诺热机,作热机使用时,如果工作的两热源的温度差越大,则对于做功就越有利。当作制冷机使用时,如果两热源的温度差越大,对于制冷是否也越有利? 为什么?

8.16 一电冰箱放在室温为 20 ℃ 的房间里,冰箱储藏柜中的温度维持在 5 ℃。现每天有 $2.0 \times 10^7$ J 的热量自房间传入冰箱内,若要维持冰箱内温度不变,外界每天需做多少功? 其功率为多少? 设在 20 ℃ 至 5 ℃ 之间运转的冰箱的制冷系数是卡诺制冷机制冷系数的 55%。

8.17 单原子理想气体作如图 8-28 所示的 abcda 的循环,并已求得如表 8-3 中所填的三个数据,试根据热力学定律和循环过程的特点完成表 8-3。

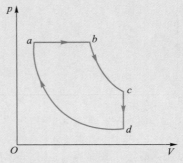

图 8-28 习题 8.17 图

表 8-3 习题 8.17 表

| 过程 | $Q$ | $W$ | $\Delta E$ |
|---|---|---|---|
| $a \to b$,等压 | 250 J | | |
| $b \to c$,绝热 | | 75 J | |
| $c \to d$,等容 | | | |
| $d \to a$,等温 | | -125 J | |
| 循环效率 $\eta =$ | | | |

8.18 1 mol 单原子分子理想气体,在恒定压强下经一准静态过程从 0 ℃ 加热到 100 ℃,求气体的熵的改变。

本章习题答案

# 附录1 矢量运算

## 一、矢量的概念

### 1. 标量与矢量

只有大小没有方向的物理量称为标量,例如物理学中的温度、压强、路程、质量、功、电势等物理量。

既有大小又有方向,并且相加减时遵从平行四边形定则(或三角形定则)的物理量称为矢量。在物理学中,位移、速度、加速度、力、动量、电场强度、磁场强度等物理量均为矢量。

书面(印刷)表示时矢量符号通常用黑斜体表示,如 $A$;手写时矢量需要在其符号上方加一向右的箭头,如 $\vec{A}$。作图表示时,我们用一条有向线段来表示,如附录图1-1所示。

矢量具有大小和方向两个特征。当矢量的大小相等,方向相同时,这两个矢量才相等;如果两个矢量的大小相等,方向平行反向,则一个矢量为另一矢量的负矢量。当矢量平移时,其大小和方向两个特征保持不变。

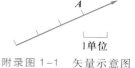

附录图1-1 矢量示意图

### 2. 矢量的模和单位矢量

矢量的大小称为矢量的模。例如,矢量 $A$ 的模表示为 $|A|$ 或 $A$。

如果矢量 $e_A$ 的模等于1,方向与矢量 $A$ 相同,我们称 $e_A$ 为矢量 $A$ 的单位矢量,并且矢量可以表示为

$$A = Ae_A \tag{1}$$

在空间直角坐标系中,通常用 $i, j, k$ 分别表示 $x, y, z$ 轴方向的单位矢量,其大小为1,分别指向三个坐标轴的正方向。

### 3. 矢量的正交分解与直角坐标表示

我们通常将一矢量对直角坐标轴分解,由于坐标轴的方向确定,因此矢量可以用分矢量或带正负号的数值表示。

如附录图1-2所示,设矢量 $A$ 在空间直角坐标系中与 $x, y, z$ 轴的夹角分别为 $\alpha, \beta, \gamma$,则矢量 $A$ 可表示为

$$A = Ae_A = A_x i + A_y j + A_z k \tag{2}$$

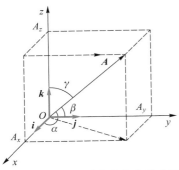

附录图 1-2　矢量的直角坐标表示

式(2)中 $i,j,k$ 为 $x,y,z$ 轴方向的单位矢量。$A_x = A\cos\alpha$ 为矢量 $A$ 在 $x$ 轴方向上的分量(投影);$A_y = A\cos\beta$ 为矢量 $A$ 在 $y$ 轴方向上的分量(投影);$A_z = A\cos\gamma$ 为矢量 $A$ 在 $z$ 轴方向上的分量(投影)。

矢量 $A$ 的方向由矢量与 $x,y,z$ 轴的夹角 $\alpha,\beta,\gamma$ 来确定,其方向余弦为

$$\cos\alpha = \frac{A_x}{A}, \quad \cos\beta = \frac{A_y}{A}, \quad \cos\alpha = \frac{A_z}{A} \tag{3}$$

并且 $\alpha,\beta,\gamma$ 满足

$$\cos^2\alpha + \cos^2\beta + \cos^2\gamma = 1 \tag{4}$$

## 二、矢量的加法和减法

### 1. 矢量的加法

如附录图 1-3 所示,设有两个矢量 $A$ 和 $B$,将它们相加时,可将两矢量平移使其起点交于一点,再以矢量 $A$ 和 $B$ 为邻边作平行四边形,自交点开始的对角线即两矢量相加所得的矢量和。

其矢量表达式为

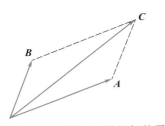

附录图 1-3　两个矢量相加的平行四边形定则

$$C = A + B \tag{5}$$

式(5)中 $C$ 为矢量和,也称为合矢量;$A$ 和 $B$ 则为矢量 $C$ 的分矢量。式(5)表明矢量相加符合平行四边形定则。

如附录图 1-4 所示,若以矢量 $A$ 的末端为起点作矢量 $B$,则由 $A$ 的始端到 $B$ 的末端的矢量即为合矢量 $C$。同样,由 $B$ 的始端到 $A$ 的末端的矢量也为合矢量 $C$。因此两个矢量的相加也满足三角形定则,并且满足加法的交换律。

应用平行四边形定则或三角形定则求两个矢量的合矢量时,其表达式为

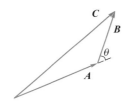

附录图 1-4　两个矢量相加的三角形定则

$$C = \sqrt{A^2 + B^2 + 2AB\cos\theta} \tag{6}$$

$$\tan\theta = \frac{B\sin\theta}{A + B\cos\theta} \tag{7}$$

当有两个以上的矢量相加时,通常应用三角形定则,先求出其中两个矢量的合矢量,然后再把合矢量与第三个矢量相加,以此类推求出多个矢量的和,如附录图 1-5 所示。

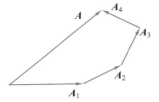

附录图 1-5　多个矢量相加的三角形定则

### 2. 矢量的减法

矢量的减法为矢量加法的逆运算。如附录图 1-6 所示,设两个矢量 $A$ 和 $B$ 的矢量和为矢量 $C$,即 $A+B=C$,也可以改写为

$$B = C - A = C + (-A) \tag{8}$$

附录图 1-6(a)表示矢量 $A$ 和 $B$ 相加得到矢量 $C$;附录图 1-6

（b）则表示已知矢量 **C** 和 **A** 求得矢量 **B** 的减法运算；附录图 1-6
（c）表示矢量 **C** 减去矢量 **A**，相当于矢量 **C** 加上一个负矢量-**A**。
因此我们也可以用负矢量定义矢量的减法：即矢量 **C** 减去矢量
**A**，等于矢量 **C** 加上负矢量-**A**。

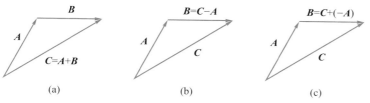

（a）　　　　　　　（b）　　　　　　　（c）

附录图 1-6　多个矢量相加的三角形定则

3. 矢量加减法在坐标分量中的表示

根据矢量相加的法则和矢量的正交分解，我们可以得出结论：如果一个矢量是某两个矢量相加的矢量和，则合矢量在坐标轴上的投影等于两个分矢量在相应坐标轴上的投影之和。

如附录图 1-7 所示，设有矢量 $\boldsymbol{A}_1 = A_{1x}\boldsymbol{i} + A_{1y}\boldsymbol{j}$ 和 $\boldsymbol{A}_2 = A_{2x}\boldsymbol{i} + A_{2y}\boldsymbol{j}$，其相加的矢量和 **A** 为

$$\boldsymbol{A} = \boldsymbol{A}_1 + \boldsymbol{A}_2 = (A_{1x} + A_{2x})\boldsymbol{i} + (A_{1y} + A_{2y})\boldsymbol{j} \tag{9}$$

矢量 $\boldsymbol{A}_1$ 与矢量 $\boldsymbol{A}_2$ 的差 $\Delta\boldsymbol{A}$ 为

$$\Delta\boldsymbol{A} = \boldsymbol{A}_1 - \boldsymbol{A}_2 = (A_{1x} - A_{2x})\boldsymbol{i} + (A_{1y} - A_{2y})\boldsymbol{j} \tag{10}$$

通过坐标分量表示，可以把矢量相加（或相减）简化成两个或三个坐标轴上相加（或相减）的代数问题。

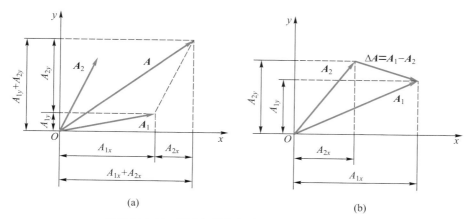

（a）　　　　　　　　　　　　（b）

附录图 1-7　两个矢量相加减的坐标分量表示法

## 三、矢量的标积与矢积

### 1. 标量与矢量的乘积

标量与矢量的乘积就是实数与矢量的乘积。实数与矢量的

乘积仍然是矢量。若一个实数 $m$ 和矢量 $\boldsymbol{A}$ 相乘,得到另一个矢量 $\boldsymbol{B}$。矢量 $\boldsymbol{B}$ 的大小等于实数与矢量 $\boldsymbol{A}$ 的模的乘积,若 $m$ 为正实数,则矢量 $\boldsymbol{B}$ 的方向与原矢量 $\boldsymbol{A}$ 的方向相同,若 $m$ 为负实数,则方向与原矢量 $\boldsymbol{A}$ 相反。其乘积矢量 $\boldsymbol{B}$ 为

$$\boldsymbol{B}=m\boldsymbol{A} \tag{11}$$

若 $m>0$,则 $\boldsymbol{B}$ 的方向与 $\boldsymbol{A}$ 的相同;若 $m<0$,则 $\boldsymbol{B}$ 的方向与 $\boldsymbol{A}$ 相反。在空间直角坐标系中可以表示为

$$\boldsymbol{B}=mA_x\boldsymbol{i}+mA_y\boldsymbol{j}+mA_z\boldsymbol{k}$$

2. 两个矢量的标积

(1)矢量标积的定义。

矢量 $\boldsymbol{A}$ 和矢量 $\boldsymbol{B}$ 的标积是标量,记为 $\boldsymbol{A}\cdot\boldsymbol{B}$,又称为矢量的点积。

设矢量 $\boldsymbol{A}$ 和矢量 $\boldsymbol{B}$ 是任意的两个矢量,其夹角为 $\theta$,则矢量 $\boldsymbol{A}$ 和矢量 $\boldsymbol{B}$ 的标积定义为:两个矢量的模的乘积,再乘以两个矢量夹角 $\theta$ 的余弦,即

$$\boldsymbol{A}\cdot\boldsymbol{B}=AB\cos\theta \tag{12}$$

式(12)中,$A$,$B$ 分别为矢量 $\boldsymbol{A}$ 和矢量 $\boldsymbol{B}$ 的模。

例如,物理学中的功 $W$ 就是两个矢量力 $\boldsymbol{F}$ 和位移 $\boldsymbol{s}$ 的标积,即为

$$W=\boldsymbol{F}\cdot\boldsymbol{s}=Fs\cos\theta$$

(2)矢量标积的性质。

矢量标积满足交换律和分配律:

$$\boldsymbol{A}\cdot\boldsymbol{B}=\boldsymbol{B}\cdot\boldsymbol{A} \tag{13}$$

$$\boldsymbol{A}\cdot(\boldsymbol{B}+\boldsymbol{C})=\boldsymbol{A}\cdot\boldsymbol{B}+\boldsymbol{A}\cdot\boldsymbol{C} \tag{14}$$

根据矢量标积的定义,可以知道:

(1)若矢量 $\boldsymbol{A}$ 和矢量 $\boldsymbol{B}$ 方向相同($\theta=0$),$\cos\theta=1$,则 $\boldsymbol{A}\cdot\boldsymbol{B}=AB$。特殊情况下,

$$\boldsymbol{A}\cdot\boldsymbol{A}=A^2 \tag{15}$$

$$\boldsymbol{i}\cdot\boldsymbol{i}=\boldsymbol{j}\cdot\boldsymbol{j}=\boldsymbol{k}\cdot\boldsymbol{k}=1 \tag{16}$$

(2)若矢量 $\boldsymbol{A}$ 和矢量 $\boldsymbol{B}$ 方向垂直($\theta=\pi/2$),$\cos\theta=0$,则 $\boldsymbol{A}\cdot\boldsymbol{B}=0$。特殊情况下,

$$\boldsymbol{i}\cdot\boldsymbol{i}=\boldsymbol{j}\cdot\boldsymbol{k}=\boldsymbol{k}\cdot\boldsymbol{i}=0 \tag{17}$$

(3)矢量标积的直角坐标表达式。

在空间直角坐标系中,任何两个矢量都可以用其在三个坐标轴上的投影的分量形式表示。若有两个矢量 $\boldsymbol{A}$ 和 $\boldsymbol{B}$,分别为

$$A=A_x\boldsymbol{i}+A_y\boldsymbol{j}+A_z\boldsymbol{k}$$

$$B=B_x\boldsymbol{i}+B_y\boldsymbol{j}+B_z\boldsymbol{k}$$

则矢量 $\boldsymbol{A}$ 和矢量 $\boldsymbol{B}$ 的标积为

$$A \cdot B = (A_x i + A_y j + A_z k) \cdot (B_x i + B_y j + B_z k)$$

即有

$$A \cdot B = A_x B_x + A_y B_y + A_z B_z \tag{18}$$

3. 两个矢量的矢积

（1）矢积的定义。

矢量 $A$ 和矢量 $B$ 的矢积是一个矢量，记为 $C = A \times B$，又称为矢量的叉乘或叉积。

设矢量 $A$ 和矢量 $B$ 是任意的两个矢量，其夹角为 $\theta$，则矢量 $A$ 和矢量 $B$ 的矢积 $C$ 的大小定义为：矢量 $C$ 的模等于这两个矢量 $A$ 和 $B$ 的模以及二者之间夹角 $\theta$ 正弦的乘积，即

$$C = |C| = |A \times B| = |A||B| \sin \theta = AB \sin \theta \tag{19}$$

矢积 $C$ 的方向定义为：垂直于这两个矢量 $A$ 和 $B$ 所决定的平面，指向由右手螺旋定则确定，即四指弯曲从矢量 $A$ 经小于 $180°$ 的角转向矢量 $B$ 时，拇指所指的方向为矢积 $C$ 的方向，如附录图 1-8 所示。

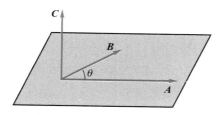

附录图 1-8　两个矢量的矢积

例如，物理学中的力矩 $M$ 就是两个矢量——力 $F$ 和位置矢量 $r$ 的矢积，力矩 $M$ 的大小为

$$M = Fd = Fr \sin \theta$$

即有

$$M = r \times F \tag{20}$$

式（20）表明力矩 $M$ 等于力作用点的位置矢量 $r$ 与力 $F$ 的矢积。

（2）矢积的性质。

矢量的矢积满足分配律，但不满足交换律，

$$A \times B = -B \times A \tag{21}$$

$$A \times (B + C) = A \times B + A \times C \tag{22}$$

根据矢积的定义，可以知道

① 若矢量 $A$ 和矢量 $B$ 相互平行（$\theta = 0, \theta = \pi$），$\sin \theta = 0$，则 $A \times B = 0$。特殊情况下，

$$A \times A = 0 \tag{23}$$

$$i \times i = j \times j = k \times k = 0 \tag{24}$$

② 若矢量 $\boldsymbol{A}$ 和矢量 $\boldsymbol{B}$ 方向垂直（$\theta = \pi/2$），$\sin\theta = 1$，则 $|\boldsymbol{A} \times \boldsymbol{B}| = AB$，矢积的模具有最大值。特殊情况下，

$$\boldsymbol{i} \times \boldsymbol{j} = \boldsymbol{k}, \quad \boldsymbol{j} \times \boldsymbol{k} = \boldsymbol{i}, \quad \boldsymbol{k} \times \boldsymbol{i} = \boldsymbol{j} \tag{25}$$

（3）矢积的直角坐标表达式。

在空间直角坐标系中，若有两个矢量 $\boldsymbol{A}$ 和 $\boldsymbol{B}$，分别为

$$\boldsymbol{A} = A_x \boldsymbol{i} + A_y \boldsymbol{j} + A_z \boldsymbol{k}$$
$$\boldsymbol{B} = B_x \boldsymbol{i} + B_y \boldsymbol{j} + B_z \boldsymbol{k}$$

则矢量 $\boldsymbol{A}$ 和矢量 $\boldsymbol{B}$ 的矢积为

$$\begin{aligned}\boldsymbol{A} \times \boldsymbol{B} &= (A_x \boldsymbol{i} + A_y \boldsymbol{j} + A_z \boldsymbol{k}) \times (B_x \boldsymbol{i} + B_y \boldsymbol{j} + B_z \boldsymbol{k}) \\ &= (A_y B_z - A_z B_y)\boldsymbol{i} + (A_z B_x - A_x B_z)\boldsymbol{j} + (A_x B_y - A_y B_x)\boldsymbol{k}\end{aligned} \tag{26}$$

利用行列式的性质，矢量 $\boldsymbol{A}$ 和矢量 $\boldsymbol{B}$ 的矢积还可以写成

$$\boldsymbol{A} \times \boldsymbol{B} = \begin{vmatrix} \boldsymbol{i} & \boldsymbol{j} & \boldsymbol{k} \\ A_x & A_y & A_z \\ B_x & B_y & B_z \end{vmatrix} \tag{27}$$

## 四、矢量的导数与积分

### 1. 矢量函数的导数

设矢量 $\boldsymbol{A}$ 是时间 $t$ 的函数，$\boldsymbol{A} = \boldsymbol{A}(t)$，如附录图 1-9 所示，则矢量 $\boldsymbol{A}$ 对时间 $t$ 的导数为

$$\frac{\mathrm{d}\boldsymbol{A}}{\mathrm{d}t} = \lim_{\Delta t \to 0} \frac{\Delta \boldsymbol{A}}{\Delta t} = \lim_{\Delta t \to 0} \frac{\boldsymbol{A}(t + \Delta t) - \boldsymbol{A}(t)}{\Delta t} \tag{28}$$

矢量函数 $\boldsymbol{A}(t)$ 在直角坐标系中可表示为

$$\boldsymbol{A}(t) = A_x(t)\boldsymbol{i} + A_y(t)\boldsymbol{j} + A_z(t)\boldsymbol{k}$$

当时间由 $t$ 变化为 $t + \Delta t$ 时，矢量 $\boldsymbol{A}$ 的增量为

$$\Delta \boldsymbol{A} = \boldsymbol{A}(t + \Delta t) - \boldsymbol{A}(t) = \Delta A_x \boldsymbol{i} + \Delta A_y \boldsymbol{j} + \Delta A_z \boldsymbol{k}$$
$$\Delta A_x = A_x(t + \Delta t) - A_x(t)$$
$$\Delta A_y = A_y(t + \Delta t) - A_y(t)$$
$$\Delta A_z = A_z(t + \Delta t) - A_z(t)$$

则式（28）又可以改写为

$$\frac{\mathrm{d}\boldsymbol{A}}{\mathrm{d}t} = \lim_{\Delta t \to 0} \frac{\Delta \boldsymbol{A}}{\Delta t} = \lim_{\Delta t \to 0} \frac{\Delta A_x}{\Delta t}\boldsymbol{i} + \lim_{\Delta t \to 0} \frac{\Delta A_y}{\Delta t}\boldsymbol{j} + \lim_{\Delta t \to 0} \frac{\Delta A_z}{\Delta t}\boldsymbol{k}$$

即

$$\frac{\mathrm{d}\boldsymbol{A}}{\mathrm{d}t} = \frac{\mathrm{d}A_x}{\mathrm{d}t}\boldsymbol{i} + \frac{\mathrm{d}A_y}{\mathrm{d}t}\boldsymbol{j} + \frac{\mathrm{d}A_z}{\mathrm{d}t}\boldsymbol{k} \tag{29}$$

矢量函数 $\boldsymbol{A}(t)$ 的二阶导数为

$$\frac{\mathrm{d}^2 \boldsymbol{A}}{\mathrm{d}t^2} = \frac{\mathrm{d}^2 A_x}{\mathrm{d}t^2}\boldsymbol{i} + \frac{\mathrm{d}^2 A_y}{\mathrm{d}t^2}\boldsymbol{j} + \frac{\mathrm{d}^2 A_z}{\mathrm{d}t^2}\boldsymbol{k} \tag{30}$$

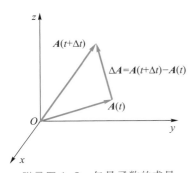

附录图 1-9　矢量函数的求导

例如,在物理学中某质点在 $t$ 时刻的位置矢量为 $\boldsymbol{r}(t) = x(t)\boldsymbol{i} + y(t)\boldsymbol{j} + z(t)\boldsymbol{k}$,如附录图 1-10 所示,则质点运动的瞬时速度为

$$v = \frac{\mathrm{d}\boldsymbol{r}}{\mathrm{d}t} = \lim_{\Delta t \to 0} \frac{\Delta \boldsymbol{r}}{\Delta t} = \lim_{\Delta t \to 0} \frac{\boldsymbol{r}(t+\Delta t) - \boldsymbol{r}(t)}{\Delta t}$$

即

$$v = \frac{\mathrm{d}\boldsymbol{r}}{\mathrm{d}t} = \frac{\mathrm{d}x}{\mathrm{d}t}\boldsymbol{i} + \frac{\mathrm{d}y}{\mathrm{d}t}\boldsymbol{j} + \frac{\mathrm{d}z}{\mathrm{d}t}\boldsymbol{k} \qquad (31)$$

式(31)说明质点位置矢量 $\boldsymbol{r}(t)$ 的时间变化率等于质点运动的瞬时速度。

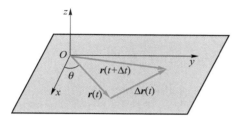

附录图 1-10  位置矢量的变化率

矢量函数的常用导数公式包括:

(1) $\dfrac{\mathrm{d}\boldsymbol{C}}{\mathrm{d}t} = \boldsymbol{0}$  ($\boldsymbol{C}$ 是常矢量);

(2) $\dfrac{\mathrm{d}}{\mathrm{d}t}(C\boldsymbol{A}) = C\dfrac{\mathrm{d}\boldsymbol{A}}{\mathrm{d}t}$  ($C$ 是常量);

(3) $\dfrac{\mathrm{d}}{\mathrm{d}t}(\boldsymbol{A}+\boldsymbol{B}) = \dfrac{\mathrm{d}\boldsymbol{A}}{\mathrm{d}t} + \dfrac{\mathrm{d}\boldsymbol{B}}{\mathrm{d}t}$;

(4) $\dfrac{\mathrm{d}}{\mathrm{d}t}[f(t)\boldsymbol{A}(t)] = f(t)\dfrac{\mathrm{d}\boldsymbol{A}(t)}{\mathrm{d}t} + \dfrac{\mathrm{d}f(t)}{\mathrm{d}t}\boldsymbol{A}(t)$  [$f(t)$ 是 $t$ 的可微函数];

(5) $\dfrac{\mathrm{d}}{\mathrm{d}t}(\boldsymbol{A} \cdot \boldsymbol{B}) = \boldsymbol{A} \cdot \dfrac{\mathrm{d}\boldsymbol{B}}{\mathrm{d}t} + \dfrac{\mathrm{d}\boldsymbol{A}}{\mathrm{d}t} \cdot \boldsymbol{B}$;

(6) $\dfrac{\mathrm{d}}{\mathrm{d}t}(\boldsymbol{A} \times \boldsymbol{B}) = \boldsymbol{A} \times \dfrac{\mathrm{d}\boldsymbol{B}}{\mathrm{d}t} + \dfrac{\mathrm{d}\boldsymbol{A}}{\mathrm{d}t} \times \boldsymbol{B}$;

(7) $\dfrac{\mathrm{d}\boldsymbol{f}}{\mathrm{d}t} = \dfrac{\mathrm{d}\boldsymbol{f}}{\mathrm{d}A}\dfrac{\mathrm{d}A}{\mathrm{d}t}$  $\{\boldsymbol{f}(A) = \boldsymbol{f}[A(t)]$ 是复合函数$\}$。

2. 矢量函数的积分

若有两个矢量 $\boldsymbol{A}$ 和 $\boldsymbol{B}$,且 $\dfrac{\mathrm{d}\boldsymbol{B}}{\mathrm{d}t} = \boldsymbol{A}$,则矢量 $\boldsymbol{B}$ 称为 $\boldsymbol{A}$ 的积分,记为

$$\boldsymbol{B} = \int \boldsymbol{A}\,\mathrm{d}t + \boldsymbol{C} \qquad (32)$$

由于 $\boldsymbol{A} = A_x\boldsymbol{i} + A_y\boldsymbol{j} + A_z\boldsymbol{k}$,则 $\mathrm{d}\boldsymbol{B} = \boldsymbol{A}\,\mathrm{d}t = (A_x\boldsymbol{i} + A_y\boldsymbol{j} + A_z\boldsymbol{k})\,\mathrm{d}t$,有

$$\boldsymbol{B} = \int \boldsymbol{A}\,\mathrm{d}t + \boldsymbol{C} = \int (A_x\boldsymbol{i} + A_y\boldsymbol{j} + A_z\boldsymbol{k})\,\mathrm{d}t + \boldsymbol{C} = \int A_x\,\mathrm{d}t\boldsymbol{i} + \int A_y\,\mathrm{d}t\boldsymbol{j} + \int A_z\,\mathrm{d}t\boldsymbol{k} + \boldsymbol{C}$$

$$\boldsymbol{B} = B_x\boldsymbol{i} + B_y\boldsymbol{j} + B_z\boldsymbol{k} + \boldsymbol{C} \tag{33}$$

则有

$$B_x = \int A_x\,\mathrm{d}t, \quad B_y = \int A_y\,\mathrm{d}t, \quad B_Z = \int A_z\,\mathrm{d}t \tag{34}$$

在物理学中,若某质点运动的加速度为 $\boldsymbol{a} = a_x(t)\boldsymbol{i} + a_y(t)\boldsymbol{j} + a_z(t)\boldsymbol{k}$,则我们对加速度 $\boldsymbol{a}(t)$ 求积分可得到质点运动的任意时刻速度 $v(t)$:

$$v(t) = \int \boldsymbol{a}(t)\,\mathrm{d}t = \int a_x(t)\,\mathrm{d}t\boldsymbol{i} + \int a_y(t)\,\mathrm{d}t\boldsymbol{j} + \int a_z(t)\,\mathrm{d}t\boldsymbol{k}$$

矢量函数的常用积分公式包括:

(1) $\int (\boldsymbol{A} + \boldsymbol{B})\,\mathrm{d}t = \int \boldsymbol{A}\,\mathrm{d}t + \int \boldsymbol{B}\,\mathrm{d}t$;

(2) $\int (\boldsymbol{A} - \boldsymbol{B})\,\mathrm{d}t = \int \boldsymbol{A}\,\mathrm{d}t - \int \boldsymbol{B}\,\mathrm{d}t$;

(3) $\int (m\boldsymbol{A})\,\mathrm{d}t = m\int \boldsymbol{A}\,\mathrm{d}t$ ($m$ 为常量);

(4) $\int (\boldsymbol{C} \cdot \boldsymbol{A})\,\mathrm{d}t = \boldsymbol{C} \cdot \int \boldsymbol{A}\,\mathrm{d}t$ ($\boldsymbol{C}$ 为常矢量);

(5) $\int (\boldsymbol{C} \times \boldsymbol{A})\,\mathrm{d}t = \boldsymbol{C} \times \int \boldsymbol{A}\,\mathrm{d}t$ ($\boldsymbol{C}$ 为常矢量);

(6) $\int_a^b f(x)\,\mathrm{d}x = -\int_b^a f(x)\,\mathrm{d}x$;

(7) $\int_a^b f(x)\,\mathrm{d}x = \int_a^c f(x)\,\mathrm{d}x + \int_c^b f(x)\,\mathrm{d}x$。

# 附录2 部分常用的数学公式

## 一、欧拉公式

$$e^{ix} = \cos x + i\sin x \qquad \sin x = \frac{e^{ix} - e^{-ix}}{2} \qquad \cos x = \frac{e^{ix} + e^{-ix}}{2}$$

## 二、三角函数和差角公式

$$\sin(\alpha+\beta) = \sin \alpha\cos \beta + \cos \alpha\sin \beta$$
$$\cos(\alpha+\beta) = \cos \alpha\cos \beta - \sin \alpha\sin \beta$$
$$\sin(\alpha-\beta) = \sin \alpha\cos \beta - \cos \alpha\sin \beta$$
$$\cos(\alpha-\beta) = \cos \alpha\cos \beta + \sin \alpha\sin \beta$$

## 三、三角函数和差化积公式

$$\sin \alpha + \sin \beta = 2\sin \frac{\alpha+\beta}{2}\cos \frac{\alpha-\beta}{2}$$

$$\cos \alpha + \cos \beta = 2\cos \frac{\alpha+\beta}{2}\cos \frac{\alpha-\beta}{2}$$

$$\sin \alpha - \sin \beta = 2\cos \frac{\alpha+\beta}{2}\sin \frac{\alpha-\beta}{2}$$

$$\cos \alpha - \cos \beta = -2\sin \frac{\alpha+\beta}{2}\sin \frac{\alpha-\beta}{2}$$

## 四、三角函数倍角公式

$$\sin 2\alpha = 2\sin \alpha\cos \alpha$$
$$\cos 2\alpha = 2\cos^2\alpha - 1 = 1 - 2\sin^2\alpha = \cos^2\alpha - \sin^2\alpha$$
$$\tan 2\alpha = \frac{2\tan \alpha}{1 - \tan^2\alpha} \qquad \cot 2\alpha = \frac{\cot^2\alpha - 1}{2\cot \alpha}$$

## 五、三角函数半角公式

$$\sin \frac{\alpha}{2} = \pm \sqrt{\frac{1-\cos \alpha}{2}}$$

$$\tan \frac{\alpha}{2} = \pm \sqrt{\frac{1-\cos \alpha}{1+\cos \alpha}} = \frac{1-\cos \alpha}{\sin \alpha} = \frac{\sin \alpha}{1+\cos \alpha}$$

$$\cos \frac{\alpha}{2} = \pm \sqrt{\frac{1+\cos \alpha}{2}}$$

$$\cot \frac{\alpha}{2} = \pm \sqrt{\frac{1+\cos \alpha}{1-\cos \alpha}} = \frac{1+\cos \alpha}{\sin \alpha} = \frac{\sin \alpha}{1-\cos \alpha}$$

## 六、常用导数公式

$$(x^n)' = nx^{n-1}$$

$$(\csc x)' = -\csc x \cdot \cot x$$

$$(\cos x)' = -\sin x$$

$$(a^x)' = a^x \ln a$$

$$(\arccos x)' = -\frac{1}{\sqrt{1-x^2}}$$

$$(\cot x)' = -\csc^2 x$$

$$(\log_a x)' = \frac{1}{x \ln a}$$

$$(\operatorname{arccot} x)' = -\frac{1}{1+x^2}$$

$$(\sin x)' = \cos x$$

$$(\ln x)' = \frac{1}{x}$$

$$(\arcsin x)' = \frac{1}{\sqrt{1-x^2}}$$

$$(\tan x)' = \sec^2 x$$

$$(e^x)' = e^x$$

$$(\arctan x)' = \frac{1}{1+x^2}$$

$$(\sec x)' = \sec x \cdot \tan x$$

## 七、常用不定积分公式（$C$ 为常量）

$$\int \frac{1}{x} dx = \ln |x| + C \quad (x \neq 0)$$

$$\int e^x dx = e^x + C$$

$$\int \cos x dx = \sin x + C$$

$$\int \tan x dx = -\ln |\cos x| + C$$

$$\int x^n dx = \frac{x^{n+1}}{n+1} + C \quad (n \neq -1)$$

$$\int a^x dx = \frac{a^x}{\ln a} + C \quad (a>0, a \neq 1)$$

$$\int \sin x dx = -\cos x + C$$

$$\int \cot x dx = \ln |\sin x| + C$$

$$\int \sec x\,\mathrm{d}x = \ln|\sec x + \tan x| + C \qquad \int \csc x\,\mathrm{d}x = \ln|\csc x - \cot x| + C$$

$$\int \sec^2 x\,\mathrm{d}x = \int \frac{\mathrm{d}x}{\cos^2 x} = \tan x + C \qquad \int \csc^2 x\,\mathrm{d}x = \int \frac{\mathrm{d}x}{\sin^2 x} = -\cot x + C$$

$$\int \sec x \cdot \tan x\,\mathrm{d}x = \sec x + C \qquad \int \csc x \cdot \cot x\,\mathrm{d}x = -\csc x + C$$

$$\int \frac{1}{1+x^2}\,\mathrm{d}x = \arctan x + C \qquad \int \frac{1}{1-x^2}\,\mathrm{d}x = \arcsin x + C$$

$$\int \frac{1}{a^2+x^2}\,\mathrm{d}x = \frac{1}{a}\arctan \frac{x}{a} + C \qquad \int \frac{1}{x^2-a^2}\,\mathrm{d}x = \frac{1}{2a}\ln\left|\frac{x-a}{x+a}\right| + C$$

$$\int \frac{\mathrm{d}x}{\sqrt{a^2-x^2}} = \arcsin \frac{x}{a} + C \qquad \int \frac{\mathrm{d}x}{\sqrt{x^2+a^2}} = \ln\left(x+\sqrt{x^2+a^2}\right) + C$$

$$\int \frac{\mathrm{d}x}{\sqrt{x^2-a^2}} = \ln\left|x+\sqrt{x^2-a^2}\right| + C$$

$$\int \sqrt{a^2-x^2}\,\mathrm{d}x = \frac{a^2}{2}\arcsin \frac{x}{a} + \frac{x}{2}\sqrt{a^2-x^2} + C$$

$$\int \sqrt{x^2+a^2}\,\mathrm{d}x = \frac{x}{2} + \sqrt{x^2+a^2} + \frac{a^2}{2}\ln\left(x+\sqrt{x^2+a^2}\right) + C$$

# 附录3 常用物理常量

| 物理量 | 符号 | 数值 | 单位 | 相对标准不确定度 |
|---|---|---|---|---|
| 真空中的光速 | $c$ | 299 792 458 | $m \cdot s^{-1}$ | 精确 |
| 普朗克常量 | $h$ | $6.626\ 070\ 15 \times 10^{-34}$ | $J \cdot s$ | 精确 |
| 约化普朗克常量 | $h/2\pi$ | $1.054\ 571\ 817 \cdots \times 10^{-34}$ | $J \cdot s$ | 精确 |
| 元电荷 | $e$ | $1.602\ 176\ 634 \times 10^{-19}$ | $C$ | 精确 |
| 阿伏伽德罗常量 | $N_A$ | $6.022\ 140\ 76 \times 10^{23}$ | $mol^{-1}$ | 精确 |
| 摩尔气体常量 | $R$ | $8.314\ 462\ 618 \cdots$ | $J \cdot mol^{-1} \cdot K^{-1}$ | 精确 |
| 玻耳兹曼常量 | $k$ | $1.380\ 649 \times 10^{-23}$ | $J \cdot K^{-1}$ | 精确 |
| 理想气体的摩尔体积（标准状态下） | $V_m$ | $22.413\ 969\ 54 \cdots \times 10^{-3}$ | $m^3 \cdot mol^{-1}$ | 精确 |
| 斯特藩-玻耳兹曼常量 | $\sigma$ | $5.670\ 374\ 419 \cdots \times 10^{-8}$ | $W \cdot m^{-2} \cdot K^{-4}$ | 精确 |
| 维恩位移定律常量 | $b$ | $2.897\ 771\ 955 \times 10^{-3}$ | $m \cdot K$ | 精确 |
| 引力常量 | $G$ | $6.674\ 30(15) \times 10^{-11}$ | $m^3 \cdot kg^{-1} \cdot s^{-2}$ | $2.2 \times 10^{-5}$ |
| 真空磁导率 | $\mu_0$ | $1.256\ 637\ 062\ 12(19) \times 10^{-6}$ | $N \cdot A^{-2}$ | $1.5 \times 10^{-10}$ |
| 真空电容率 | $\varepsilon_0$ | $8.854\ 187\ 812\ 8(13) \times 10^{-12}$ | $F \cdot m^{-1}$ | $1.5 \times 10^{-10}$ |
| 电子质量 | $m_e$ | $9.109\ 383\ 701\ 5(28) \times 10^{-31}$ | $kg$ | $3.0 \times 10^{-10}$ |
| 电子荷质比 | $-e/m_e$ | $-1.758\ 820\ 010\ 76(53) \times 10^{11}$ | $C \cdot kg^{-1}$ | $3.0 \times 10^{-10}$ |
| 质子质量 | $m_p$ | $1.672\ 621\ 923\ 69(51) \times 10^{-27}$ | $kg$ | $3.0 \times 10^{-10}$ |
| 中子质量 | $m_n$ | $1.674\ 927\ 498\ 04(95) \times 10^{-27}$ | $kg$ | $5.7 \times 10^{-10}$ |
| 里德伯质量 | $R_\infty$ | $1.097\ 373\ 156\ 816\ 0(21) \times 10^{7}$ | $m^{-1}$ | $1.9 \times 10^{-12}$ |
| 精细结构常数 | $\alpha$ | $7.297\ 352\ 569\ 3(11) \times 10^{-3}$ | | $1.5 \times 10^{-10}$ |
| 精细结构常数的倒数 | $\alpha^{-1}$ | $137.035\ 999\ 084(21)$ | | $1.5 \times 10^{-10}$ |
| 波尔磁子 | $\mu_B$ | $9.274\ 010\ 078\ 3(28) \times 10^{-24}$ | $J \cdot T^{-1}$ | $3.0 \times 10^{-10}$ |
| 核磁子 | $\mu_N$ | $5.050\ 783\ 746\ 1(15) \times 10^{-27}$ | $J \cdot T^{-1}$ | $3.1 \times 10^{-10}$ |
| 玻尔半径 | $a_0$ | $5.291\ 772\ 109\ 03(80) \times 10^{-11}$ | $m$ | $1.5 \times 10^{-10}$ |
| 康普顿波长 | $\lambda_C$ | $2.426\ 310\ 238\ 67(73) \times 10^{-12}$ | $m$ | $3.0 \times 10^{-10}$ |
| 原子质量常量 | $m_u$ | $1.660\ 539\ 066\ 06(50) \times 10^{-27}$ | $kg$ | $3.0 \times 10^{-10}$ |

注：表中数据为国际科学理事会（ISC）国际数据委员会（CODATA）2018年的国际推荐值。

读者意见反馈

为收集对教材的意见建议，进一步完善教材编写并做好服务工作，读者可将对本教材的意见建议通过如下渠道反馈至我社。

咨询电话　400-810-0598

反馈邮箱　hepsci@pub.hep.cn

通信地址　北京市朝阳区惠新东街4号富盛大厦1座
　　　　　高等教育出版社理科事业部

邮政编码　100029

防伪查询说明

用户购书后刮开封底防伪涂层，使用手机微信等软件扫描二维码，会跳转至防伪查询网页，获得所购图书详细信息。

防伪客服电话　（010）58582300